GEOMETRIA ANALÍTICA

S237g   Santos, Fabiano José dos.
            Geometria analítica / Fabiano José dos Santos, Silvimar Fábio
         Ferreira. – Porto Alegre : Bookman, 2009.
            216 p. : il.; 25 cm.

            ISBN 978-85-7780-482-5

            1. Geometria analítica. 2. Matemática. I. Ferreira, Silvimar
         Fábio. II. Título.

                                                            CDU 514.12

Catalogação na publicação: Renata de Souza Borges CRB-10/1922

Fabiano José dos Santos
Professor da Pontifícia Universidade Católica de Minas Gerais
Professor da Faculdade de Engenharia de Minas Gerais

Silvimar Fábio Ferreira
Professor da Pontifícia Universidade Católica de Minas Gerais

GEOMETRIA ANALÍTICA

Reimpressão 2010

2009

© Artmed Editora S.A., 2009

Capa: *Paola Manica*

Leitura final: *Nathália L. G. Gasparini e Verônica Amaral*

Supervisão editorial: *Arysinha Jacques Affonso e Júlia Angst Coelho*

Editoração eletrônica: *Techbooks*

Reservados todos os direitos de publicação, em língua portuguesa, à
ARTMED® EDITORA S.A.
(BOOKMAN® COMPANHIA EDITORA é uma divisão da ARTMED® EDITORA S.A.)
Av. Jerônimo de Ornelas, 670 - Santana
90040-340 Porto Alegre RS
Fone (51) 3027-7000 Fax (51) 3027-7070

É proibida a duplicação ou reprodução deste volume, no todo ou em parte,
sob quaisquer formas ou por quaisquer meios (eletrônico, mecânico, gravação,
fotocópia, distribuição na Web e outros), sem permissão expressa da Editora.

SÃO PAULO
Av. Embaixador Macedo Soares, 10.735 - Pavilhão 5 - Cond. Espace Center
Vila Anastácio 05095-035 São Paulo SP
Fone (11) 3665-1100 Fax (11) 3667-1333

SAC 0800 703-3444

IMPRESSO NO BRASIL
PRINTED IN BRAZIL

Apresentação

Este livro nasceu no dia a dia da sala de aula, espaço em que seus autores deixam transparecer o perfil de educadores comprometidos com a aprendizagem de seus alunos, vista como horizonte do trabalho de construção/reconstrução do conhecimento matemático. Sob esse enfoque, é o resultado de uma rica e renovada experiência docente e da incessante busca que permeiam suas ações, no intuito de tornar o processo de ensino e aprendizagem de geometria analítica atrativamente assimilável e aplicável em várias áreas da atividade humana.

A geometria analítica, usada em muitos campos do saber, é um modelo matemático, um engenhoso processo de descrever fenômenos: grandezas são estudadas como entes geométricos que, por sua vez, são associados a números e descritos por meio de equações. A manipulação e a análise de números e equações permitem avaliar e prever o comportamento dos fenômenos modelados. É essa ideia que move os autores ao longo deste livro, encorajando o estudante a pensar sobre o significado geométrico e numérico do que está fazendo. A intenção é, ao lado do manejo algébrico, reforçar os conceitos e dar significado aos símbolos.

Com seu estilo claro e acessível, o presente texto oferece os meios necessários para que o estudante possa compreender e dominar importantes conceitos e habilidades, presentes no ambiente de trabalho, que requer, cada vez mais e com maior intensidade, profissionais que saibam pensar e tomar decisões.

Merece destaque também a forma didática pela qual os autores estruturaram a obra, tendo em vista facilitar sua utilização como livro-texto em cursos de graduação. Todos os capítulos e seus respectivos desdobramentos encontram-se devidamente consubstanciados com conceitos e definições, acompanhados de exemplos de possíveis aplicações; seguem-se exercícios operatórios, de modo que o estudante aprenda a manejar conteúdos, e de problemas de aplicação, que possibilitam a sedimentação da aprendizagem e a incorporação do método matemático de abordar fenômenos físicos.

Certamente, alunos e professores terão, com este livro, a oportunidade de desenvolver, por meio do estudo, da compreensão e da aplicação da geometria analítica, a capacidade de reconhecer e definir problemas. Poderão, ainda, cultivar e incorporar o método matemático que leva a equacionar soluções, decidir em face de diferentes graus de complexidade, fazendo uso do raciocínio lógico, crítico e analítico.

Resta-me, finalmente, cumprimentar os autores pela iniciativa e qualidade da obra e registrar os agradecimentos da comunidade acadêmica por contribuírem para a formação de profissionais cada vez mais competentes e socialmente responsáveis.

Prof. Jonas Lachini

Professor do Departamento de Matemática da Pontifícia Universidade Católica de Minas Gerais

Prefácio

Este texto destina-se aos estudantes da disciplina geometria analítica, presente no primeiro ou segundo período da grande maioria dos cursos de graduação da área de ciências exatas. Com isso em mente, buscamos uma explanação clara, objetiva e concisa, utilizando uma linguagem e uma notação matemática adequadas a tal público. A exigência de pré-requisitos é mínima – apenas conhecimentos elementares de números reais, geometria plana e trigonometria. Acreditamos que o texto seja acessível a qualquer estudante que tenha concluído o ensino médio.

A seleção e o nível de detalhamento dos tópicos a serem abordados em um livro didático é tarefa difícil. Nosso objetivo foi cobrir os assuntos essenciais, evitando os detalhes de menor interesse, de modo a não estender demasiadamente o texto e a não aborrecer o leitor. Em particular utilizamos dois critérios:

- inicialmente, nos Capítulos 1 e 2, buscamos reforçar alguns assuntos da geometria analítica vistos no ensino médio, indispensáveis à continuação do estudo da própria geometria analítica, como os sistemas de coordenadas cartesianas na reta e no plano, o estudo da reta no plano, distâncias, ponto médio de um segmento, etc.;

- nos demais capítulos, buscamos cobrir a grande maioria dos pré-requisitos de geometria analítica necessários ao estudo do cálculo diferencial e integral, da física e das demais disciplinas da área de ciências exatas, como as seções cônicas, o sistema de coordenadas polares, as curvas paramétricas, vetores, retas, planos e distâncias no $\mathbb{R}^3$.

O livro está dividido em 10 capítulos, com grande número de exemplos e figuras. A seleção dos assuntos, bem como a profundidade da discussão, deve considerar a carga horária disponível e também o nível de preparo dos alunos. O texto pode ser integralmente coberto em um curso de 60 horas e, para cursos de menor duração, sugerimos uma breve revisão dos Capítulos 1 e 2, seguida da cobertura dos Capítulos 3, 4, 8 e 9.

As listas de problemas, apresentadas ao final de cada capítulo, foram divididas em duas seções: **Problemas propostos** e **Problemas suplementares**. A seção **Problemas propostos** apresenta problemas elementares, que objetivam fixar os conceitos discutidos ao longo do respectivo capítulo e desenvolver a habilidade algébrica do estudante. Por outro lado, a seção **Problemas suplementares** apresenta problemas de maior sofisticação, incluindo algumas demonstrações, detalhes da teoria omitidos ao longo do texto, interpretações de resultados e algumas aplicações em conexão com outras áreas do conhecimento.

Os problemas são parte indispensável de um texto didático de matemática. Como estratégia de aprendizagem, sugerimos um estudo minucioso do texto e dos exemplos, sempre acompanhado da análise pormenorizada das figuras, e, somente em seguida, a discussão e resolução dos diversos problemas. Aos professores sugerimos que indiquem aos alunos a discussão de todos os **Problemas propostos** e uma seleção criteriosa de **Problemas suplementares**, de acordo com suas necessidades, preferências e a profundidade do curso.

Os problemas assinalados com a sigla **Yag** requerem o uso de um recurso computacional capaz de traçar gráficos. Pode-se utilizar qualquer calculadora gráfica ou qualquer programa de computador que disponibilize tal recurso. Para facilitar o trabalho do estudante, os autores desenvolveram um programa de uso livre denominado **Yag** – **Yet another graphics**. Com o **Yag**, entre outras possibilidades, é possível traçar gráficos de funções em coordenadas cartesianas, gráficos de funções em coordenadas polares, seções cônicas e curvas paramétricas. Além disso, as curvas traçadas podem ser facilmente exportadas para um editor de texto. O **Yag** pode ser obtido gratuitamente na página

http://www.matematica.pucminas.br/yag/yag.htm

Por fim, desejamos expressar os nossos sinceros agradecimentos aos professores do Departamento de Matemática e Estatística da Pontifícia Universidade Católica de Minas Gerais, amigos do dia-a-dia do magistério, que contribuíram enormemente com inúmeras críticas, sugestões, discussões e incentivos.

A Geometria – da Grécia Antiga à Modernidade

1. A Grécia antiga: a sistematização da geometria (do século VI ao século II a.C.)

A ciência lida com a investigação, e a filosofia, com a especulação. Mas sabemos que os vários campos da ciência começaram como exploração filosófica. Tanto uma quanto a outra começam quando alguém faz perguntas de caráter geral, portanto o discurso filosófico e a investigação científica estão intimamente vinculados. Como as conhecemos hoje, a ciência e a filosofia são invenções gregas. Foram os gregos os primeiros a evidenciarem esse tipo de curiosidade. No espaço de cinco séculos, na passagem dos períodos arcaico (séculos VI e V a.C.), clássico (séculos V e IV a.C.) e helenístico (séculos IV, III e II a.C.) da civilização helênica, os gregos produziram uma miríade de atividades intelectuais: ciência, filosofia, retórica, literatura, arte e política, criando um dos processos mais espetaculares da história da humanidade, o qual estabeleceu os padrões gerais da modernidade.

1.1. O Período Arcaico – As escolas pré-socráticas (séculos VI e V a.C.)

A civilização ocidental, que brotou das fontes gregas, baseia-se numa tradição filosófica e científica que remonta à cidade de Mileto, cerca de 2.600 anos atrás. Dentro dessa tradição, vejamos a história da geometria. O termo é composto de duas palavras gregas: *geos* (terra) e *metron* (medida). Essa denominação deve a sua origem à necessidade que, desde os tempos remotos, o ser humano teve de medir terrenos.

Ainda que muitos conhecimentos de natureza geométrica tenham surgido em civilizações mais antigas, como a egípcia, a babilônica, a chinesa ou a hindu, a geometria, como ciência dedutiva e campo especulativo, teve seu início com os filósofos científicos milésios na Grécia Antiga. Dentre muitos outros, três famosos problemas da geometria são invenções gregas: a duplicação do cubo (a construção de um cubo cujo volume seja o dobro do de outro cubo pré-existente), a quadratura do círculo (a construção de um quadrado com área igual à de determinado círculo) e a trissecção de um ângulo (a divisão de um ângulo em três ângulos de mesma medida). Tanto o par filosofia/ciência como a primeira escola filosófica científica, de acordo com a tradição, surgiram em Mileto. Os representantes da escola milésia são Thales, Anaximandro e Anaxímenes.

Thales de Mileto (624-546 a.C.) foi o primeiro filósofo ocidental de que se tem notícia. Ele é o marco inicial da filosofia ocidental. Apontado como um dos sete sábios da Grécia Antiga e o fundador da Escola Jônica, foi considerado também o primeiro filósofo da *physis* (natureza), porque outros, depois dele, seguiram seu caminho buscando o princípio da constituição e funcionamento da natureza. Thales considerava a água como sendo a origem de todas as coisas. E seus seguidores, embora discordassem da *substância primordial* que constituía a essência do universo, concordavam com ele no que dizia respeito à existência de um *princípio único* para essa natureza primordial.

Na geometria, o Teorema de Thales afirma que quando duas retas transversais cortam um feixe de retas paralelas, as medidas dos segmentos correspondentes determinados nas transversais são proporcionais. Para a resolução de um problema envolvendo esse teorema, utiliza-se a propriedade fundamental da proporção, multiplicando-se os meios pelos extremos. Sobre Thales, Russell (2001, p. 20) afirma que

> ... é certo que ele aplicou o método do polegar, usado pelos egípcios para determinar a altura de uma pirâmide, a fim de descobrir a distância de navios e de outros objetos inacessíveis. Isso indica que ele tinha noção de que as regras geométricas são de aplicação geral. Esta noção do geral é original e grega.

Enfim, Thales usou propriedades de figuras geométricas para a determinação de distâncias sobre a superfície terrestre.

Anaximandro de Mileto (610-546 a.C.) foi discípulo de Thales. Atribui-se a ele a confecção de um mapa do mundo habitado, a introdução do uso do *Gnômon* (relógio solar) na Grécia, a medição das distâncias entre as estrelas e o cálculo de sua magnitude, sendo, assim, o iniciador da astronomia grega. Anaximandro acreditava que o princípio de tudo é uma coisa chamada *ápeiron* (ilimitado), que é algo infinito tanto no sentido quantitativo (externa e espacialmente) quanto no sentido qualitativo (internamente). Esse *ápeiron* é algo insurgido (não surgiu nunca, embora exista) e imortal.

Anaxímenes de Mileto (585-525 a.C.), discípulo e continuador da escola milésia, concordava com Anaximandro quanto ao *ápeiron* e às características desse princípio. Postulava, no entanto, que o *ápeiron* fosse o ar. Enquanto Thales sustentava a ideia de que a água é o elemento fundamental de toda a matéria, Anaxímenes dizia que tudo provém do ar e retorna ao ar.

Entre os gregos, foi Pitágoras (580/572-500/490 a.C.), discípulo de Thales, que desenvolveu, pela primeira vez, um interesse pela matemática não ditado fundamentalmente por necessidades práticas. A escola que ele criou associava tudo o que existe na natureza com os números, sendo, destarte, responsável pelo estudo da geometria (forma) com a aritmética (número).

Pitágoras criou um método de calcular, desenvolvendo um meio de representar os números através de combinações de pontos ou seixos. Por esse método, certas séries aritméticas combinam linhas de seixos, cada uma contendo um a mais do que a anterior, começando por um, obtendo um número *triangular*. Por exemplo, o *tetraktys* consistia de quatro linhas e demonstrava que 1+2+3+4 = 10. Similarmente, a soma de números ímpares sucessivos dá origem a um número *quadrado* (1, 4, 9, 16,...), e a soma de números pares sucessivos, a um número *oblongo* (2, 6, 12, 20,...).

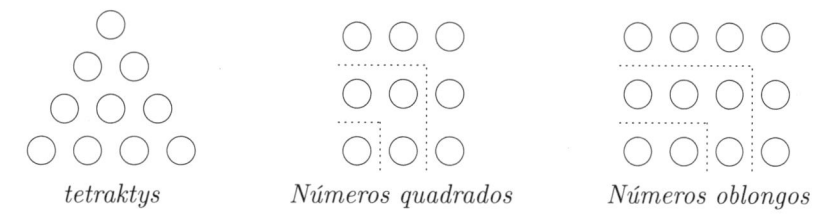

tetraktys   *Números quadrados*   *Números oblongos*

Na geometria espacial, Pitágoras preocupou-se com o tetraedro, o cubo, o dodecaedro e a esfera. A *harmonia das esferas* era, para a Escola Pitagórica, a origem de tudo. Em seu mais famoso teorema, atualmente denominado Teorema de Pitágoras, descobriu a proposição de que o quadrado da hipotenusa é igual à soma dos quadrados dos catetos. Ele e seus discípulos usaram certos axiomas ou postulados e, a partir desses, deduziram um conjunto de teoremas sobre as propriedades de pontos, linhas, ângulos e planos.

O problema da quadratura do círculo foi proposto por Anaxágoras (500-428 a.C.): dado um círculo, construir um quadrado de mesma área do círculo. Como os gregos desconheciam as operações algébricas e priorizavam a geometria, propunham soluções utilizando apenas régua (sem escala) e compasso. Anaxágoras exerceu forte influência no pensamento de Sócrates.

1.2 O Período Clássico – A Escola Ateniense (séculos V e IV a.C.)

Sócrates (470-399 a.C.) nada escreveu. A maior parte do que sabemos de sua filosofia devemos, principalmente, a dois de seus discípulos: Xenofonte (427-355 a.C.) e, em especial, Platão (428/427-348/347 a.C.). Em muitas partes das obras de Platão, principalmente nas obras da juventude, é difícil discernir se se trata de pensamento originalmente socrático ou platônico. Seja como for, pode-se dizer que, na posição de herdeiro de Sócrates e dos pré-socráticos, fundador da Academia e mestre de Aristóteles, Platão produziu uma síntese das lutas doutrinárias das escolas milésia, jônica, pitagórica, eleática e pluralista e fixou uma plataforma no vórtice do pensamento filosófico-científico grego.

Interessou-se muito pela geometria ao longo de seu ensinamento, evidenciando a necessidade de demonstrações rigorosas. No frontispício da Academia, lia-se emblematicamente a inscrição: **que nenhum desconhecedor da geometria entre aqui**. Platão idealizava os cinco sólidos perfeitos: o cubo (terra), o tetraedro (fogo), o octaedro (ar), o icosaedro (água) e o dodecaedro (elemento que permearia todo o Universo). Devia-se a esses sólidos a explicação de tudo e de como tudo existia no cosmos. Em um dos diálogos platônicos, um discípulo pergunta: O que faz Deus?, e Platão responde sabiamente: Deus eternamente geometriza. Uma das essências do pensamento platônico é essa ideia de que Deus é o grande geômetra, Deus geometriza sem cessar, ideia tomada de empréstimo de Pitágoras e retomada por inúmeros pensadores da posteridade, como, por exemplo, Galileu Galilei, quando este diz que a matemática é o alfabeto com que Deus escreveu o universo, ou ainda Stephen Hawking, em seu famoso *Uma breve história do tempo*, quando diz que entender a estrutura geométrica do cosmos é entender a mente de Deus.

Para Platão, portanto, a verdade só pode ser encontrada no mundo abstrato da razão, habitado por formas geométricas. Assim, a percepção sensorial da realidade é falsa.

Somente em nossas mentes existe, por exemplo, o círculo perfeito. Qualquer tentativa de representação do círculo será necessariamente imperfeita.

1.3. O Período Helenístico – A Escola Alexandrina (séculos IV, III e II a.C.)

A geometria chegou a seu ápice na Antiguidade com os geômetras alexandrinos, Euclides, Apolônio e Arquimedes.

Euclides (360-295 a.C.), de origem desconhecida, foi educado em Atenas e frequentou a Academia platônica no período de desenvolvimento da cultura helenística, onde, provavelmente, recebeu os primeiros ensinamentos de matemática dos discípulos de Platão. A convite de Ptolomeu I, governante helenístico do Egito, Euclides mudou-se para Alexandria, cidade fundada por Alexandre Magno no litoral mediterrâneo do Egito e que havia se tornado a nova capital egípcia e o centro econômico e intelectual do mundo helenístico.

Nessa cidade, Euclides, organizando os resultados obtidos por matemáticos anteriores, fundou a escola de matemática da famosa Biblioteca de Alexandria e escreveu sua obra monumental *Stoichia (Os elementos)*, que se compunha de 13 volumes dedicados aos fundamentos e ao desenvolvimento lógico e sistemático da geometria, sendo cinco volumes sobre geometria plana, três sobre números, um sobre a teoria das proporções, um sobre incomensuráveis e os três últimos sobre geometria no espaço. *Os elementos* cobriam toda a aritmética, a álgebra e a geometria conhecidas até então no mundo grego e sistematizavam todo o conhecimento geométrico dos antigos. Intercalava os teoremas já conhecidos com as demonstrações de muitos outros, que completavam lacunas e davam coerência e encadeamento lógico ao sistema criado por Euclides.

Euclides escreveu ainda *A divisão de figuras*, que trata da divisão de figuras planas; *Os fenômenos*, que trata da geometria aplicada à astronomia; *Óptica*, que trata da geometria dos raios refletidos e dos raios refratados; *Introdução harmônica*, que trata da música. Outras obras de Euclides perderam-

-se: *Lugares de superfície*; *Pseudaria*; *Porismas* e *As cônicas*. Esta, conforme referências de outros autores, tratava de esferas, cilindros, cones, elipsoides, paraboloides, hiperboloides, etc. A geometria euclidiana reinou absoluta até o século XIX, quando foi parcialmente contestada pelos criadores das geometrias não-euclidianas. Depois de Euclides, três outros matemáticos renomados surgiram em Alexandria: Arquimedes, Apolônio e Diocles.

Arquimedes (287-212 a.C.) nasceu em Siracusa, uma cidade-estado da Magna Grécia. Em sua juventude, estudou em Alexandria com Cônon, um dos discípulos de Euclides. Embora na Antiguidade não houvesse ainda uma clara distinção entre matemáticos (geômetras), físicos (cientistas naturais) e filósofos, Arquimedes destacou-se ao longo de sua vida, principalmente, como matemático e inventor. Inventou muitas máquinas, tanto para uso civil (o parafuso de Arquimedes – ou parafuso sem fim – para elevar a água a um plano superior; um planetário para se observar as fases e os eclipses da lua), quanto para uso militar (as catapultas; os guindastes; os espelhos parabólicos incendiários; um engenho que consistia em um bloco com polias e cordas), com os quais a sua cidade, Siracusa, conseguiu resistir às hostes romanas durante mais de dois anos.

No campo da física, em seu *Tratado dos corpos flutuantes*, Arquimedes estabeleceu as leis fundamentais da estática e da hidrostática, entre eles o Princípio de Arquimedes: *todo corpo mergulhado total ou parcialmente em um fluido sofre um empuxo vertical, dirigido de baixo para cima, igual ao peso do volume do fluido deslocado, e aplicado no centro de impulsão*. O centro de impulsão é o centro de gravidade do volume, que corresponde à porção submersa do corpo. Isso quer dizer que, para o objeto flutuar, o peso da água deslocada pelo objeto tem de ser maior que o próprio peso do objeto.

Em mecânica, atribui-se a ele, além do parafuso sem fim, a roda dentada, a roldana móvel, o sarilho e a alavanca. Em relação a sua descoberta do princípio da alavanca, teria dito *deem-me uma alavanca e um ponto de apoio e eu moverei o mundo*.

Em geometria e matemática, Arquimedes fez descobertas importantes. No tratado *Sobre as medidas do círculo*, inscreveu e circunscreveu um polígono de 96 lados em um dado círculo, obtendo a fórmula para o cálculo da área dessa figura. Dessa forma, criou um método para calcular o valor do número π (a razão entre o perímetro de uma circunferência e seu diâmetro) com maior precisão. No tratado *A quadratura da parábola*, demonstrou que a área contida por um arco de parábola e uma reta secante é $4/3$ da área do triângulo com a mesma base e cujo vértice é o ponto onde a tangente à parábola é paralela à base. No tratado sobre as espirais, descreveu a curva hoje conhecida como Espiral de Arquimedes e pela primeira vez determinou a tangente a uma curva que não seja o círculo. Também aperfeiçoou o sistema grego de numeração, criando uma notação cômoda para os números muito grandes, semelhante ao atual sistema exponencial. O matemático, ainda, apresentou os primeiros conceitos de limite e cálculo diferencial, cerca de 19 séculos antes de Isaac Newton e Gottfried Leibniz.

Apolônio de Perga (262-190 a.C.) foi outro pensador grego da escola alexandrina. Conhecido como o grande geômetra, Apolônio é considerado um dos mais originais matemáticos gregos no campo da geometria. Viveu durante os últimos anos do século III e primeiros do século II. Ainda jovem, deixou Perga e foi para Alexandria, atraído por seu museu e sua biblioteca. Estudou, aí, com os sucessores de Euclides.

Apolônio é autor do tratado *As cônicas*, composto por oito livros, nos quais demonstra centenas de teoremas recorrendo aos métodos geométricos de Euclides. Dos oito livros desse tratado, só sobreviveram sete: *A seção da relação, A seção do espaço, A seção determinada, As inclinações, Os lugares planos, Os contatos* e *Okytokion*. Nesse tratado, Apolônio mostra, entre outras coisas, que de um único cone podem ser obtidas, além do círculo, três outras espécies de seções cônicas, bastando para tal fazer variar a inclinação do plano de corte: a parábola é a curva que se obtém ao cortar uma superfície cônica com um plano paralelo à sua geratriz; a elipse é a curva que se obtém ao cortar uma superfície cônica com um plano que não é paralelo a nenhuma das geratrizes; a hipérbole é a curva que se obtém ao cortar uma superfície cônica com um plano paralelo às duas geratrizes.

Apolônio utiliza pela primeira vez os termos parábola, elipse e hipérbole para designar essas curvas, posto que, para a tradição pitagórica, o termo elipse era usado quando um retângulo de área dada era aplicado a um segmento que lhe faltava um quadrado; o termo hipérbole era usado quando a área excedia o segmento; o termo parábola era usado quando não havia nem excesso nem falta*.

As seções cônicas desempenham papel relevante na física e na matemática atual. Por exemplo, as órbitas dos planetas são elipses, a trajetória dos foguetes balísticos** são parábolas, os espelhos dos telescópios são parabólicos, etc. Parece que, desde *As cônicas*, só se descobriram novas propriedades cônicas no século XIX, quando as elipses, as parábolas e as hipérboles começaram a ser estudadas na geometria projetiva.

Somente duas obras de Apolônio conservaram-se até nós: *As cônicas*, e *Dividir segundo uma razão*. Esta é constituída por dois livros, nos quais Apolônio resolve o seguinte problema: dadas duas retas e um ponto em cada uma, traçar por um terceiro ponto dado uma reta que corte sobre as retas dadas segmentos que estejam numa razão dada.

Diocles (240-180 a.C.) era contemporâneo de Apolônio de Perga. É tido como o primeiro a provar a propriedade focal da parábola. Criou a curva conhecida por Cissoide de Diocles, a qual era usada para resolver o problema da duplicação do cubo.

2. O mundo moderno: a fundação da geometria analítica

Por vários séculos, todo o conhecimento filosófico-científico grego sobre a geometria, desenvolvido entre os séculos VI e II a.C. por gerações de pensadores – mistura de matemáticos (geômetras), físicos (cientistas naturais) e filósofos –,

---

* Na língua portuguesa, elipse é a supressão de termo, ou oração, facilmente subentendido no contexto; parábola é uma breve narrativa alegórica; e hipérbole é um exagero na expressão de uma ideia.
** Desconsiderando a resistência do ar.

permaneceu praticamente inalterado. O mundo medieval europeu optou pela filosofia aristotélica, purgando-a e filtrando-a com o olhar da religião cristã e adequando-a às necessidades de seu tempo histórico, e nada, ou quase nada, salvo engano, acrescentou aos desenvolvimentos geométricos gregos. A geometria avançou muito pouco desde o final da era grega até a Idade Média.

Foi a partir do Renascimento que começou a ocorrer um resgate da ciência grega, eclipsada até aquele momento. Por volta desse período, os séculos XIV, XV e XVI, exatamente na passagem do Feudalismo para o *Ancien Régime*, ou do mundo medieval para o mundo moderno, diversos matemáticos retomam os estudos sobre a geometria.

É o caso, por exemplo, de Leonardo Fibonacci (1170-1240), que, em 1220, já no século XIII, escreve sua obra *Practica geometriae*, uma coleção sobre trigonometria e geometria, que aborda as teorias de Euclides e o Teorema de Pitágoras.

É o caso também de Johannes Kepler (1571-1630), matemático e astrônomo alemão, que formulou as três leis fundamentais da mecânica celeste, hoje conhecidas como Leis de Kepler, e dedicou-se também ao estudo da óptica. Kepler conhecia tanto o sistema planetário de Ptolomeu (85-165) quanto o de Nicolau Copérnico (1473-1543). Em 1596, publicou *Mysterium cosmographicum*, em que expôs argumentos favoráveis às hipóteses heliocêntricas de Copérnico. Seguindo as observações do astrônomo dinamarquês, Tycho Brahe (1546-1601), Kepler formulou, em sua obra *Astronomia nova... de motibus Stellae Martis*, de 1609, suas três célebres leis do movimento planetário, que desafiavam a astronomia e a física de Aristóteles e Ptolomeu: i) as órbitas dos planetas não são circunferências, como se supunha até então, mas sim elipses com o Sol em um dos focos; ii) os planetas movem-se com velocidades diferentes, dependendo da distância a que estão do Sol; iii) existe uma relação entre a distância do planeta e o tempo que ele demora para completar uma revolução em torno do Sol. Portanto, quanto mais distante estiver do Sol mais tempo levará para completar sua volta em torno dessa estrela. Essas leis mudaram a astronomia e a física. Em 1615, Kepler publicou a influente obra *Nova stereometria doliorum vinariorum* (Nova estereometria de barris de vinho), que trata do cálculo do volume de recipientes, como os barris de vinho ou azeite.

Nessa retomada da geometria grega pelos modernos, Russel afirma que *Platão surge como o precursor da principal tradição da ciência moderna. O ponto de vista de que tudo pode ser reduzido à geometria é explicitamente sustentado por Descartes e, de modo diferente, por Einstein* (RUSSELL, 2001, p. 105). Essa retomada renascentista do pensamento científico platônico destrona a tradição medieval de um aristotelismo purgado pelo cristianismo.

Os filósofos matemáticos gregos ocuparam-se, de modo especial, com a unificação da aritmética e da geometria, problema que René Descartes (1596-1650), por volta de 2000 anos depois, em 1637, resolveu com brilhantismo, ao forjar uma conexão entre a geometria e a álgebra, demonstrando como aplicar os métodos de uma disciplina na outra. Nesse ano, Descartes publicou três pequenos ensaios – *La dioptrique*, *Les météores* e *La géométrie* precedidos dos *Discours de la méthode pour bien conduire sa raison et chercher la vérité à* *travers le sciences**. No ensaio, *La géométrie*, o pensador francês criou os fundamentos da geometria analítica, com a qual ele pôde representar as figuras geométricas através de expressões algébricas.

Historicamente, se os matemáticos gregos usaram figuras geométricas para resolver equações (álgebra geométrica), os matemáticos modernos do século XVII, em especial René Descartes e Pierre de Fermat, a partir da herança grega, seguiram o caminho inverso, traduzindo as relações geométricas por equações (geometria analítica). Descartes e Fermat, para a formulação da moderna geometria analítica, debruçaram-se sobre os trabalhos do matemático francês, François Viète (1540-1603), para compreender a análise que os gregos tinham feito da geometria e, usando as mesmas técnicas de base de Viète, para relacionar álgebra e geometria.

Comumente, René Descartes é o nome mais lembrado quando se pensa na fundação da geometria analítica na primeira metade do século XVII. Não podemos nos esquecer, entretanto, de que outro francês, Pierre de Fermat (1601-1665), contemporâneo de Descartes, foi também um pensador responsável por esse grande avanço científico que resultou na geometria analítica. Curiosamente, Descartes e Fermat não trabalharam juntos. Independentemente de Descartes, Fermat descobriu os princípios fundamentais da geometria analítica. Em ciência, a geometria analítica é um dos muitos casos de descobertas simultâneas e independentes. O que não deixa de ser um fenômeno particularmente espantoso, comparável ao paralelismo expresso pela saída do neolítico das civilizações suméria e egípcia: quase simultaneamente nasce uma mesma teoria notável a partir dos cérebros de dois matemáticos que não se comunicavam entre si. Parece que Descartes foi movido por razões filosóficas, e Fermat, por seu grande entusiasmo pela matemática.

O interesse de Fermat pela matemática foi possivelmente despertado pela leitura de uma tradução latina da *Aritmética*, do matemático alexandrino Diofanto (200/214-284/298), conhecido como o pai da álgebra. Essa é uma das obras sobreviventes da Biblioteca de Alexandria, queimada pelos árabes em 646 d.C. O legado de Fermat é composto por contribuições inestimáveis nas mais diversas áreas da matemática: cálculo geométrico e infinitesimal; teoria dos números (ramo da matemática que estuda as propriedades dos números); e, juntamente com Blaise Pascal (1623-1662), foi um dos fundadores da Teoria da Probabilidade. Fermat obtinha, com seus cálculos, as áreas de seções de parábolas e hipérboles, determinava o centro de massa de vários corpos, etc. O próprio Isaac Newton (1643-1727) disse em uma nota que seu cálculo, antes tido como uma invenção independente, fora baseado no *método de monsieur Fermat para estabelecer tangentes*.

O mais famoso teorema de Fermat, conhecido como Último Teorema de Fermat, versa sobre a teoria dos números. O teorema fora escrito pelo próprio autor às margens do *Aritmética* de Diofanto, seguido da seguinte frase: *Eu te-*

---

* Obra escrita em francês, *língua vulgar* – uma novidade para a época, em que todas as obras científicas e literárias eram escritas em latim, afirmando seu espírito moderno e rompendo com a latinização unificadora da cultura que prevalecera na Idade Média. Os *Discours de la Méthode* constituem apenas uma introdução, que perde muito de seu sentido, quando separados dos três ensaios que eles antecedem (Coleção Os Pensadores, p. XIII).

nho uma demonstração realmente maravilhosa para esta proposição, mas esta margem é muito estreita para contê-la.

A contribuição de Fermat à geometria analítica encontra-se num pequeno tratado intitulado *Ad locus planos et solidos isagoge* (Introdução aos lugares planos e sólidos) e data, no máximo, de 1636, mas que, pelo fato de o matemático ser modesto e avesso à publicação de seus trabalhos, só foi publicado postumamente em 1679, junto com o restante de sua obra. Disso resulta, em parte, o fato de Descartes ser mais comumente lembrado que Fermat como o criador da geometria analítica.

Portanto, tradicionalmente, a geometria analítica é tida como uma invenção primordialmente cartesiana, a partir da obra *Géométrie*, de 1637, tradição que, em certa medida, ofuscou, e relegou a segundo plano, a contribuição de Pierre de Fermat, a partir de sua obra, *Introdução aos lugares planos e sólidos*, de 1636, mas só publicada em 1679.

Ronda a pergunta: quem é merecedor do título de fundador da geometria analítica? Embora esse ramo da matemática tenha se desenvolvido, sobretudo, sob a influência da obra *Géométrie*, de Descartes, essa não pode ser considerada a primeira obra sobre o assunto. Essa controvérsia tem seus méritos autorais e históricos, mas não é, do ponto de vista do conhecimento geométrico, a questão mais interessante sobre o assunto. Talvez, tendo em vista a consideração de que ambos os autores foram co-fundadores da geometria analítica, seria mais estimulante explorar as diferenças nas estratégias utilizadas por cada um deles para o avanço científico nesse ramo da geometria.

Concatenando a simbiose de álgebra e geometria, a geometria analítica ensina a representar entes geométricos (pontos, retas, circunferências, etc.) por meio de entes algébricos (números, equações, etc.). Tornou-se possível, doravante, resolver facilmente, através da álgebra e da aritmética, problemas que eram muito difíceis à luz da geometria pura até então conhecida.

Daniel Barbo

Doutorando em História pela
Universidade Federal de Minas Gerais

Sumário

1. **Coordenadas Cartesianas** 29
   - 1.1 O produto cartesiano 29
   - 1.2 Coordenadas cartesianas na reta 30
   - 1.3 Coordenadas cartesianas no plano 32
   - 1.4 Distância entre dois pontos 33
   - 1.5 Divisão de um segmento orientado 34
   - 1.6 Ponto médio de um segmento 37
   - 1.7 Problemas propostos 37
   - 1.8 Problemas suplementares 40

2. **Estudo da Reta** 41
   - 2.1 Equação da reta 41
   - 2.2 Coeficiente angular e coeficiente linear 43
   - 2.3 Retas horizontais e retas verticais 44
   - 2.4 Equação geral da reta 44
   - 2.5 Retas paralelas e retas perpendiculares 45
   - 2.6 Ângulo entre duas retas 46
   - 2.7 Distância de um ponto a uma reta 47
   - 2.8 Funções polinomiais do $1°$ grau 49
   - 2.9 Problemas propostos 51
   - 2.10 Problemas suplementares 54

3 Lugares Geométricos ... 56
3.1 Lugar geométrico ... 56
3.2 Problemas propostos ... 59

4 Seções Cônicas ... 61
4.1 Introdução ... 61
4.2 Circunferência ... 63
4.3 Parábola ... 64
4.4 Elipse ... 69
4.5 Hipérbole ... 74
4.6 Propriedades de reflexão das seções cônicas ... 80
4.7 Excentricidade de elipses e hipérboles ... 82
4.8 Problemas propostos ... 84
4.9 Problemas suplementares ... 87

5 Translação e Rotação ... 88
5.1 Introdução ... 88
5.2 Translação de eixos ... 88
5.3 A equação geral do $2°$ grau ... 95
5.4 Esboço de seções cônicas ... 96
5.5 (Opcional) Rotação de eixos ... 102
5.6 Problemas propostos ... 105
5.7 Problemas suplementares ... 107

6 Coordenadas Polares ... 111
6.1 O sistema de coordenadas polares ... 111
6.2 Coordenadas polares e coordenadas cartesianas ... 113
6.3 Lugares geométricos em coordenadas polares ... 114
6.4 Problemas propostos ... 117
6.5 Problemas suplementares ... 118

7 Curvas Paramétricas ... 122
7.1 Curvas paramétricas ... 122
7.2 Problemas propostos ... 128
7.3 Problemas suplementares ... 129

8 Vetores 136
- 8.1 Vetores geométricos 136
- 8.2 Operações com vetores geométricos 137
- 8.3 Vetores no $\mathbb{R}^2$ 139
- 8.4 Operações com vetores no $\mathbb{R}^2$ 140
- 8.5 Coordenadas cartesianas no espaço 147
- 8.6 Vetores no $\mathbb{R}^3$ 149
- 8.7 Operações com vetores no $\mathbb{R}^3$ 150
- 8.8 Vetores no $\mathbb{R}^n$ 153
- 8.9 Operações com vetores no $\mathbb{R}^n$ 153
- 8.10 Problemas propostos 154
- 8.11 Problemas suplementares 156

9 Produtos de Vetores 157
- 9.1 Introdução 157
- 9.2 Produto escalar 157
- 9.3 Produto vetorial 167
- 9.4 Produto misto 171
- 9.5 Problemas propostos 174
- 9.6 Problemas suplementares 175

10 Retas e Planos 177
- 10.1 Retas no $\mathbb{R}^3$ 177
- 10.2 Planos 184
- 10.3 Problemas propostos 195
- 10.4 Problemas suplementares 199

Respostas dos Problemas 201

Referências 213

Índice 215

Lista de Figuras

1.1 Sistema de coordenadas cartesianas na reta 30
1.2 Pontos $A(a)$ e $B(b)$ sobre um eixo real 31
1.3 Pontos $A(-8)$, $B(7)$ e $C(10)$ sobre um eixo real 31
1.4 Sistema de coordenadas cartesianas no plano 32
1.5 Triângulo retângulo e o Teorema de Pitágoras 33
1.6 Distância entre dois pontos 34
1.7 Divisão de um segmento orientado 35
1.8 Divisão de um segmento orientado numa razão dada 35
1.9 Divisão do segmento orientado AB 36
1.10 Triângulo OPQ do Exemplo 1.6 37

2.1 Construção geométrica para obter a equação de uma reta 41
2.2 Reta pelos pontos (1, 3) e (2, 5) 42
2.3 Coeficiente angular e coeficiente linear de uma reta 44
2.4 Reta horizontal e reta vertical 44
2.5 Paralelismo e perpendicularismo de retas 45
2.6 Ângulo entre duas retas 47
2.7 Distância de um ponto a uma reta paralela a um eixo 48
2.8 Distância de um ponto a uma reta qualquer 48
2.9 Modelo linear da pressão em função da profundidade 50
2.10 A lei dos cossenos 55

3.1 Lugar geométrico: mediatriz do segmento *AB*. 57
3.2 Lugar geométrico: circunferência de centro em *C*(3, 2) e raio 5. 57
3.3 Lugar geométrico: circunferência de centro na origem e raio $2\sqrt{2}$. . . . 58

4.1 Superfície cônica e seus elementos 61
4.2 Seções cônicas. 62
4.3 Circunferência com centro na origem e raio *r* 63
4.4 Família de retas *y* = *x* + *b* e circunferência $x^2 + y^2 = 8$ 64
4.5 Elementos e medidas de uma parábola. 65
4.6 Família de retas *y* = *ax* − 4 e parábola $y = x^2$ 67
4.7 Parábolas com vértice na origem e eixo vertical. 68
4.8 Parábolas com vértice na origem e eixo horizontal. 68
4.9 Parábolas dos Exemplos 4.5 e 4.6. 69
4.10 Elementos e medidas de uma elipse. 70
4.11 Elipse de eixo maior horizontal e centro na origem. 71
4.12 A elipse $\frac{x^2}{25} + \frac{y^2}{9} = 1$. 72
4.13 Elipse de eixo maior vertical e centro na origem 73
4.14 A elipse $\frac{x^2}{9} + \frac{y^2}{25} = 1$. 74
4.15 Elementos e medidas de uma hipérbole 75
4.16 Hipérbole de eixo principal horizontal e centro na origem 76
4.17 Hipérbole de eixo principal vertical e centro na origem 77
4.18 Assíntotas de hipérboles horizontais e verticais 79
4.19 Propriedade de reflexão da parábola 80
4.20 Farol parabólico e seção transversal pelo seu eixo 80
4.21 Propriedade de reflexão da elipse 82
4.22 Propriedade de reflexão da hipérbole. 82
4.23 Elipses do Problema 4.3 84
4.24 Vão de entrada de um armazém. 86

5.1 Translação de eixos 89
5.2 Circunferência de raio *r* e centro (x_0, y_0) 89
5.3 Elipse horizontal com centro em (x_0, y_0) 90
5.4 A elipse $\frac{(x-3)^2}{25} + \frac{(y+2)^2}{9} = 1$. 91

5.5 Elipse vertical com centro (x_0, y_0). 92
5.6 Hipérboles com centro (x_0, y_0) 93
5.7 Parábola côncava para cima com vértice em (x_0, y_0) 94
5.8 Circunferência de centro (4, 3) e raio 4. 98
5.9 Elipse e hipérbole transladadas. 100
5.10 Parábolas transladadas 101
5.11 Rotação de eixos 102
5.12 A hipérbole $xy = 1$. 104
5.13 Retas tangentes à parábola $y = 1 - x^2$. 108
5.14 Diagrama esquemático do Telescópio de *Cassegrain* 108

6.1 Sistema de coordenadas polares 111
6.2 Exemplos de pontos no sistema de coordenadas polares 112
6.3 Pontos no sistema de coordenadas polares 112
6.4 Coordenadas polares e coordenadas cartesianas. 113
6.5 Circunferências em coordenadas polares. 116
6.6 Circunferências de raio *a* e tangentes à origem 117
6.7 Construção para a dedução da Equação 6.6 119

7.1 Curva paramétrica 123
7.2 Arco de parábola 123
7.3 Parametrização da circunferência com centro na origem e raio *a* . . . 124
7.4 Parametrização da elipse. 125
7.5 Parametrização da hipérbole com centro na origem e eixo principal horizontal. 126
7.6 Trajetória descrita por um projétil sob ação apenas da gravidade . . . 130
7.7 A curva de Agnesi e a cissoide de Diocles. 131
7.8 Involuta de uma circunferência. 132
7.9 A cicloide 133
7.10 A hipocicloide 133
7.11 Casos particulares de hipocicloides: a deltoide e a astroide 134
7.12 A epicicloide 135
7.13 Casos particulares de epicicloides: a cardioide e a nefroide 135

8.1 Vetor geométrico e vetores equivalentes 136
8.2 Multiplicação de vetor por escalar e vetor oposto 137
8.3 Adição de vetores.. 138
8.4 Operações com vetores geométricos 138
8.5 Vetor no plano (vetor no $\mathbb{R}^2$) 139
8.6 Vetores $v = (-4, 3)$ e $u = \left(\frac{\sqrt{2}}{2}, \frac{\sqrt{2}}{2}\right)$ no sistema de coordenadas cartesianas 139
8.7 Vetor definido por dois pontos 142
8.8 Decomposição de um vetor nos vetores unitários i e j........ 143
8.9 Decomposição de um vetor em suas componentes........... 144
8.10 Vetor de magnitude 4 e direção $N45°O$ 144
8.11 Diagrama de forças no $\mathbb{R}^2$ 145
8.12 Diagrama de forças de uma placa pendurada por dois cabos 146
8.13 Sistema de coordenadas cartesianas ou retangulares 147
8.14 Ponto P qualquer...................................... 148
8.15 Distância entre dois pontos no $\mathbb{R}^3$...................... 149
8.16 Vetor no espaço (vetor no $\mathbb{R}^3$) 149
8.17 Decomposição de um vetor nos vetores i, j e k 152

9.1 Ângulo entre dois vetores não nulos 160
9.2 Quadrado e cubo localizados no sistema de coordenadas 161
9.3 O cosseno da diferença.................................. 162
9.4 Projeção ortogonal de u em v 164
9.5 Projeções ortogonais 165
9.6 Força constante F atuando em um deslocamento retilíneo d 166
9.7 Força F atuando sobre uma partícula com deslocamento d 166
9.8 Interpretações da regra da mão direita..................... 168
9.9 Os vetores $u \times v$ e $v \times u$............................... 169
9.10 Paralelogramo formado pelos vetores u e v................. 170
9.11 Ordenação dos vetores no produto misto................... 172
9.12 Paralelepípedo formado pelos vetores u, v e w 173
9.13 Tetraedro $OABC$.. 173

10.1 Reta no $\mathbb{R}^3$ 177

10.2 Distância do ponto $P(x_0, y_0, z_0)$ à reta r 184

10.3 Ponto Q do plano e vetor **n** normal ao plano 185

10.4 Plano determinado por três pontos não colineares 186

10.5 Plano determinado por uma reta e por um ponto. 187

10.6 Plano determinado por duas retas paralelas 188

10.7 Plano determinado por duas retas concorrentes. 189

10.8 Plano $4x + 3y + 6z = 12$. 190

10.9 Planos paralelos aos eixos coordenados 191

10.10 Planos paralelos aos planos coordenados 192

10.11 Distância do ponto $P(x_0, y_0, z_0)$ ao plano π 195

1 Coordenadas Cartesianas

1.1 O produto cartesiano

Para compreender algumas notações utilizadas ao longo deste texto, é necessário entender o conceito de produto cartesiano, um produto entre conjuntos quaisquer e definido da seguinte maneira:

Definição 1 (Produto cartesiano) *Dados os conjuntos A e B, o produto cartesiano de A por B, denotado $A \times B$ (lê-se: A cartesiano B), é o conjunto formado por **todos os pares ordenados** (a, b), em que $a \in A$ e $b \in B$, isto é:*

$$A \times B = \{(a,b) | \forall a \in A, \forall b \in B\}$$

Na definição 1 observamos que o produto cartesiano do conjunto A pelo conjunto B é um novo conjunto, em que os elementos são obtidos relacionando cada elemento de A a todos os elementos de B, conforme ilustrado no exemplo a seguir:

Exemplo 1.1 *Dados os conjuntos $A = \{1, 3, 5\}$ e $B = \{2, 3\}$, temos:*

$$\begin{aligned} A \times B &= \{(1,2); (1,3); (3,2); (3,3); (5,2); (5,3)\} \\ B \times A &= \{(2,1); (2,3); (2,5); (3,1); (3,3); (3,5)\} \\ A \times A = A^2 &= \{(1,1); (1,3); (1,5); (3,1); (3,3); (3,5); (5,1); (5,3); (5,5)\} \\ B \times B = B^2 &= \{(2,2); (2,3); (3,2); (3,3)\} \end{aligned}$$

Se A possui m elementos, e B possui n elementos, então $A \times B$ possui mn elementos, e o mesmo ocorre para $B \times A$. Se $A \neq B$, então $A \times B \neq B \times A$. Além disso, o produto cartesiano se estende para qualquer número finito de conjuntos, isto é, dados $A_1, A_2, \ldots, A_n$, então:

$$A_1 \times A_2 \times \ldots \times A_n = \{(a_1, a_2, \ldots, a_n) | \forall a_1 \in A_1, \forall a_2 \in A_2, \ldots, \forall a_n \in A_n\}$$

Um produto cartesiano particularmente importante ocorre quando $A = B = \mathbb{R}$ (o conjunto dos números reais*), isto é, o Produto Cartesiano $\mathbb{R} \times \mathbb{R} = \mathbb{R}^2$, dado pelo conjunto de todos os pares de números reais:

$$\mathbb{R} \times \mathbb{R} = \mathbb{R}^2 = \{(x,y) | \forall x \in \mathbb{R}, \forall y \in \mathbb{R}\}$$

Também importante, de nosso interesse futuro, é o produto cartesiano $\mathbb{R} \times \mathbb{R} \times \mathbb{R} = \mathbb{R}^3$, dado pelo conjunto de todas as triplas, ou ternos, de números reais:

$$\mathbb{R} \times \mathbb{R} \times \mathbb{R} = \mathbb{R}^3 = \{(x,y,z) | \forall x \in \mathbb{R}, \forall y \in \mathbb{R}, \forall z \in \mathbb{R}\}$$

1.2 Coordenadas cartesianas na reta

Uma reta orientada é uma reta qualquer na qual tomamos um sentido positivo de percurso, denotado por uma flecha. Um sistema de coordenadas na reta pode ser obtido da seguinte maneira: sobre uma reta orientada tomamos um ponto arbitrário O, denominado origem do sistema de coordenadas, ao qual associamos o número real zero. No sentido positivo de orientação da reta, tomamos outro ponto arbitrário U, ao qual associamos o número real 1, de modo que o comprimento do segmento OU seja a unidade de comprimento do sistema de coordenadas, conforme ilustrado na Figura 1.1.

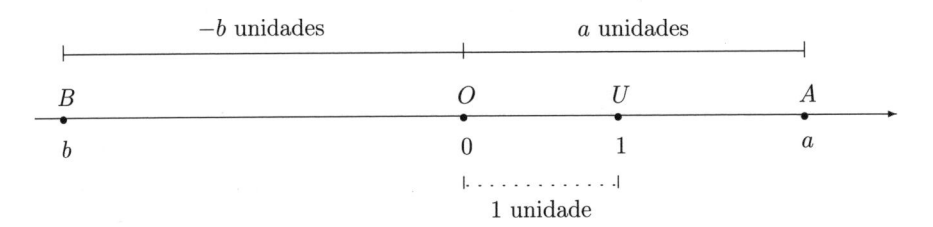

Figura 1.1 Sistema de coordenadas cartesianas na reta.

A construção mostrada na Figura 1.1 implica que a cada número real positivo a podemos associar um único ponto A à direita de O, e a cada número real negativo b podemos associar um único ponto B à esquerda de O.

O sistema de coordenadas na reta estabelece uma bijeção (correspondência biunívoca) entre os pontos da reta e os números reais: a cada ponto P da reta associamos um único número real x e, reciprocamente, a cada número real x associamos um único ponto P da reta. Tal bijeção, denotada $P(x)$, é denominada sistema de coordenadas cartesianas na reta, e o número real x é

---

* Um breve resumo sobre o conjunto dos números reais pode ser obtido em [8], página 4. Uma descrição mais detalhada é dada na página 628 dessa mesma referência.

denominado coordenada do ponto P nesse sistema de coordenadas*. Uma reta orientada sobre a qual estabelecemos um sistema de coordenadas cartesianas é denominada **eixo cartesiano** ou **eixo real**.

Distância e distância algébrica

A Figura 1.2 ilustra os pontos $A(a)$ e $B(b)$ sobre um eixo real.

```
        A               B
        •               •
        a               b
```

Figura 1.2 Pontos $A(a)$ e $B(b)$ sobre um eixo real.

O comprimento do segmento AB é dado pela distância entre os pontos A e B, denotada $|AB|$, e definida como o módulo da diferença de suas coordenadas, isto é:

$$|AB| = |a - b| = |b - a|$$

Evidentemente, a distância entre A e B é igual à distância entre B e A. Logo, o comprimento do segmento AB é igual ao comprimento do segmento BA, ou seja, $|AB| = |BA|$.

Por outro lado, o comprimento algébrico do segmento orientado AB é dado pela distância algébrica entre os pontos A e B, denotada $\overline{AB}$, e definida como a diferença entre a coordenada da extremidade e a coordenada da origem do segmento orientado, isto é:

$$\overline{AB} = b - a.$$

De modo análogo, o comprimento algébrico do segmento orientado BA é dado pela distância algébrica $\overline{BA}$, isto é:

$$\overline{BA} = a - b.$$

É fácil observar que $\overline{AB} = -\overline{BA}$.

Exemplo 1.2 *Dados os pontos $A(-8)$, $B(7)$ e $C(10)$, Figura 1.3, temos:*

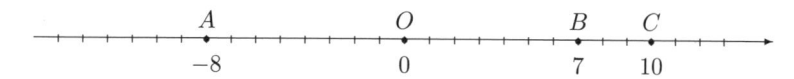

```
         A           O           B   C
    •————•———————————•———————————•———•————
        -8           0           7   10
```

Figura 1.3 Pontos $A(-8)$, $B(7)$ e $C(10)$ sobre um eixo real.

---

* Cuidado: a notação $P(x)$ é utilizada para indicar a coordenada de um ponto P em um sistema de coordenadas cartesianas na reta e também para indicar a imagem de uma função P em x.

(a) $|AB| = |BA| = |7 - (-8)| = |-8 - 7| = 15;$

(b) $|AC| = |CA| = |10 - (-8)| = |-8 - 10| = 18;$

(c) $\overline{AB} = 7 - (-8) = 15;$ *(e)* $\overline{AC} = 10 - (-8) = 18;$

(d) $\overline{BA} = -8 - 7 = -15;$ *(f)* $\overline{CA} = -8 - 10 = -18.$

1.3 Coordenadas cartesianas no plano

Um sistema de coordenadas cartesianas no plano estabelece uma bijeção entre os pontos de um plano e os pares ordenados de números reais, isto é, uma bijeção entre os pontos de um plano e os elementos do $\mathbb{R}^2$, obtida como descrito a seguir.

Tomamos dois eixos reais perpendiculares entre si, cujas origens coincidem em um ponto O, denominado origem do sistema de coordenadas cartesianas no plano e ao qual associamos o par ordenado $(0, 0)$. Um eixo será denominado **eixo das abscissas,** e o outro, **eixo das ordenadas.** A Figura 1.4(a) ilustra essa construção, na qual o eixo das abscissas foi colocado na posição horizontal, e o eixo das ordenadas, na posição vertical.

(a) Eixos reais perpendiculares

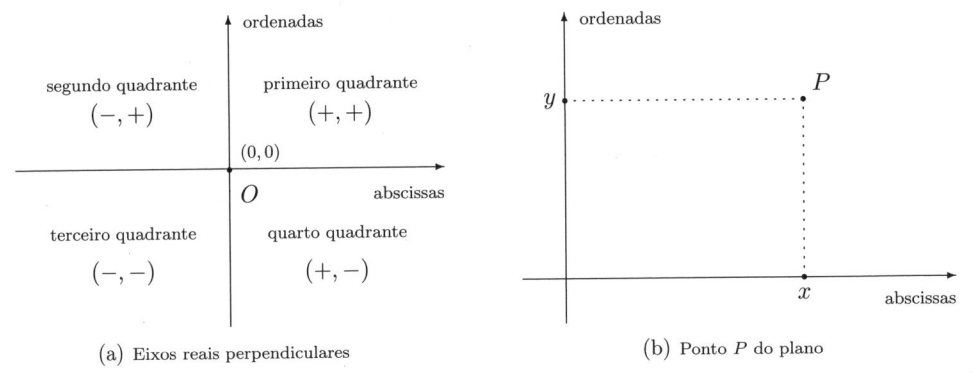

(b) Ponto P do plano

Figura 1.4 Sistema de coordenadas cartesianas no plano.

A qualquer par ordenado de números reais (x, y) podemos associar um único ponto P do plano, determinado da seguinte maneira: assinalamos no eixo das abscissas o ponto associado ao número real x e por esse ponto traçamos a reta paralela ao eixo das ordenadas. De modo análogo, assinalamos no eixo das ordenadas o ponto associado ao número real y e por esse ponto traçamos a reta paralela ao eixo das abscissas. O ponto de interseção das duas retas, assim traçadas, é o ponto P associado ao par ordenado (x, y), conforme ilustrado na Figura 1.4(b).

Por outro lado, a um ponto P qualquer do plano, podemos associar um único par ordenado de números reais da seguinte maneira: traçamos por P a reta paralela ao eixo das ordenadas, cuja interseção com o eixo das abscissas determina um único número real x. De modo análogo, traçamos por P a reta paralela ao eixo das abscissas, cuja interseção com o eixo das ordenadas determina um único número real y. Assim, ao ponto P associa-se um único par ordenado (x, y) de números reais.

A bijeção entre os pontos P do plano e os pares ordenados (x, y) é indicada pela notação $P(x, y)$. Dizemos que o número real x é a abscissa do ponto P, e que o número real y é a ordenada do ponto P. Dizemos também que x e y são as coordenadas de P. Além disso, é comum nos referirmos ao eixo das abscissas como *eixo x*, e ao eixo das ordenadas como *eixo y*. Um sistema de coordenadas cartesianas no plano é usualmente denominado **plano cartesiano** ou **plano real**.

Finalmente, é útil observar que os dois eixos dividem o plano em quatro regiões, denominadas quadrantes. A ordenação dos quadrantes, bem como os sinais das coordenadas dos pontos em cada quadrante, está ilustrada na Figura 1.4 (a).

1.4 Distância entre dois pontos

Inicialmente recordemos o Teorema de Pitágoras, uma relação entre as medidas dos lados de um triângulo retângulo, Figura 1.5(a). Os lados que formam o ângulo reto são denominados catetos, e o lado oposto ao ângulo reto é chamado hipotenusa. Os comprimentos da hipotenusa e dos catetos estão relacionados pelo Teorema de Pitágoras:

$$a^2 = b^2 + c^2.$$

Uma prova bastante simples do Teorema de Pitágoras pode ser obtida através da Figura 1.5(b): a área do quadrado externo é igual à soma da área do quadrado interno mais as áreas dos quatro triângulos retângulos, isto é:

$$a^2 + 4\frac{bc}{2} = (b+c)^2 \therefore a^2 + 2bc = b^2 + 2bc + c^2 \therefore a^2 = b^2 + c^2.$$

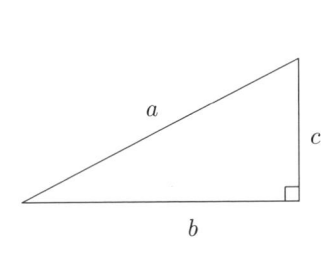

(a) Triângulo retângulo   (b) O Teorema de Pitágoras

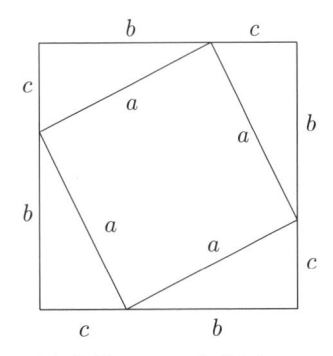

Figura 1.5 Triângulo retângulo e o Teorema de Pitágoras.

A distância entre os pontos $P(x_1, y_1)$ e $Q(x_2, y_2)$ do plano cartesiano, denotada $|PQ|$, pode ser imediatamente obtida pela aplicação do Teorema de Pitágoras, Figura 1.6. Assim:

$$|PQ|^2 = |x_2 - x_1|^2 + |y_2 - y_1|^2 = (x_2 - x_1)^2 + (y_2 - y_1)^2,$$

uma vez que, para qualquer número real, o quadrado de seu módulo é igual ao seu próprio quadrado. Finalmente, temos:

$$|PQ| = \sqrt{(x_2 - x_1)^2 + (y_2 - y_1)^2} \qquad (1.1)$$

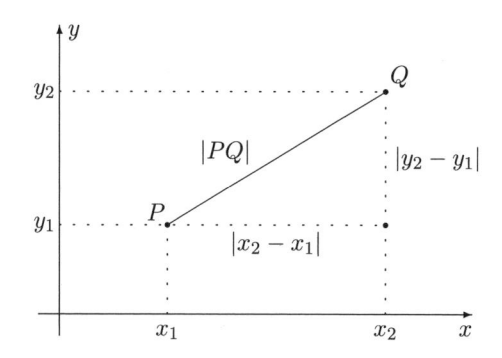

Figura 1.6 Distância entre dois pontos.

Exemplo 1.3 *Determine o perímetro do triângulo de vértices $A(0, 0)$; $B(1, 4)$ e $C(5, 2)$.*

Usando a fórmula da distância entre dois pontos dada em 1.1, os comprimentos dos lados do triângulo são:

- $|AB| = \sqrt{(1-0)^2 + (4-0)^2} = \sqrt{17};$
- $|AC| = \sqrt{(5-0)^2 + (2-0)^2} = \sqrt{29};$
- $|BC| = \sqrt{(5-1)^2 + (2-4)^2} = \sqrt{20} = 2\sqrt{5}.$

Assim, o perímetro do triângulo ABC é $\sqrt{17} + \sqrt{29} + 2\sqrt{5}$.

1.5 Divisão de um segmento orientado

Sejam A a origem e B a extremidade de um segmento orientado AB. Seja P um ponto qualquer, distinto de A e de B, sobre esse segmento orientado ou em seu prolongamento, conforme ilustrado nas Figuras 1.7(a) a 1.7(c). Dizemos que o ponto P divide o segmento orientado AB segundo uma razão r, quando a razão entre os comprimentos algébricos $\overline{AP}$ e $\overline{PB}$ vale r, isto é, quando:

$$\frac{\overline{AP}}{\overline{PB}} = r.$$

Capítulo 1 – Coordenadas Cartesianas

(a) Razão $r > 0$: $\overline{AP} \cdot \overline{PB} > 0$

(b) Razão $r < 0$: $\overline{AP} \cdot \overline{PB} < 0$

(c) Razão $r < 0$: $\overline{AP} \cdot \overline{PB} < 0$

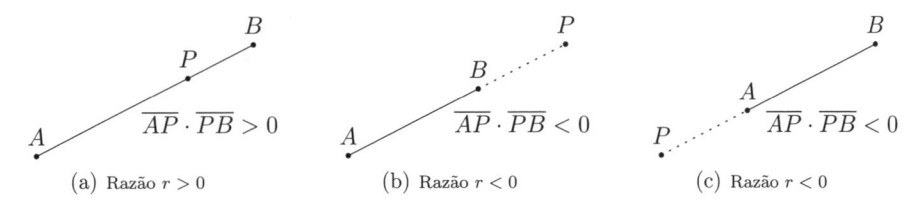

Figura 1.7 Divisão de um segmento orientado.

Observamos que, se o ponto P está sobre o segmento orientado AB, então a razão r é positiva, uma vez que os comprimentos algébricos $\overline{AP}$ e $\overline{PB}$ possuem o mesmo sinal, conforme Figura 1.7(a). Por outro lado, se o ponto P se encontra sobre o prolongamento do segmento orientado AB, em qualquer uma das duas direções, então a razão r é negativa, uma vez que os comprimentos algébricos $\overline{AP}$ e $\overline{PB}$ têm sinais contrários, conforme Figuras 1.7(b) e 1.7(c).

Vamos estabelecer uma fórmula para o cálculo das coordenadas do ponto P. Sejam $A(x_1, y_1)$, $B(x_2, y_2)$ e $P(x, y)$, conforme ilustrado na Figura 1.8. Nesta figura, observamos que os triângulos AMP e PNB são semelhantes, pois possuem três ângulos côngruos (de mesma medida). Sabemos da geometria Euclidiana que se dois triângulos são semelhantes, os lados homólogos, isto é, aqueles opostos aos ângulos congruentes, são proporcionais. Logo,

$$\frac{\overline{AM}}{\overline{PN}} = \frac{\overline{AP}}{\overline{PB}}.$$

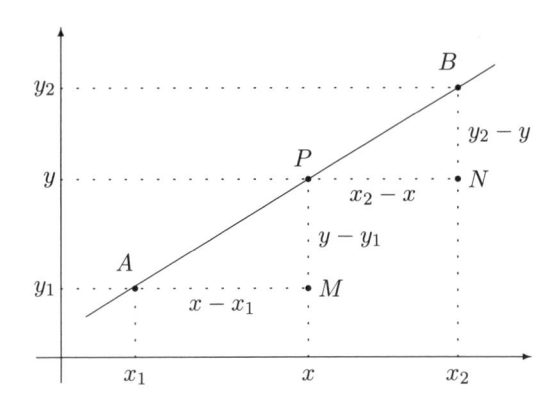

Figura 1.8 Divisão de um segmento orientado numa razão dada.

Como

$$\frac{\overline{AM}}{\overline{PN}} = \frac{x - x_1}{x_2 - x} \quad \text{e} \quad \frac{\overline{AP}}{\overline{PB}} = r,$$

temos

$$\frac{x - x_1}{x_2 - x} = r \quad \therefore \quad x = \frac{x_1 + r x_2}{1 + r}. \tag{1.2a}$$

Analogamente,
$$\frac{\overline{PM}}{\overline{BN}} = \frac{\overline{AP}}{\overline{PB}}.$$

Como
$$\frac{\overline{PM}}{\overline{BN}} = \frac{y - y_1}{y_2 - y} \quad \text{e} \quad \frac{\overline{AP}}{\overline{PB}} = r,$$

temos
$$\frac{y - y_1}{y_2 - y} = r \quad \therefore \quad y = \frac{y_1 + ry_2}{1 + r}. \tag{1.2b}$$

Assim, as Equações 1.2a e 1.2b nos fornecem respectivamente a abscissa e a ordenada do ponto P, que divide o segmento orientado AB em uma dada razão r. Nessas equações é importante observar que (x_1, y_1) são as coordenadas do ponto inicial, e (x_2, y_2) as coordenadas do ponto final do segmento orientado considerado.

Exemplo 1.4 *Sejam $A(1, 2)$ e $B(4, 5)$. Determine as coordenadas do ponto P que divide o segmento orientado AB na razão 2.*

Substituindo as coordenadas dos pontos A e B nas Equações 1.2a e 1.2b, obtemos:

$$x = \frac{1 + 8}{1 + 2} = 3 \quad e \quad y = \frac{2 + 10}{1 + 2} = 4.$$

Assim, o ponto procurado é $P(3, 4)$.

Exemplo 1.5 *Considere o segmento orientado AB, em que $A(-2, 1)$ e $B(2, 5)$. Determine o ponto C, sobre o prolongamento do segmento orientado AB, tal que $|AC|$ seja o triplo de $|AB|$.*

Conforme ilustrado nas Figuras 1.9(a) e 1.9(b), existem dois pontos sobre o prolongamento do segmento orientado AB que satisfazem a condição $|AC| = 3|AB|$

Na Figura 1.9(a) o ponto C divide o segmento orientado AB segundo uma razão $\frac{\overline{AC}}{\overline{CB}} = -\frac{3}{2}$. Utilizando as Equações 1.2a e 1.2b, obtemos:

$$x = \frac{-2 - \frac{3}{2} \times 2}{1 - \frac{3}{2}} \quad \therefore \quad x = 10 \quad e \quad y = \frac{1 - \frac{3}{2} \times 5}{1 - \frac{3}{2}} \quad \therefore \quad y = 13.$$

Assim, o ponto procurado é $C(10, 13)$.

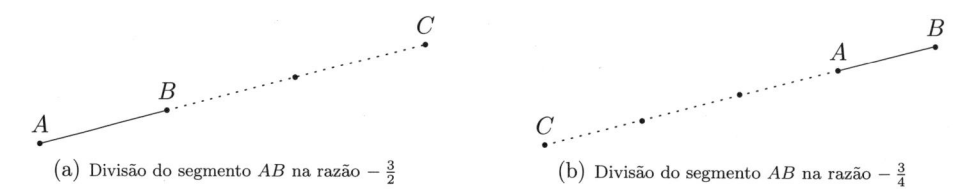

(a) Divisão do segmento AB na razão $-\frac{3}{2}$

(b) Divisão do segmento AB na razão $-\frac{3}{4}$

Figura 1.9 Divisão do segmento orientado AB.

Na Figura 1.9(b) o ponto C divide o segmento orientado AB segundo uma razão $\frac{\overline{AC}}{\overline{CB}} = -\frac{3}{4}$. Utilizando as Equações 1.2a e 1.2b, obtemos:

$$x = \frac{-2 - \frac{3}{4} \times 2}{1 - \frac{3}{4}} \quad \therefore \quad x = -14 \quad e \quad y = \frac{1 - \frac{3}{4} \times 5}{1 - \frac{3}{4}} \quad \therefore \quad y = -11.$$

Assim, o ponto procurado é C (–14, –11).

1.6 Ponto médio de um segmento

O caso mais importante de divisão de um segmento é quando $P(x, y)$ é o ponto médio do segmento AB. Nesse caso, $\overline{AP} = \overline{PB}$ e, então, $r = 1$. Logo, as Equações 1.2a e 1.2b tornam-se:

$$x = \frac{x_1 + x_2}{2} \quad e \quad y = \frac{y_1 + y_2}{2}. \tag{1.3}$$

Exemplo 1.6 *Mostre que o segmento de reta que une os pontos médios de dois lados de um triângulo tem a metade do comprimento do terceiro lado.*

Sem perda de generalidade, consideremos o triângulo OPQ de vértices O (0, 0), P(a, b) e Q(c, 0), mostrado na Figura 1.10.

- *O ponto médio do lado OP tem coordenadas $M\left(\frac{a}{2}, \frac{b}{2}\right)$.*
- *O ponto médio do lado PQ tem coordenadas $N\left(\frac{a+c}{2}, \frac{b}{2}\right)$.*

Logo, o segmento MN tem comprimento

$$|MN| = \sqrt{\left(\frac{a+c}{2} - \frac{a}{2}\right)^2 + \left(\frac{b}{2} - \frac{b}{2}\right)^2} = \sqrt{\frac{c^2}{4}} = \frac{|c|}{2} = \frac{c}{2} = \frac{1}{2}|OQ|.$$

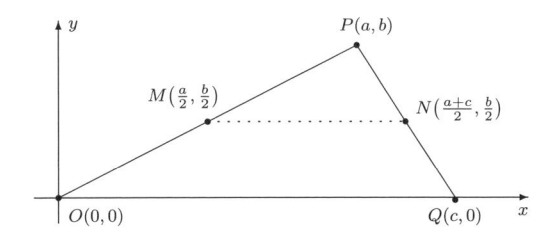

Figura 1.10 Triângulo OPQ do Exemplo 1.6.

1.7 Problemas propostos

1.1 *Dados $A(-5)$ e $B(11)$, determine:*

    (a) $|AB|$ (b) $|BA|$ (c) $\overline{AB}$ (d) $\overline{BA}$

1.2 Determine os pontos que distam 9 unidades do ponto $A(2)$.

1.3 Dados $A(-12)$ e $\overline{AB} = -5$, determine B.

1.4 Determine o ponto médio e os pontos de triseção do segmento de extremidades $A(7)$ e $B(19)$.

1.5 Dados $A(a)$, $B(2a+1)$, $C(3a+2)$ e $D(4a+3)$, determine $P(x)$, tal que
$$\overline{AP} + \overline{BP} + \overline{PC} - \overline{PD} = 0.$$

1.6 Dados $A(-1)$, $B(1)$, $C(4)$ e $D(6)$, determine $P(x)$, tal que
$$\overline{PA} \cdot \overline{PB} = \overline{PC} \cdot \overline{PD}.$$

1.7 Um móvel se desloca sobre um eixo e sua posição, em metros, em cada instante é dada por $x(t) = 3t + 4$, em que t é o tempo medido em segundos.

(a) Qual a posição inicial do móvel, isto é, a posição no instante $t = 0$ s?

(b) Qual a posição do móvel após 10 s?

(c) Qual a distância percorrida pelo móvel entre os instantes $t = 2$ s e $t = 8$ s?

1.8 Os pontos dados são vértices de um polígono. Esboce cada polígono no plano cartesiano e determine seu perímetro.

(a) $A(0,0)$, $B(-1,5)$, $C(4,2)$.

(b) $A(-1,-1)$, $B(1,-5)$, $C(3,7)$.

(c) $A(-3,2)$, $B(1,5)$, $C(5,3)$, $D(1,-2)$.

(d) $A(-5,0)$, $B(-3,-4)$, $C(3,-3)$, $D(7,2)$, $E(1,6)$.

1.9 Determine as coordenadas dos vértices de um quadrado de lado $2a$, centro na origem e lados paralelos aos eixos coordenados.

1.10 Determine as coordenadas dos vértices de um quadrado de lado $2a$, centro na origem e diagonais sobre os eixos coordenados.

1.11 Verifique, usando a fórmula da distância, que os pontos dados são colineares.

(a) $A(1,4)$, $B(2,5)$ e $C(-1,2)$

(b) $A(4,-2)$, $B(-6,3)$ e $C(8,-4)$

(c) $A(-3,-2)$, $B(5,2)$ e $C(9,4)$

1.12 Três vértices de um retângulo são $(2, -1)$, $(7, -1)$ e $(7, 3)$. Determine as coordenadas do quarto vértice.

1.13 Dois vértices de um triângulo equilátero são $(-1, 1)$ e $(3, 1)$. Determine as coordenadas do terceiro vértice.

1.14 Verifique, usando a fórmula da distância, se o triângulo ABC é retângulo. Calcule também seu perímetro e sua área.

(a) $A(1,4)$, $B(7,4)$ e $C(7,6)$ \hspace{1cm} (b) $A(2,2)$, $B(-1,2)$ e $C(-1,5)$

1.15 Classifique o triângulo ABC quanto às medidas de seus lados (equilátero, isósceles ou escaleno).

(a) $A(1,0)$, $B(7,3)$ e $C(5,5)$

(b) $A(-3,0)$, $B(3,0)$ e $C(0,5)$
(c) $A(1,4)$, $B(-3,-8)$ e $C(2,7)$

(d) $A(2,-2)$, $B(-2,2)$ e $C(2\sqrt{2}, 2\sqrt{2})$

1.16 Determine o ponto equidistante de:

(a) $A(1,7)$, $B(8,6)$, $C(7,-1)$ \hspace{1cm} (b) $A(3,3)$, $B(6,2)$, $C(8,-2)$

1.17 Determine os pontos que distam 10 unidades de $(-3, 6)$ e têm abscissa $x = 3$.

1.18 Os pontos $A(1, -1)$ e $B(5, -3)$ são as extremidades de um diâmetro de uma circunferência. Determine as coordenadas do centro e o raio desta circunferência.

1.19 Mostre que as diagonais do paralelogramo $A(0, 0)$, $B(1, 4)$, $C(5, 4)$ e $D(4, 0)$ se interceptam ao meio.

1.20 Determine as coordenadas do ponto P que divide o segmento orientado P_1P_2 na razão dada. A seguir, esboce o segmento dado e o ponto P encontrado em um mesmo sistema de coordenadas cartesianas.

(a) $P_1(4,-3)$, $P_2(1,4)$, $r = 2$ \hspace{1cm} (c) $P_1(-5,2)$, $P_2(1,4)$, $r = -\frac{5}{3}$

(b) $P_1(5,3)$, $P_2(-3,-3)$, $r = \frac{1}{3}$

1.21 Os pontos $A(1, -1)$, $B(3, 3)$ e $C(4, 5)$ estão situados na mesma reta. Determine a razão r na qual o ponto B divide o segmento orientado AC.

1.22 Considere o segmento orientado AB, em que $A(2, 6)$ e $B(-3, -2)$. Determine o ponto C, sobre o prolongamento do segmento AB, tal que $|AC|$ seja o quádruplo de $|AB|$.

1.23 O ponto $C(1, -1)$ está a $\frac{2}{5}$ da distância que vai de $A(-1, -5)$ a $B(x, y)$. Determine as coordenadas do ponto B.

1.24 O ponto $B(-4, 1)$ está a $\frac{3}{5}$ da distância que vai de $A(2, -2)$ a $C(x, y)$. Determine as coordenadas do ponto C.

1.25 Dados $A(\frac{1}{2}, -4)$ e $B(\frac{5}{2}, 2)$, determine as coordenadas dos pontos que dividem o segmento AB em três partes iguais.

1.26 Determine o ponto médio de cada lado do triângulo ABC.

(a) $A(1,0)$, $B(7,3)$ e $C(5,5)$

(b) $A(-3,0)$, $B(3,0)$ e $C(0,5)$

(c) $A(1,4)$, $B(-3,-8)$ e $C(2,7)$

(d) $A(3,8)$, $B(-11,3)$ e $C(-8,-2)$

1.27 Sendo $M(3, 2)$, $N(3, 4)$ e $P(-1, 3)$ os pontos médios dos respectivos lados AB, BC e CA de um triângulo ABC, determine os vértices A, B e C.

1.28 Em um triângulo, denominamos mediana o segmento que une um dado vértice ao ponto médio do lado oposto. Determine a medida das 3 medianas do triângulo ABC.

(a) $A(1,0)$, $B(3,0)$ e $C(2,7)$

(b) $A(1,8)$, $B(-3,-8)$ e $C(2,-2)$

1.8 Problemas suplementares

1.29 Sejam a e b dois números reais quaisquer. Discuta a posição relativa dos pontos P e Q.

(a) $P(a,b)$ e $Q(a,-b)$

(b) $P(a,b)$ e $Q(-a,b)$

(c) $P(a,b)$ e $Q(-a,-b)$

(d) $P(a,b)$ e $Q(b,a)$

1.30 As medianas de um triângulo concorrem num ponto $P(x, y)$, que se encontra a $\frac{2}{3}$ da distância que vai de um vértice qualquer ao ponto médio do lado oposto. Esse ponto é o centro de gravidade do triângulo, denominado baricentro. Determine as coordenadas do baricentro de um triângulo de vértices $A(x_1, y_1)$, $B(x_2, y_2)$ e $C(x_3, y_3)$.

1.31 Determine as coordenadas do baricentro de cada um dos triângulos de vértices:

(a) $(5, 7)$, $(1, -3)$ e $(-5, 1)$

(b) $(2, -1)$, $(6, 7)$, $(-4, -3)$

1.32 Prove que o ponto médio da hipotenusa de um triângulo retângulo é equidistante dos três vértices*.

1.33 Prove que os segmentos de reta que unem os pontos médios dos lados de um triângulo o dividem em quatro triângulos de áreas iguais**.

---

* Sugestão: sem perda de generalidade, considere o triângulo de vértices $(0, 0)$, $(a, 0)$ e $(0, b)$.

** Sugestão: sem perda de generalidade, considere o triângulo de vértices $(0, 0)$, (a, b) e $(c, 0)$.

2 Estudo da Reta

2.1 Equação da reta

Intuitivamente é fácil perceber que dois pontos distintos definem uma única reta. Na geometria analítica, podemos determinar a equação da reta que passa por dois pontos distintos do plano cartesiano. Consideremos a reta definida pelos pontos $A(x_0, y_0)$ e $B(x_1, y_1)$, Figura 2.1(a). Um ponto qualquer $P(x, y)$ também estará sobre essa reta desde que A, B e P sejam colineares, conforme ilustrado na Figura 2.1(b).

(a) Reta pelos pontos A e B

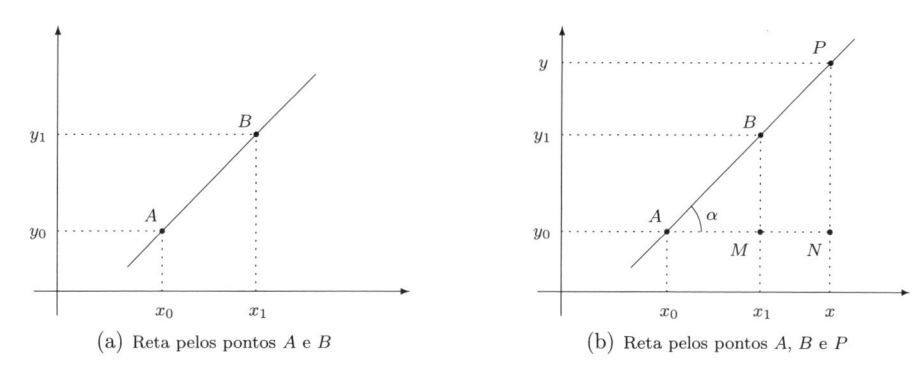

(b) Reta pelos pontos A, B e P

Figura 2.1 Construção geométrica para obter a equação de uma reta.

Tal condição de alinhamento é satisfeita se os triângulos ABM e APN forem semelhantes. Nesse caso, podemos escrever:

$$\frac{\overline{PN}}{\overline{AN}} = \frac{\overline{BM}}{\overline{AM}} \quad \therefore \quad \frac{y - y_0}{x - x_0} = \frac{y_1 - y_0}{x_1 - x_0}. \tag{2.1}$$

Simplificamos a Equação 2.1 notando que a razão $\frac{y_1 - y_0}{x_1 - x_0}$ é constante, uma vez que (x_0, y_0) e (x_1, y_1) são as cordenadas de dois pontos conhecidos da reta, isto é, x_0, y_0, x_1 e y_1 são números conhecidos*. Tal constante, denominada **coeficiente angular** da reta e doravante denotada pela letra a, pode ser prontamente encontrada dividindo-se a variação Δy das ordenadas dos pontos conhecidos da reta pela variação Δx de suas abscissas. Assim,

$$a = \frac{\Delta y}{\Delta x} = \frac{y_1 - y_0}{x_1 - x_0} = \frac{y_0 - y_1}{x_0 - x_1}. \qquad (2.2)$$

Substituindo o valor do coeficiente angular dado em 2.2 na Equação 2.1, obtemos

$$\frac{y - y_0}{x - x_0} = a, \qquad (2.3)$$

ou, mais apropriadamente,

$$y - y_0 = a(x - x_0), \qquad (2.4)$$

chamada **equação da reta na forma ponto-coeficiente angular**.

Isolando y na Equação 2.4, obtemos $y = ax - ax_0 + y_0$, na qual notamos que $-ax_0 + y_0$ é uma constante, denominada **coeficiente linear** da reta e doravante denotada pela letra b. Podemos, então, reescrever a Equação 2.4 como:

$$y = ax + b, \qquad (2.5)$$

denominada **equação da reta na forma reduzida**.

Exemplo 2.1 *Determine a equação da reta pelos pontos* (1, 3) *e* (2, 5), *mostrada na Figura 2.2.*

- *Inicialmente determinamos seu coeficiente angular:*

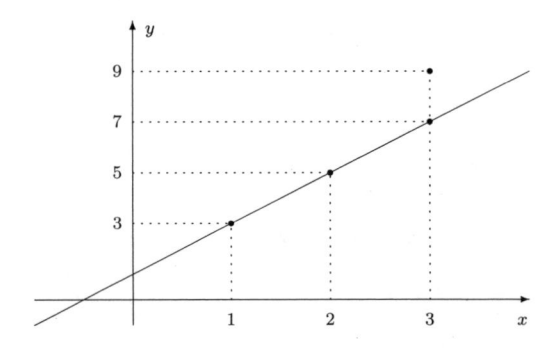

$$a = \tfrac{\Delta y}{\Delta x} = \tfrac{5-3}{2-1} = \tfrac{3-5}{1-2} = 2.$$

Figura 2.2 Reta pelos pontos (1, 3) e (2, 5).

---

* Por outro lado, a razão $\frac{y-y_0}{x-x_0}$ não é constante, uma vez que x e y são as coordenadas de um ponto qualquer do plano cartesiano, logo x e y são valores incógnitos.

- *A seguir, usando o ponto (1, 3), obtemos a equação na forma ponto-coeficiente:*

$$y - 3 = 2(x - 1).$$

- *Finalmente, isolamos a variável y para obter sua forma reduzida: $y = 2x + 1$. Salientamos que essa reta tem coeficiente angular $a = 2$ e coeficiente linear $b = 1$.*

No Exemplo 2.1 poderíamos obter a equação da reta usando o ponto (2, 5), em vez do ponto (1, 3). Nesse caso, a equação da reta na forma ponto-coeficiente seria:

$$y - 5 = 2(x - 2),$$

e a forma reduzida:

$$y = 2x + 1.$$

Observamos que a equação da reta na forma ponto-coeficiente não é única: mudando o ponto usado, muda a equação. Por outro lado, a forma reduzida é única, independentemente de qual ponto é usado para escrever a equação da reta.

O que queremos dizer com equação de uma reta?

Dizer que $y = 2x + 1$ é a equação de uma dada reta significa que *todo ponto da reta tem coordenadas que satisfazem sua equação. Reciprocamente, todo par ordenado que satisfaz sua equação é um ponto da reta.*

Exemplo 2.2 *Considerando a reta $y = 2x + 1$ e a Figura 2.2 do Exemplo 2.1, concluímos que:*

- *o ponto (3, 7) pertence a essa reta, pois suas coordenadas verificam a equação $y = 2x + 1$;*
- *o ponto (3, 9) não pertence a essa reta, pois suas coordenadas não verificam a equação $y = 2x + 1$.*

2.2 Coeficiente angular e coeficiente linear

Para entendermos os significados geométricos dos coeficientes angular e linear, vamos observar a Figura 2.3, que ilustra novamente a reta pelos pontos $A(x_0, y_0)$ e $B(x_1, y_1)$.

O ângulo α, formado pela reta e pelo eixo das abscissas no sentido positivo, denomina-se **inclinação** da reta. O leitor que tem conhecimentos de trigonometria pode observar que o coeficiente angular da reta é o valor da tangente dessa inclinação.

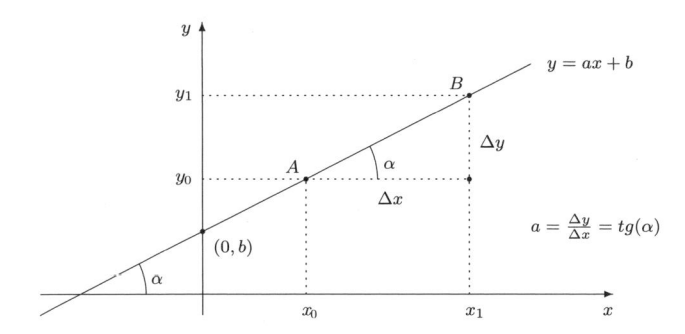

Figura 2.3 Coeficiente angular e coeficiente linear de uma reta.

Para entendermos o significado do coeficiente linear, fazemos $x = 0$ na Equação 2.5 e obtemos $y = b$. Isso significa que a reta passa pelo ponto $(0, b)$. Assim, o coeficiente linear é a ordenada do ponto em que a reta intercepta o eixo-y.

2.3 Retas horizontais e retas verticais

Se uma reta for horizontal, Figura 2.4(a), então sua inclinação é nula e, consequentemente, seu coeficiente angular é zero, pois $tg(0) = 0$. Nesse caso, a Equação 2.5 se reduz a $y = b$. Genericamente, toda equação da forma $y =$ constante é equação de uma reta horizontal.

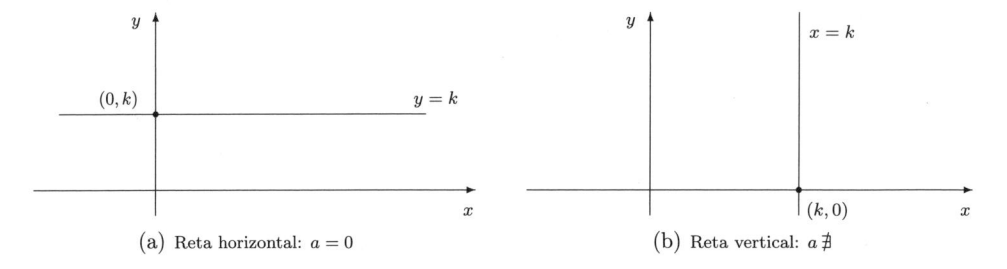

Figura 2.4 Reta horizontal e reta vertical.

Se uma reta for vertical, Figura 2.4(b), então sua inclinação é de $90°$ e, consequentemente, seu coeficiente angular não existe, pois $tg(90) \nexists$. Nesse caso, sua equação é da forma $x =$ constante. Genericamente, toda equação da forma $x =$ constante é equação de uma reta vertical.

2.4 Equação geral da reta

No plano cartesiano, toda equação da forma

$$Ax + By + C = 0, \qquad (2.6)$$

em que A, B e C são constantes reais e A e B não são simultaneamente nulas, representa uma reta. Para verificar essa afirmação, consideramos as seguintes possibilidades:

- se $B \neq 0$, então podemos isolar y na Equação 2.6, obtendo:

$$y = -\frac{A}{B}x - \frac{C}{B},$$

que é uma equação da forma (2.5). Nesse caso, se $A = 0$, a equação anterior se reduz a

$$y = -\frac{C}{B},$$

que é a equação de uma reta horizontal;

- se $B = 0$, então podemos isolar x na Equação 2.6, obtendo:

$$x = -\frac{C}{A},$$

que é a equação de uma reta vertical.

2.5 Retas paralelas e retas perpendiculares

A condição de paralelismo entre duas retas é facilmente estabelecida: duas retas paralelas formam o mesmo ângulo com o eixo das abscissas, logo seus coeficientes angulares são iguais, como ilustrado na Figura 2.5(a).

A condição de perpendicularismo é um pouco mais sutil. Para estabelecê-la, vamos recorrer à Figura 2.5(b), que exibe duas retas perpendiculares* de equações reduzidas

(a) Retas paralelas

(b) Retas perpendiculares

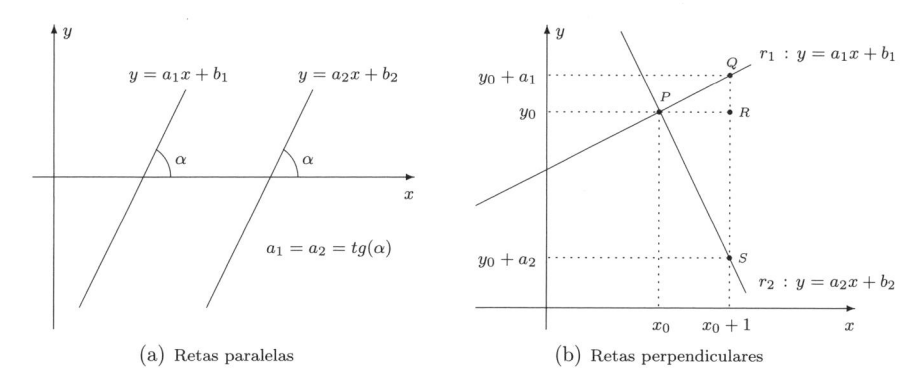

Figura 2.5 Paralelismo e perpendicularismo de retas.

---

* A discussão a seguir não se aplica ao caso óbvio de perpendicularismo de uma reta horizontal, $a = 0$, com uma reta vertical, $a \not\exists$.

$$r_1 : y = a_1 x + b_1 \quad \text{e} \quad r_2 : y = a_2 x + b_2,$$

concorrentes no ponto $P(x_0, y_0)$. Como P pertence a ambas as retas, suas coordenadas satisfazem tanto a equação de r_1 como a de r_2, isto é,

$$y_0 = a_1 x_0 + b_1 \quad \text{e} \quad y_0 = a_2 x_0 + b_2.$$

Na reta r_1, um incremento de uma unidade na abscissa resulta

$$a_1(x_0 + 1) + b_1 = a_1 x_0 + a_1 + b_1 = a_1 x_0 + b_1 + a_1 = y_0 + a_1,$$

isto é, a ordenada é incrementada de a_1 unidades. Logo, o segmento $\overline{RQ}$ da Figura 2.5(b) mede a_1 unidades. De modo análogo, na reta r_2, um incremento de uma unidade na abscissa resulta

$$a_2(x_0 + 1) + b_2 = a_2 x_0 + a_2 + b_2 = a_2 x_0 + b_2 + a_2 = y_0 + a_2,$$

isto é, a ordenada é decrementada de a_2 unidades*. Logo, o segmento $\overline{SR}$ da Figura 2.5(b) mede $-a_2$ unidades. Finalmente, observando que os triângulos RPQ e RSP são semelhantes (ângulo-ângulo-ângulo), podemos escrever:

$$\frac{\overline{RQ}}{\overline{PR}} = \frac{\overline{PR}}{\overline{SR}} \quad \therefore \quad \frac{a_1}{1} = \frac{1}{-a_2} \quad \therefore \quad a_1 a_2 = -1, \tag{2.7}$$

que é a condição de perpendicularismo entre duas retas. Em outras palavras, duas retas são perpendiculares quando o produto de seus coeficientes angulares vale -1.

Exemplo 2.3 *Determine a equação da reta perpendicular à reta $x + 3y = 4$ e que passa pelo ponto $(1, 3)$.*

A reta dada tem equação reduzida $y = -\frac{1}{3}x + \frac{4}{3}$ e coeficiente angular $-\frac{1}{3}$. A condição de perpendicularismo implica que o coeficiente angular da reta procurada satisfaz

$$a\left(-\frac{1}{3}\right) = -1 \quad \therefore \quad a = 3.$$

Assim, a equação da reta procurada é $(y - 3) = 3(x - 1) \therefore y = 3x$.

2.6 Ângulo entre duas retas

Consideremos duas retas quaisquer, de equações reduzidas $y = a_1 x + b_1$ e $y = a_2 x + b_2$, concorrentes em um ponto P, conforme Figura 2.6.

O ângulo θ determinado pelas retas** é dado por $\theta = \alpha - \beta$. Utilizando a fórmula da tangente da diferença, podemos escrever:

$$tg(\theta) = tg(\alpha - \beta) = \frac{tg(\alpha) - tg(\beta)}{1 + tg(\alpha)\, tg(\beta)}.$$

---

* Decrementada porque o valor numérico de a_2 é negativo.
** Duas retas concorrentes determinam quatro ângulos. Determinada a medida de um desses ângulos, as medidas dos demais são imediatamente obtidas, uma vez que os adjacentes são suplementares, e os não adjacentes são opostos pelo vértice.

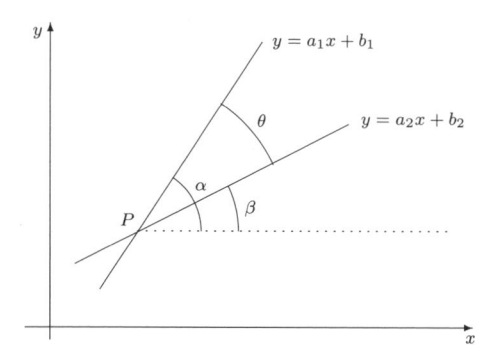

Figura 2.6 Ângulo entre duas retas

Lembrando que $tg(\alpha)= a_1$ e $tg(\beta)= a_2$, obtemos*:

$$tg(\theta) = \frac{a_1 - a_2}{1 + a_1 a_2}. \tag{2.8}$$

Em particular, admitiremos que duas retas paralelas ou coincidentes determinam uma ângulo nulo, uma vez que, se $a_1 = a_2$, a Equação 2.8 se reduz a $tg(\theta) = 0$, e, assim, $\theta = 0$. Por outro lado, se as retas são perpendiculares, temos $a_1 a_2 = -1$, e, pela Equação 2.8, o valor de $tg(\theta)$ não existe, pois ocorre uma divisão por zero, assim $\theta = \frac{\pi}{2}$.

Exemplo 2.4 *Determine um dos ângulos formado pelas retas*

$$r_1 : y - \sqrt{3}x = 0 \quad e \quad r_2 : 3y - \sqrt{3}x = 0.$$

Observando que o coeficiente angular da reta r_1 vale $a_1 = \sqrt{3}$, e o coeficiente angular da reta r_2 vale $a_2 = \frac{\sqrt{3}}{3}$ a aplicação da Equação 2.8 resulta em

$$tg(\theta) = \frac{\sqrt{3} - \frac{\sqrt{3}}{3}}{1 + \sqrt{3}\frac{\sqrt{3}}{3}} = \frac{\frac{3\sqrt{3}-\sqrt{3}}{3}}{\frac{3+\sqrt{3}\sqrt{3}}{3}} = \frac{2\sqrt{3}}{6} = \frac{\sqrt{3}}{3} \therefore \theta = \frac{\pi}{6}.$$

2.7 Distância de um ponto a uma reta

Em muitos problemas tratados pela geometria analítica, há a necessidade de determinarmos a distância de um ponto a uma reta.

Se a reta é horizontal, a distância é simplesmente o valor absoluto de uma diferença de ordenadas; se a reta é vertical, a distância é simplesmente o valor absoluto de uma diferença de abscissas, conforme ilustrado nas Figuras 2.7(a) e 2.7(b) respectivamente.

---

* A discussão a seguir não se aplica se uma das retas for vertical, uma vez que, nesse caso, o coeficiente angular da reta não existe.

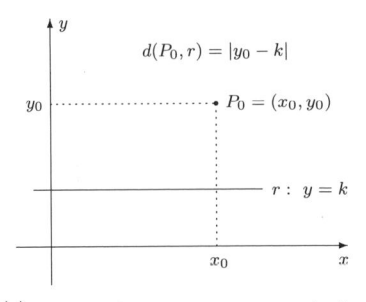

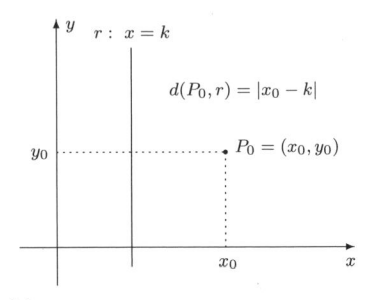

(a) Distância de um ponto a uma reta horizontal

(b) Distância de um ponto a uma reta vertical

Figura 2.7 Distância de um ponto a uma reta paralela a um eixo.

Se a reta não é paralela a nenhum dos eixos coordenados, a construção da Figura 2.8 nos permite determinar a distância do ponto $P\,(x_0,\,y_0)$ à reta $Ax + By + C = 0$.

A distância procurada é o comprimento $|PQ|$, denotado por D. Observando que os triângulos MPQ e OMN são semelhantes, podemos escrever:

$$\frac{D}{1} = \frac{|MP|}{|MO|} = \frac{\left|y_0 + \frac{Ax_0+C}{B}\right|}{\sqrt{1 + \left(\frac{A}{B}\right)^2}}.$$

Assim,

$$D = \frac{\left|\frac{By_0+Ax_0+C}{B}\right|}{\sqrt{\frac{B^2+A^2}{B^2}}} = \frac{\frac{1}{|B|}\left|Ax_0 + By_0 + C\right|}{\frac{1}{|B|}\sqrt{A^2+B^2}},$$

e, finalmente,

$$D = \frac{|Ax_0 + By_0 + C|}{\sqrt{A^2+B^2}}. \tag{2.9}$$

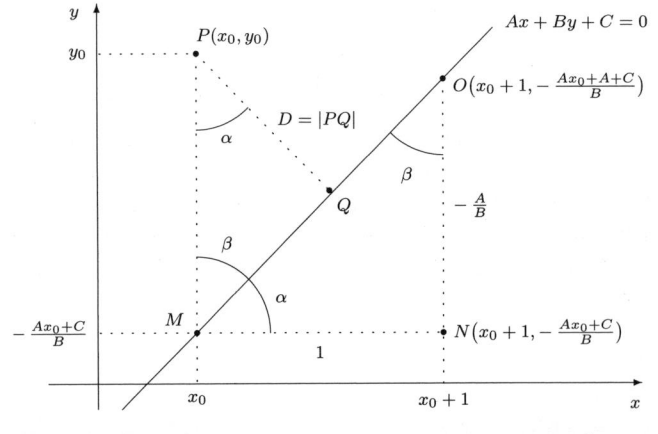

Figura 2.8 Distância de um ponto a uma reta qualquer.

Exemplo 2.5 *Determine a distância do ponto $P(1, 5)$ à reta $y = -3x + 11$.*

Basta observar que $(x_0, y_0) = (1, 5)$ e que a equação geral da reta é $3x + y - 11 = 0$, logo $A = 3$, $B = 1$ e $C = -11$. A substituição na Equação 2.9 resulta em

$$D = \frac{|3 \times 1 + 1 \times 5 - 11|}{\sqrt{9+1}} = \frac{3}{\sqrt{10}}.$$

2.8 Funções polinomiais do 1º grau

Funções polinomiais do 1º grau são funções* $f : \mathbb{R} \to \mathbb{R}$ da forma

$$y = f(x) = ax + b, \qquad (2.10)$$

em que a e b são constantes reais e $a \neq 0$. Comparando as Equações 2.5 e 2.10, concluímos imediatamente que o gráfico de uma função polinomial do 1º grau é uma reta no plano cartesiano. A raiz** é dada por $x = -b/a$.

Modelos lineares

A despeito de sua simplicidade, várias situações importantes são modeladas por funções polinomiais do 1º grau. Por modelo linear, queremos dizer que existem duas quantidades que se relacionam algebricamente através de uma função polinomial do 1º grau. Os próximos exemplos ilustram alguns modelos lineares.

Exemplo 2.6 (Pressão em um ponto submerso) *Determine a relação entre a pressão p (medida em atm) e a profundidade h (medida em m) em um ponto submerso na água do mar, considerando que a pressão aumenta linearmente com a profundidade e que esse aumento é de 1 atm a cada 10 m de descida.*

- *Inicialmente observamos que quando $h = 0$ m (na superfície), a pressão é $p = 1$ atm, assim a reta passa pelo ponto $(h, p) = (0, 1)$. Quando $h = 10$ m de profundidade, a pressão aumenta para $p = 2$ atm, assim a reta também passa pelo ponto $(h, p) = (10, 2)$, conforme mostrado na Figura 2.9.*

---

* Lembre-se que o símbolo $\mathbb{R}$ denota o conjunto de todos os números reais. Assim, $f : \mathbb{R} \to \mathbb{R}$ indica que a função f tem como domínio (o $\mathbb{R}$ antes da flecha) e contra-domínio (o $\mathbb{R}$ depois da flecha) todos os números reais.
** As raízes, ou zeros, de uma função são todos os valores do domínio que anulam sua imagem, ou seja, são todos os elementos do domínio que possuem imagem zero. Determinamos as raízes de uma função f resolvendo a equação $f(x) = 0$.

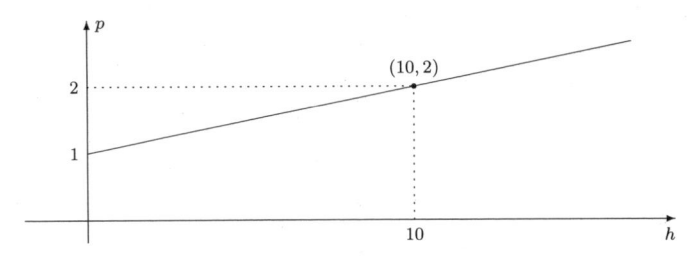

Figura 2.9 Modelo linear da pressão em função da profundidade.

- De posse de dois pontos da reta, determinamos seu coeficiente angular

$$a = \frac{\Delta p}{\Delta h} = \frac{2-1}{10-0} = \frac{1}{10}.$$

- Finalmente, usando o ponto $(h, p) = (0, 1)$, obtemos a equação da reta:

$$p - 1 = \frac{1}{10}(h - 0) \quad \therefore \quad p = \frac{1}{10}h + 1,$$

que é o modelo linear que relaciona a pressão p e a pronfundidade h da situação descrita.

Exemplo 2.7 (Escalas de temperaturas) *Em muitos países, incluindo o Brasil, a temperatura é medida na escala Celsius. Nos países que adotam o sistema inglês de medidas, como a Inglaterra e os Estados Unidos, a temperatura é medida na escala Farenheit. A escala Celsius adota as seguintes convenções: a água congela a $0°C$ e ferve a $100°C$. A escala Farenheit adota as seguintes convenções: a água congela a $32°F$ e ferve a $212°F$. Determine uma equação de conversão Celsius-Farenheit, sabendo que se trata de um modelo linear.*

- Denotando por c a temperatura em Celsius e por f a temperatura em Farenheit, observamos que a reta procurada passa pelos pontos $(c_1, f_1) = (0, 32)$ (congelamento da água) e $(c_2, f_2) = (100, 212)$ (ebulição da água).

- De posse de dois pontos da reta, determinamos seu coeficiente angular

$$a = \frac{\Delta f}{\Delta c} = \frac{212 - 32}{100 - 0} = \frac{180}{100} = \frac{9}{5}.$$

- Finalmente, usando o ponto $(c_1, f_1) = (0, 32)$, obtemos a equação da reta:

$$f - 32 = \frac{9}{5}(c - 0) \quad \therefore \quad f = \frac{9}{5}c + 32,$$

que é o modelo linear que relaciona as escalas Farenheit e Celsius.

2.9 Problemas propostos

2.1 Marque cada par de pontos no plano cartesiano; trace a reta que passa por eles e determine a equação reduzida dessa reta.

(a) $(5,0)$ e $(1,4)$

(b) $(-3,0)$ e $(1,4)$

(c) $(-2,3)$ e $(1,9)$

(d) $(-1,1)$ e $(1,5)$

(e) $(-2,-4)$ e $(-1,1)$

(f) $(2,-4)$ e $(-1,5)$

(g) $(-2,4)$ e $(1,-5)$

(h) $(2,4)$ e $(1,-5)$

(i) $(-2,4)$ e $(-1,-5)$

(j) $(-2,-4)$ e $(-1,-5)$

(k) $(0,3)$ e $(4,3)$

(l) $(1,1)$ e $(3,1)$

(m) $(1,1)$ e $(1,4)$

(n) $(3,-2)$ e $(3,5)$

Analisando os resultados obtidos, o que você pode inferir sobre a posição da reta quando seu coeficiente angular é positivo? E quando é negativo? E quando é nulo? E quando não existe?

2.2 Esboce o gráfico e determine a equação da reta que satisfaz as seguintes propriedades:

(a) inclinação de $45°$ e passa pelo ponto $P\,(2,4)$

(b) inclinação de $60°$ e passa pelo ponto $P\,(2,4)$

(c) inclinação de $135°$ e passa pelo ponto $A\,(3,5)$

(d) inclinação de $45°$ e passa pelo ponto médio dos pontos $(3,-5)$ e $(1,-1)$

(e) paralela à reta $y = 3x - 4$ e passa pelo ponto $P\,(1,2)$

(f) perpendicular à reta $y = 3x - 4$ e passa pelo ponto $P\,(1,2)$

2.3 Indique, por meio de um esboço, a região do plano cartesiano na qual os pontos (x, y) satisfazem a condição dada.

(a) $x > 2$

(b) $x > 3$ e $y < 5$

(c) $-2 \leq x < 4$

(d) $1 \leq x < 5$ e $y \geq 0$

2.4 Determine se os três pontos dados são colineares (resolva o problema de dois modos: usando o coeficiente angular e a fórmula da distância).

(a) $(1,-4)$, $(-2,-13)$ e $(5,8)$

(b) $(1,-7)$, $(4,2)$ e $(2,1)$

(c) $\left(\frac{1}{2},-\frac{3}{2}\right)$, $\left(\frac{1}{4},-\frac{13}{8}\right)$ e $\left(-\frac{1}{2},-2\right)$

2.5 Determine se os três pontos dados formam um triângulo retângulo (resolva o problema de dois modos: usando o coeficiente angular e o Teorema de Pitágoras).

(a) $(1,-3)$, $(2,7)$ e $(-2,5)$

(b) $(1,2)$, $(0,1)$ e $(-1,2)$

(c) $(0,0)$, $(3,6)$ e $(-4,2)$

2.6 Esboce cada par de retas no plano cartesiano e determine o ponto de interseção.

(a) $y = x - 2$ e $y = -2x + 4$

(b) $y = 2x - 7$ e $y = -2x + 1$

(c) $y = 3x - 1$ e $y = -5x + 2$

(d) $y = 2x - 5$ e $y = 2x + 5$

2.7 Considere o quadrilátero $ABCD$, em que $A(-1, 2)$, $B(1, 3)$, $C(2, -2)$ e $D(0, -3)$. Determine as coordenadas do ponto de interseção de suas diagonais.

2.8 Da família de retas $3x - my + m^2 = 0$, determine as equações daquelas que passam pelo ponto $(-4, 4)$.

2.9 Determine o(s) valor(es) de k para que a reta $(k + 4)x + (9 - k^2)y + (k - 6)^2 = 0$

(a) seja paralela ao eixo-x

(b) seja paralela ao eixo-y

(c) passe pela origem

2.10 Considere as retas $r: kx - (k + 2)y = 2$ e $s: ky - x = 3k$. Determine k de modo que r e s sejam:

(a) concorrentes (b) paralelas (c) coincidentes

2.11 Para todo número real p, a equação $(p - 1)x + 4y + p = 0$ representa uma reta. Determine p de modo que a reta seja:

(a) paralela à reta $4x - 2y + 6 = 0$

(b) perpendicular à reta $4y - x = 1$

2.12 Determine as coordenadas do ponto Q, simétrico de $P(-1, 6)$ em relação à reta $3x - 4y + 2 = 0$.

2.13 O conjunto de todos os pontos equidistantes de dois pontos A e B dados é chamado reta mediatriz do segmento AB. Esboce e determine a equação reduzida da mediatriz do segmento AB de dois modos:

(i) igualando a distância do ponto $P(x, y)$ a A e B e simplificando a equação obtida;

(ii) usando o ponto médio do segmento AB e um coeficiente angular adequado.

(a) $A(-1, -3)$ e $B(5, -1)$

(b) $A(2, 4)$ e $B(-6, -2)$

(c) $A(-3, -2)$ e $B(-3, 5)$

(d) $A(3, -2)$ e $B(3, 7)$

2.14 Determine a distância do ponto P_0 à reta r nos casos:

(a) $P_0(2, 5)$ e $r: y = 1$

(b) $P_0(-3, 4)$ e $r: x + 2 = 0$

(c) $P_0(1, -3)$ e $r: 4x - 2y + 2 = 0$

(d) $P_0(-3, 5)$ e $r: y = 5x - 3$

2.15 Determine as coordenadas do ponto da reta $2x - y + 3 = 0$ que é equidistante dos pontos $A(3, 0)$ e $B(1, -4)$.

2.16 Em um triângulo ABC os lados AB e BC têm a mesma medida e dois vértices são $A(2, \frac{1}{2})$ e $C(\frac{2}{3}, 1)$. Determine a abscissa do ponto em que a altura relativa ao lado AC o intercepta.

2.17 Esboce e determine a área da região limitada pelas retas $4x - 7y + 18 = 0$, $2x - y - 6 = 0$ e $4x + 3y - 2 = 0$.

2.18 Considere os pontos $A(1, 2)$ e $B(3, 4)$. Determine o ponto C do primeiro quadrante, sobre a reta $y = 3x + 2$, de modo que o triângulo ABC tenha área 5.

2.19 Determine o perímetro e a área do triângulo ABC, cujo vértice A está no eixo das abscissas, o vértice B no eixo das ordenadas e as retas suportes dos lados AC e BC têm equações $x + y = 4$ e $y - x = 3$ respectivamente.

2.20 A reta r_1 determina um ângulo de $120º$ com a reta r_2, cujo coeficiente angular é $-\frac{1}{3}$. Determine o coeficiente angular de r.

2.21 Determine as equações das bissetrizes dos ângulos formados pelas retas:

(a) $x = 1$ e $y = 2$ \hspace{2cm} (b) $2x + 5y = 1$ e $5x - 2y = -3$

2.22 Uma das diagonais de um losango é o segmento de extremos $(1, 4)$ e $(3, 2)$. Determine a equação da reta suporte da outra diagonal.

2.23 Dada a função $f : \mathbb{R} \to \mathbb{R}$, tal que $y = f(x) = 2x - 10$,

(a) determine as coordenadas do ponto onde seu gráfico corta o eixo x;

(b) determine as coordenadas do ponto onde seu gráfico corta o eixo y;

(c) utilize as informações obtidas para esboçar seu gráfico.

2.24 Voltando ao Exemplo 2.6:

(a) qual a unidade do coeficiente angular da reta obtida? Qual é o seu significado?

(b) qual a unidade do coeficiente linear da reta obtida? Qual é o seu significado?

2.25 Voltando ao Exemplo 2.7:

(a) qual o significado do coeficiente angular da reta obtida?

(b) qual o significado do coeficiente linear da reta obtida?

2.26 Dada a função $f: \mathbb{R} \to \mathbb{R}$, tal que $f(x) = 3x - 4$, determine as constantes a e b, sabendo-se que $f(a) = 2b$ e $f(b) = 9a - 28$.

2.27 Uma função $f(x) = ax + b$ é tal que $f(3) = 2$ e $f(4) = 2f(2)$. Determine f.

2.28 Uma função $f(x) = ax + b$ é tal que $f(0) = 1 + f(1)$ e $f(-1) = 2 - f(0)$. Determine $f(3)$.

2.29 Um avião parte de um ponto P no instante $t = 0$ e viaja para o oeste a uma velocidade constante de 450 Km/h.

  (a) Escreva uma expressão para a distância d (em Km) percorrida pelo avião em função do tempo t (em horas).

  (b) Trace o gráfico $d \times t$.

  (c) Qual o significado do coeficiente angular da reta obtida?

2.10 Problemas suplementares

2.30 A equação da reta na forma 2.3 tem a vantagem da conexão direta com o raciocínio geométrico utilizado para obtê-la, ilustrado na Figura 2.1(b). Porém, rigorosamente, a equação de uma reta não pode ser deixada nessa forma. Por quê?

2.31 Prove que o segmento que liga os pontos médios de dois lados de um triângulo é paralelo ao terceiro lado*.

2.32 Mostre que a distância da origem à reta $Ax + By + C = 0$ é dada por $D = \frac{|C|}{\sqrt{A^2+B^2}}$.

2.33 Mostre que a distância entre as retas paralelas $Ax + By + C_1 = 0$ e $Ax + By + C_2 = 0$ é dada por:

$$D = \frac{|C_1 - C_2|}{\sqrt{A^2 + B^2}}.$$

2.34 Determine a distância entre as retas dadas

  (a) $\begin{cases} 2x + 3y = 15 \\ 2x + 3y - 10 = 0 \end{cases}$ *(c)* $\begin{cases} x + y - 1 = 0 \\ 3x + 3y - 7 = 0 \end{cases}$

  (b) $\begin{cases} 3x - y + 7 = 0 \\ -3x + y + 7 = 0 \end{cases}$ *(d)* $\begin{cases} y = 5x - 7 \\ y = 5x + 3 \end{cases}$

2.35 Determine a equação da reta paralela à reta $3x + 4y + 15 = 0$ e que dista 3 unidades desta.

---

* Sugestão: sem perda de generalidade, considere o triângulo de vértices $(0, 0)$, (a, b) e $(c, 0)$.

2.36 Determine a equação da reta equidistante de $3x + y - 10 = 0$ e $3x + y - 4 = 0$.

2.37 Considere duas retas concorrentes, não verticais, de equações reduzidas $y = a_1 x + b_1$ e $y = a_2 x + b_2$. Se θ é um dos ângulos formado por essas retas, mostre que*:

$$cos(\theta) = \frac{1 + a_1 a_2}{\sqrt{1 + a_1^2}\sqrt{1 + a_2^2}}.$$

---

* Sugestão: utilize uma construção semelhante à Figura 2.6 e aplique a **lei dos cossenos**, uma relação entre as medidas dos lados de um triângulo qualquer, explicada a seguir.

Consideremos o triângulo acutângulo (três ângulos agudos) ABC, Figura 2.10(a), onde CH é a altura relativa ao lado AB. No triângulo retângulo AHC temos:

$$b^2 = x^2 + h^2 \therefore h^2 = b^2 - x^2 \quad \text{e} \quad cos(\alpha) = \frac{x}{b} \therefore x = b\,cos(\alpha) \qquad (2.11a)$$

(a) Triângulo acutângulo (b) Triângulo obtusângulo

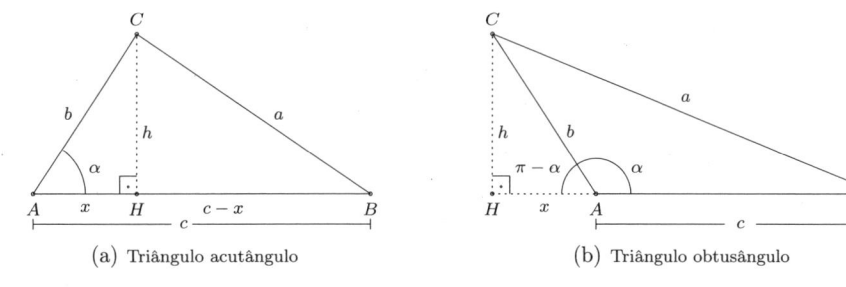

Figura 2.10 A lei dos cossenos.

No triângulo retângulo BHC temos $a = h^2 + (c-x)^2 \therefore a = h^2 + c^2 - 2cx + x^2$. Substituindo os resultados dados em (2.11a) nessa equação obtemos

$$a^2 = b^2 + c^2 - 2bc\,cos(\alpha),$$

que é a lei dos cossenos para o ângulo α do triângulo acutângulo ABC da Figura 2.10(a).

Consideremos agora o triângulo obtusângulo (um ângulo obtuso) ABC, Figura 2.10(b), onde CH é a altura relativa ao lado AB. No triângulo retângulo AHC temos:

$$b^2 = x^2 + h^2 \therefore h^2 = b^2 - x^2 \quad \text{e} \quad cos(\pi - \alpha) = \frac{x}{b} \therefore x = b\,cos(\pi - \alpha) \qquad (2.11b)$$

No triângulo retângulo BHC temos $a = h^2 + (c+x)^2 \therefore a = h^2 + c^2 + 2cx + x^2$. Lembrando que $cos(\pi - \alpha) = -cos(\alpha)$, substituindo os resultados dados em (2.11b) nessa equação obtemos

$$a^2 = b^2 + c^2 - 2bc\,cos(\alpha),$$

que é a lei dos cossenos para o ângulo α do triângulo obtusângulo ABC da Figura 2.10(b), resultado idêntico ao obtido para triângulos acutângulos.

É interessante observar que se $\alpha = \frac{\pi}{2}$, isto é, caso o triângulo seja retângulo, a lei dos cossenos se reduz ao Teorema de Pitágoras.

3 Lugares Geométricos

3.1 Lugar geométrico

Um lugar geométrico é um conjunto de pontos que satisfaz uma ou mais propriedades geométricas. Conceitualmente, a geometria analítica lida com o estudo de lugares geométricos (pontos, retas, circunferências, parábolas, regiões etc.) por meio de suas representações algébricas (pares ordenados, equações, sistemas de equações etc.). Segundo Kindle (1959), fundamentalmente ela lida com dois tipos de problemas:

(i) dada uma representação algébrica, determinar o lugar geométrico correspondente;

(ii) dado um lugar geométrico, cujos pontos satisfazem certas condições, determinar sua representação algébrica.

Nesse momento abordaremos o segundo problema: determinar a representação algébrica de um lugar geométrico que satisfaz certas condições estabelecidas. Nossas principais ferramentas serão as fórmulas da distância entre dois pontos, Equação 1.1 (p. 34), e da distância de um ponto a uma reta, Equação 2.9 (p. 48).

Exemplo 3.1 *Determine a equação do lugar geométrico dos pontos equidistantes dos pontos $A(3, 0)$ e $B(0, 3)$.*

Se $P(x, y)$ é um ponto qualquer do lugar geométrico procurado então P deve satisfazer a condição $|PA| = |PB|$, Figura 3.1(a). Usando a fórmula da distância entre dois pontos, obtemos:

$$\sqrt{(x-0)^2 + (y-3)^2} = \sqrt{(x-3)^2 + (y-0)^2}$$
$$x^2 + y^2 - 6y + 9 = x^2 - 6x + 9 + y^2$$
$$y = x$$

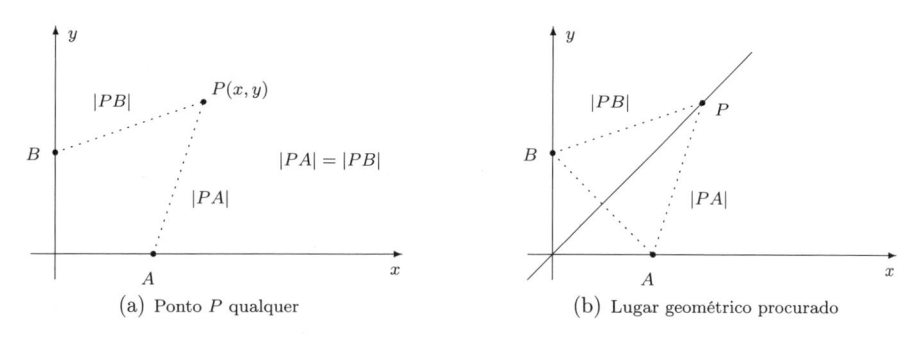

Figura 3.1 Lugar geométrico: mediatriz do segmento AB.

Assim $y = x$ é a equação do lugar geométrico procurado. O leitor pode observar que se trata da equação da reta mediatriz do segmento AB, Figura 3.1(b).

Exemplo 3.2 *Determine a equação do lugar geométrico dos pontos cuja distância ao ponto $C(3, 2)$ é 5.*

Se $P(x, y)$ é um ponto qualquer do lugar geométrico procurado então P deve satisfazer a condição $|PC| = 5$, Figura 3.2(a). Usando a fórmula da distância entre dois pontos, obtemos

$$\sqrt{(x-3)^2 + (y-2)^2} = 5$$
$$(x-3)^2 + (y-2)^2 = 25$$

Pela propriedade enunciada para esse lugar geométrico, é fácil perceber que se trata da circunferência com centro no ponto $C(3, 2)$ e raio 5, ilustrada na Figura 3.2(b). Assim $(x-3)^2 + (y-2)^2 = 25$ é a equação dessa circunferência.

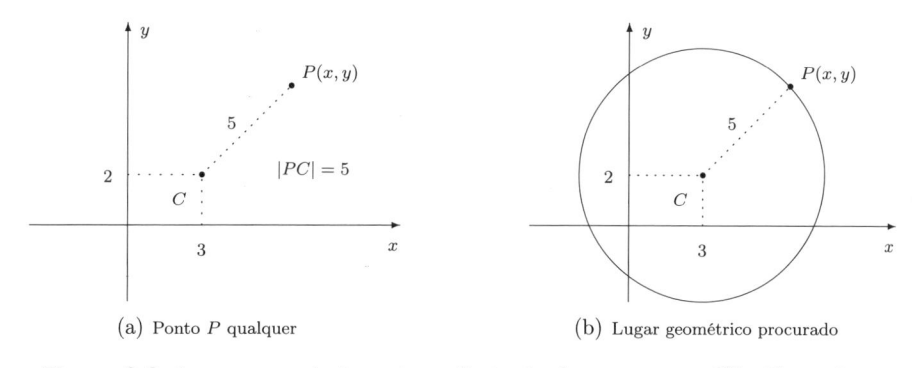

Figura 3.2 Lugar geométrico: circunferência de centro em $C(3, 2)$ e raio 5.

Exemplo 3.3 *Determine a equação do lugar geométrico dos pontos cuja distância ao ponto $A(4, 4)$ seja o dobro da distância ao ponto $B(1, 1)$.*

Se $P(x, y)$ é um ponto qualquer do lugar geométrico procurado, então P deve satisfazer a condição $|PA| = 2|PB|$, Figura 3.3(a). Usando a fórmula da distância entre dois pontos, obtemos:

$$\begin{aligned}
\sqrt{(x-4)^2 + (y-4)^2} &= 2\sqrt{(x-1)^2 + (y-1)^2} \\
x^2 - 8x + 16 + y^2 - 8y + 16 &= 4(x^2 - 2x + 1 + y^2 - 2y + 1) \\
x^2 - 8x + 16 + y^2 - 8y + 16 &= 4x^2 - 8x + 4 + 4y^2 - 8y + 4 \\
24 &= 3x^2 + 3y^2 \\
x^2 + y^2 &= 8
\end{aligned}$$

Conforme estudaremos adiante na Seção 4.2, esse lugar geométrico é a circunferência de centro na origem e raio $2\sqrt{2}$, ilustrada na Figura 3.3(b). O leitor deve observar que, apesar de bastante simples, esse lugar geométrico não é facilmente reconhecido pela propriedade enunciada.

(a) Ponto P qualquer

(b) Lugar geométrico procurado

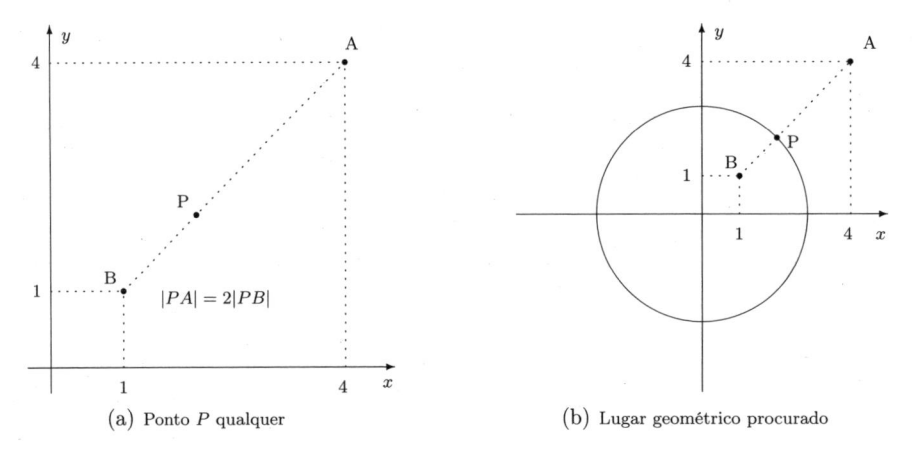

Figura 3.3 Lugar geométrico: circunferência de centro na origem e raio $2\sqrt{2}$.

Exemplo 3.4 *Determine a equação do lugar geométrico dos pontos cuja razão das distâncias aos pontos $A(-1, 3)$ e $B(3, -2)$ seja 2.*

Se $P(x, y)$ é um ponto qualquer do lugar geométrico procurado então P deve satisfazer a condição $\frac{|PA|}{|PB|} = 2$. Usando a fórmula da distância entre dois pontos, obtemos

$$\begin{aligned}
\sqrt{(x+1)^2 + (y-3)^2} &= 2\sqrt{(x-3)^2 + (y+2)^2} \\
x^2 + 2x + 1 + y^2 - 6y + 9 &= 4(x^2 - 6x + 9 + y^2 + 4y + 4) \\
x^2 + 2x + 1 + y^2 - 6y + 9 &= 4x^2 - 24x + 36 + 4y^2 + 16y + 16 \\
3x^2 + 3y^2 - 26x + 22y + 42 &= 0
\end{aligned}$$

Conforme estudaremos adiante, Seção 4.2, esse lugar geométrico também é uma circunferência, mas isto não é facilmente reconhecível pela propriedade enunciada.

Exemplo 3.5 *Determine a equação do lugar geométrico dos pontos tais que o produto dos coeficientes angulares das retas que os ligam aos pontos $A(2, -1)$ e $B(-2, 1)$ seja 1. Se $P(x, y)$ é um ponto qualquer do lugar geométrico procurado, então P deve satisfazer a condição $m_{PA} m_{PB} = 1$, em que m_{PA} é o coeficiente angular da reta que passa por P e A e m_{PB} é o coeficiente angular da reta que passa por P e B. Da definição de coeficiente angular temos:*

$$\left(\frac{y+1}{x-2}\right)\left(\frac{y-1}{x+2}\right) = 1$$
$$(y+1)(y-1) = (x-2)(x+2)$$
$$y^2 - 1 = x^2 - 4$$
$$x^2 - y^2 = 3$$

Conforme estudaremos adiante, Seção 4.5, esse lugar geométrico é uma curva denominada hipérbole.

3.2 Problemas propostos

3.1 *Esboce e determine a equação do lugar geométrico dos pontos equidistantes dos pontos $A(-3, 1)$ e $B(7, 5)$*

3.2 *Esboce e determine a equação do lugar geométrico dos pontos cuja distância ao ponto $A(2, -1)$ vale 5.*

3.3 *Esboce e determine a equação do lugar geométrico dos pontos equidistantes dos eixos coordenados.*

3.4 *Determine a equação do lugar geométrico dos pontos cuja soma dos quadrados de suas distâncias aos pontos $A(0, 0)$ e $B(2, -4)$ vale 20.*

3.5 *Um segmento de reta com 12 unidades de comprimento se desloca de modo que seus extremos se encontram sempre apoiados sobre os eixos coordenados. Determine a equação do lugar geométrico descrito por seu ponto médio.*

3.6 *Considere os pontos $A(2, 4)$ e $B(5, -3)$. Determine a equação do lugar geométrico dos pontos P sabendo-se que o coeficiente angular da reta por A e P é uma unidade maior que o coeficiente angular da reta por B e P.*

3.7 *Determine a equação do lugar geométrico dos pontos equidistantes do ponto $A(3, 5)$ e da reta $y = 1$.*

3.8 *Determine a equação do lugar geométrico dos pontos equidistantes do ponto $A(-2, 1)$ e da reta $x = 3$.*

3.9 *Determine a equação do lugar geométrico dos pontos equidistantes do ponto $A(1, 1)$ e da reta $y = -x$.*

3.10 Determine a equação do lugar geométrico dos pontos cuja soma das distâncias aos pontos $A(-5, 0)$ e $B(5, 0)$ vale 12.

3.11 Determine a equação do lugar geométrico dos pontos cuja soma das distâncias aos pontos $A(0, 2)$ e $B(6, 2)$ vale 6.

3.12 Determine a equação do lugar geométrico dos pontos cujo módulo da diferença das distâncias aos pontos $A(-5, 0)$ e $B(5, 0)$ vale 8.

3.13 Determine a equação do lugar geométrico de um ponto que se move de maneira que a diferença entre os quadrados de suas distâncias aos pontos $(2, -2)$ e $(4, 1)$ vale 12.

4 Seções Cônicas

4.1 Introdução

Uma superfície cônica é uma superfície gerada da seguinte maneira: tomamos uma circunferência C (denominada diretriz) e um ponto fixo V (denominado vértice) que não pertença ao plano que contém C. Tomamos uma reta (denominada geratriz) que passa por V e seja tangente à C e fazemos esta reta se deslocar sobre C. A Figura 4.1 ilustra uma superfície cônica gerada dessa maneira, e também seus elementos. Enfatizamos que a superfície cônica é uma superfície infinita, e que o sólido denominado cone que muitos leitores estudaram em geometria elementar é na verdade um tronco da superfície cônica.

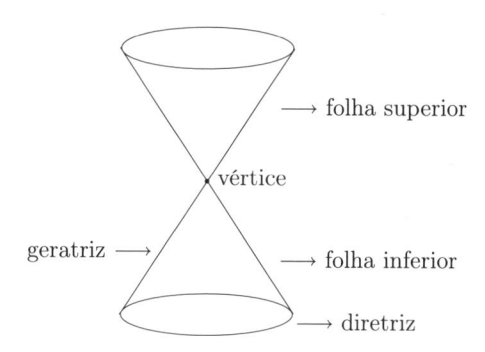

Figura 4.1 Superfície cônica e seus elementos.

As curvas obtidas pela interseção de um plano secante com uma superfície cônica são denominadas seções cônicas: circunferências, elipses, parábolas e hipérboles*.

---

* Alguns autores classificam como seções cônicas as elipses, parábolas e hipérboles, considerando a circunferência como um caso particular da elipse.

A circunferência é a curva obtida pela interseção da superfície cônica com um plano secante perpendicular ao eixo, como ilustrado na Figura 4.2(a). Se tal plano intercepta a superfície cônica sobre seu vértice temos um único ponto, que é a degeneração da circunferência.

Se o plano secante é paralelo a uma geratriz a curva obtida é uma parábola, como ilustrado na Figura 4.2(b). Se tal plano for tangente a uma geratriz temos uma única reta, que é a degeneração da parábola.

Caso o plano secante não seja perpendicular ao eixo, nem paralelo a uma geratriz e intercepte uma única folha da superfície cônica obtemos uma elipse, ilustrada na Figura 4.2(c). Aqui, novamente, se o plano secante intercepta a superfície cônica sobre seu vértice temos um único ponto, que também é a degeneração da elipse.

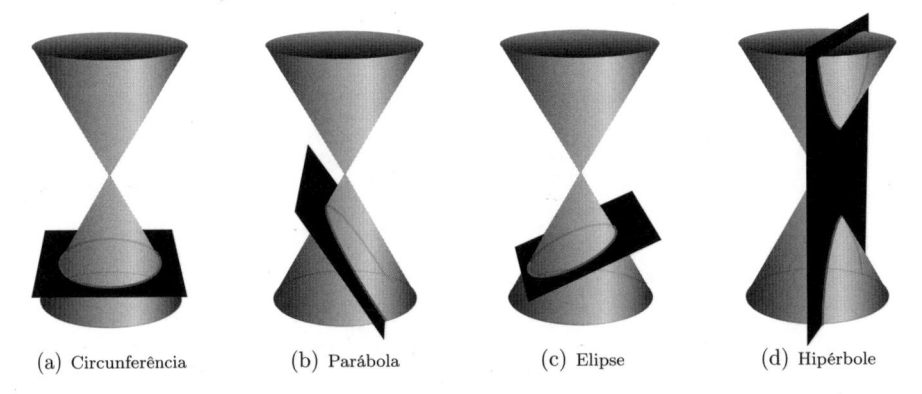

(a) Circunferência   (b) Parábola   (c) Elipse   (d) Hipérbole

Figura 4.2 Seções cônicas.

Finalmente, caso o plano secante não seja perpendicular ao eixo, nem paralelo a uma geratriz e intercepte ambas as folhas da superfície cônica obtemos uma hipérbole, ilustrada na Figura 4.2(d). Nesse caso, se o plano secante intercepta ambas as folhas e passa pelo vértice, temos um par de retas concorrentes, que é a degeneração da hipérbole.

A abordagem tridimensional descrita anteriormente é riquíssima em detalhes geométricos e justifica a denominação de seções cônicas para as circunferências, elipses, parábolas e hipérboles. Entretanto, as seções cônicas são curvas planas, no sentido de que qualquer uma destas curvas estar contida em um plano. Com o objetivo de obtermos suas equações cartesianas a abordagem tridimensional não é conveniente. Vamos, assim, estudá-las como curvas planas, definindo-as como lugares geométricos que dependam tão somente de pontos e retas dos planos que as contêm.

4.2 Circunferência

Definição 2 (Circunferência como lugar geométrico no plano) *Circunferência é o lugar geométrico dos pontos de um plano cuja distância a um ponto fixo é constante.*

Conforme mostrado na Figura 4.3(a), o ponto fixo é denominado centro da circunferência e a distância de seus pontos ao centro é denominada raio da circunferência. Para obtermos sua equação cartesiana, consideremos uma circunferência de raio r e centro na origem $O(0, 0)$, Figura 4.3(b). Para que P (x, y) seja um ponto da circunferência, devemos ter $|PO| = r$, e, assim, pela fórmula da distância entre dois pontos, obtemos:

$$\sqrt{(x-0)^2 + (y-0)^2} = r \quad \therefore \quad x^2 + y^2 = r^2. \tag{4.1}$$

(a) Centro e raio

(b) Centro na origem e raio r

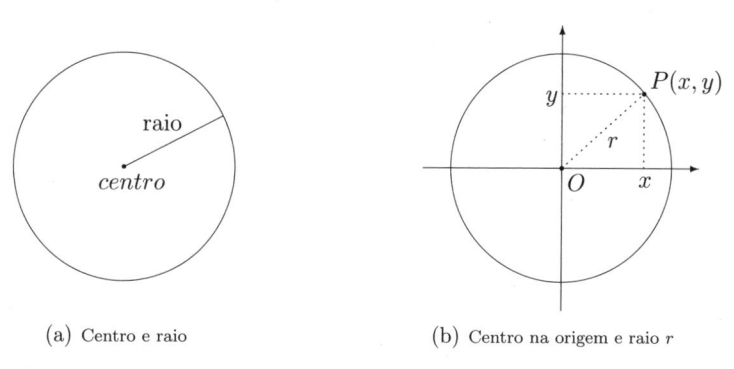

Figura 4.3 Circunferência com centro na origem e raio r.

Exemplo 4.1 *Determine o valor da constante b para que a reta $y = x + b$ seja tangente à circunferência $x^2 + y^2 = 8$.*

Inicialmente, determinamos a interseção da reta com a circunferência. Temos:

$$x^2 + (x+b)^2 = 8 \quad \therefore \quad x^2 + x^2 + 2bx + b^2 = 8 \quad \therefore \quad 2x^2 + 2bx + b^2 - 8 = 0 \tag{4.2}$$

As raízes da Equação 4.2 nos dão as abscissas dos pontos de interseção da reta com a circunferência. Para que a reta seja tangente à circunferência deve haver um único ponto de interseção, logo a Equação 4.2 deve possuir uma raiz dupla, logo seu discriminante (delta) deve valer zero. Assim:

$$4b^2 - 8(b^2 - 8) = 0 \quad \therefore \quad -4b^2 + 64 = 0 \quad \therefore \quad b^2 = 16,$$

e, lembrando que $\sqrt{b^2} = |b|$, temos que $|b| = 4$ e então $b = \pm 4$. A Figura 4.4 exibe as retas $y = x + 4$ e $y = x - 4$, tangentes à circunferência $x^2 + y^2 = 8$.

Ressaltamos ainda as duas outras possibilidades, também ilustradas na Figura 4.4:

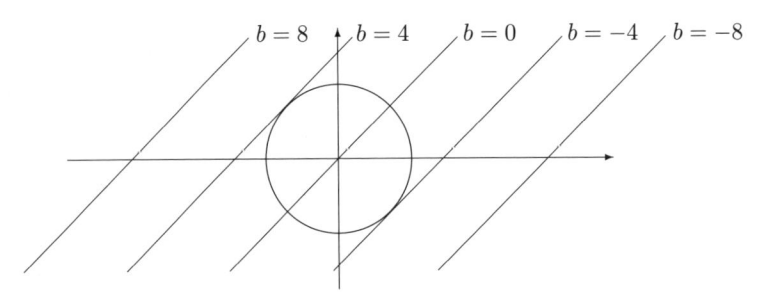

Figura 4.4 Família de retas $y = x + b$ e circunferência $x^2 + y^2 = 8$.

- para que a reta seja secante à circunferência devemos ter dois pontos de interseção, logo a Equação 4.2 deve possuir duas raízes reais distintas e seu discriminante (delta) deve ser positivo, isto é:

$$4b^2 - 8(b^2 - 8) > 0 \quad \therefore \quad -4b^2 + 64 > 0 \quad \therefore \quad b^2 - 16 < 0 \quad \therefore \quad -4 < b < 4;$$

- para que a reta não possua interseção com a circunferência a Equação 4.2 não deve possuir raízes reais e seu discriminante (delta) deve ser negativo, isto é:

$$4b^2 - 8(b^2 - 8) < 0 \quad \therefore \quad -4b^2 + 64 < 0 \quad \therefore \quad b^2 - 16 > 0 \quad \therefore \quad b < -4 \text{ ou } b > 4.$$

4.3 Parábola

Definição 3 (Parábola como lugar geométrico no plano) *Parábola é o lugar geométrico dos pontos de um plano equidistantes de um ponto fixo, denominado foco, e de uma reta fixa, denominada diretriz.*

A Figura 4.5(a) ilustra uma parábola e seus diversos elementos.

- Foco: ponto F.
- Diretriz.
- Eixo: reta perpendicular à diretriz e que passa pelo foco.
- Vértice: ponto V. É a interseção da parábola com seu eixo.

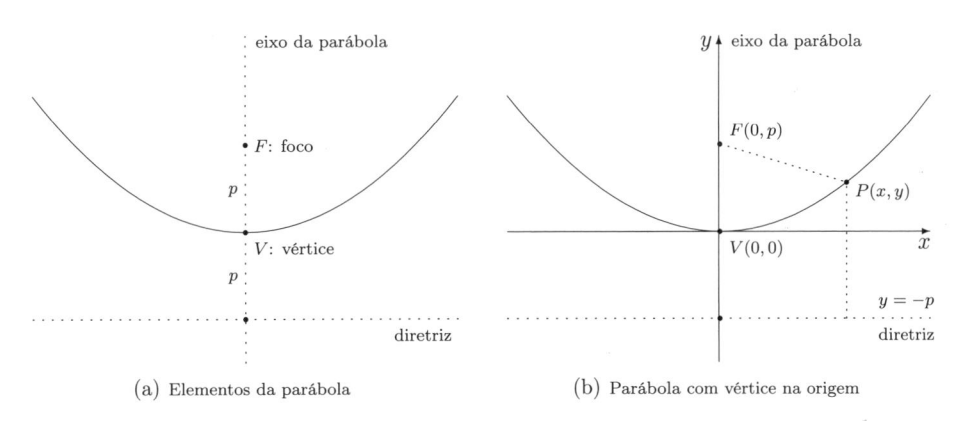

Figura 4.5 Elementos e medidas de uma parábola.

(a) Elementos da parábola

(b) Parábola com vértice na origem

A distância do vértice da parábola ao seu foco, o comprimento $|FV|$ na Figura 4.5(a), será denotada por p (o valor p geralmente é denominado *parâmetro* da parábola; como se trata de uma distância, é sempre positivo). Observe, pela definição de parábola como lugar geométrico, que essa é a mesma distância do vértice à diretriz.

Equação da parábola – vértice na origem e concavidade para cima

Para obtermos sua equação cartesiana, consideremos uma parábola com vértice na origem $O(0, 0)$ e concavidade voltada para cima, Figura 4.5(b). Observamos que:

- o foco é o ponto $F(0,p)$;
- a diretriz é a reta horizontal $y = -p$;
- o eixo da parábola é o próprio eixo y.

Pela definição de parábola como lugar geométrico, o ponto $P(x, y)$ pertence à parábola se e somente se:

$$|PF| = \text{distância de } P \text{ à diretriz}.$$

Usando as fórmulas da distância entre dois pontos e a de um ponto a uma reta temos:

$$\sqrt{(x-0)^2 + (y-p)^2} = |y+p|$$
$$\sqrt{x^2 + (y-p)^2} = |y+p|.$$

Elevando ao quadrado:

$$x^2 + (y-p)^2 = (y+p)^2$$
$$x^2 + y^2 - 2py + p^2 = y^2 + 2py + p^2.$$

Cancelando os termos comuns em ambos os membros e agrupando os termos restantes, obtemos:

$$x^2 = 4py, \qquad (4.3)$$

que é a equação reduzida da parábola mostrada na Figura 4.5(b).

Exemplo 4.2 *Determine a equação da parábola com vértice na origem, concavidade para cima e que passa pelo ponto Q(6, 3).*

Inicialmente observamos que toda parábola com vértice na origem e concavidade para cima tem equação da forma 4.3, isto é, $x^2 = 4py$. Necessitamos simplesmente determinar o valor do parâmetro p. Como o ponto Q pertence à parábola suas coordenadas devem satisfazer sua equação. Substituindo as coordenadas do ponto Q na equação da parábola, obtemos:

$$6^2 = 12p \quad \therefore \quad p = 3.$$

Logo a equação dessa parábola é $x^2 = 12y$.

Exemplo 4.3 *Determine a equação da parábola com vértice na origem e foco no ponto F (0, 4).*

Pelas localizações do vértice e do foco trata-se de uma parábola com concavidade para cima. Como o vértice situa-se na origem sua equação é da forma 4.3, isto é, $x^2 = 4py$. Nesse caso basta observar que, sendo a distância do vértice ao foco de 4 unidades, então $p = 4$. Logo, a equação dessa parábola é $x^2 = 16y$.

Exemplo 4.4 *Determine o valor da constante α para que a reta $y = \alpha x - 4$ seja tangente à parábola $y = x^2$.*

Inicialmente, determinamos a interseção da reta com a parábola. Temos:

$$\begin{aligned} x^2 &= \alpha x - 4 \\ x^2 - \alpha x + 4 &= 0 \end{aligned} \qquad (4.4)$$

As raízes da Equação 4.4 nos dão as abscissas dos pontos de interseção da reta com a parábola. Para que a reta seja tangente à parábola, deve haver um único ponto de interseção, logo a Equação 4.4 deve possuir uma raiz dupla e seu discriminante (delta) deve valer zero. Logo:

$$\alpha^2 - 16 = 0 \quad \therefore \quad \alpha^2 = 16 \quad \therefore \quad |\alpha| = 4 \quad \therefore \quad \alpha = \pm 4$$

A Figura 4.6 exibe as retas $y = 4x - 4$ e $y = -4x - 4$, tangentes à parábola $y = x^2$. Observe que todas as retas da família $y = ax - 4$ passam pelo ponto $(0, -4)$. Ressaltamos ainda as duas outras possibilidades, também ilustradas na Figura 4.6:

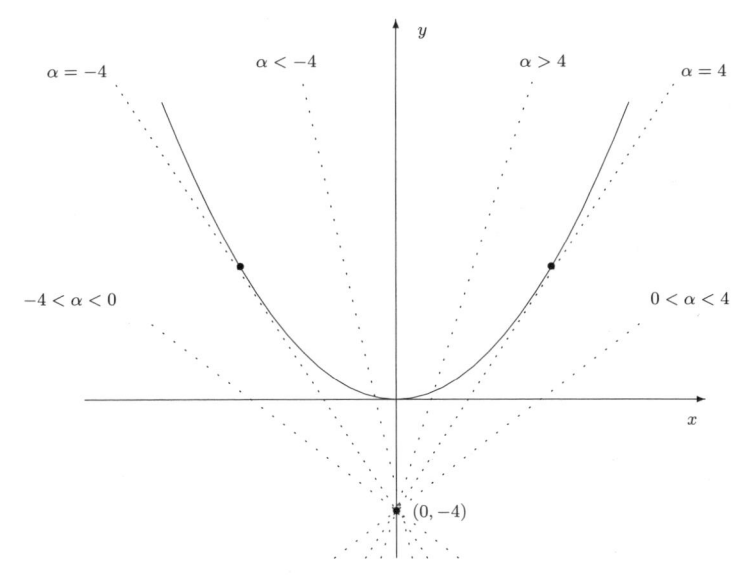

Figura 4.6 Família de retas $y = ax - 4$ e parábola $y = x^2$.

- *para que a reta seja secante à parábola devemos ter dois pontos de interseção, logo a Equação 4.4 deve possuir duas raízes reais distintas e seu discriminante (delta) deve ser positivo, isto é:*

$$\alpha^2 - 16 > 0 \quad \therefore \quad \alpha < -4 \quad ou \quad \alpha > 4;$$

- *para que a reta não possua interseção com a parábola, a Equação 4.4 não deve possuir raízes reais e seu discriminante (delta) deve ser negativo, isto é:*

$$\alpha^2 - 16 < 0 \quad \therefore \quad -4 < \alpha < 4.$$

Parábolas com vértice na origem

Resumimos a seguir as quatro possibilidades de parábolas com vértice na origem[*]:

- **Parábola com vértice na origem e concavidade para cima** – Figura 4.7(a): conforme vimos anteriormente o foco é o ponto $F(0,p)$, a diretriz é a reta horizontal $y = -p$ e o eixo é o próprio eixo y. A equação dessa parábola é:

$$x^2 = 4py. \tag{4.5a}$$

---

[*] Não estamos considerando aqui parábolas com eixos rotacionados, mas somente parábolas com eixo sobre um dos eixos cartesianos.

(a) Parábola côncava para cima

(b) Parábola côncava para baixo

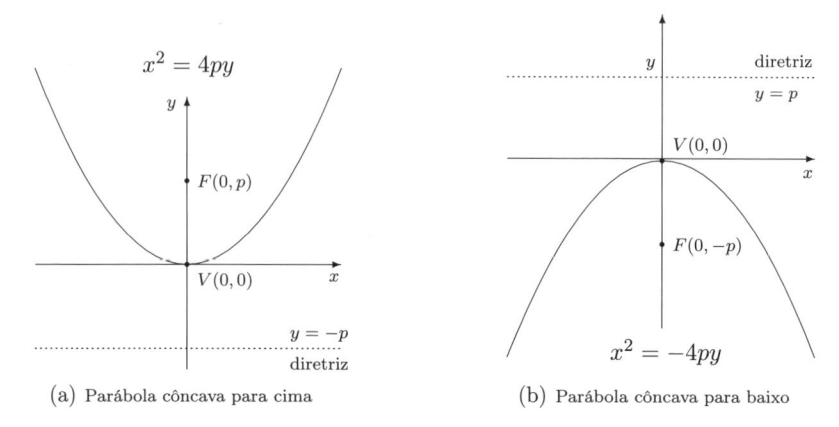

Figura 4.7 Parábolas com vértice na origem e eixo vertical.

- **Parábola com vértice na origem e concavidade para baixo** – Figura 4.7(b): nesse caso observamos que o foco é o ponto $F(0, -p)$, a diretriz é a reta horizontal $y = p$ e o eixo é o próprio eixo y. A equação dessa parábola, cuja dedução fica a cargo do leitor, é:

$$x^2 = -4py. \qquad (4.5b)$$

- **Parábola com vértice na origem e concavidade para a direita** – Figura 4.8(a): nesse caso observamos que o foco é o ponto $F(p, 0)$, a diretriz é a reta vertical $x = -p$ e o eixo é o próprio eixo x. A equação dessa parábola, cuja dedução fica a cargo do leitor, é:

$$y^2 = 4px. \qquad (4.5c)$$

- **Parábola com vértice na origem e concavidade para a esquerda** – Figura 4.8(b): nesse caso observamos que o foco é o ponto $F(-p, 0)$, a diretriz é a reta vertical $x = p$ e o eixo é o próprio eixo x. A equação dessa parábola, cuja dedução fica a cargo do leitor, é:

$$y^2 = -4px. \qquad (4.5d)$$

(a) Parábola côncava para direita

(b) Parábola côncava para esquerda

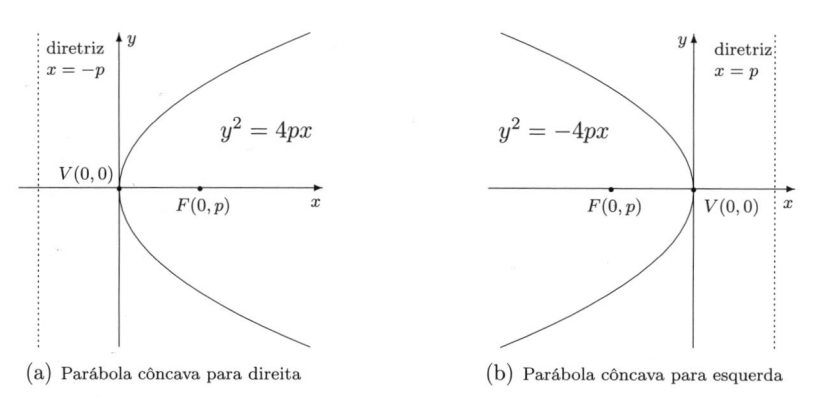

Figura 4.8 Parábolas com vértice na origem e eixo horizontal.

Exemplo 4.5 *Determine o foco e a diretriz da parábola $y^2 = -12x$.*

Pela equação dada, observamos que se trata de uma parábola de vértice na origem, eixo horizontal e concavidade voltada para a esquerda (indicada pelo sinal negativo). Temos $4p = 12$, logo $p = 3$. Assim, o foco é o ponto $(-3, 0)$ e a diretriz é a reta vertical $x = 3$, Figura 4.9(a).

(a) Parábola $y^2 = -12x$

(b) Parábola $y^2 = 16x$

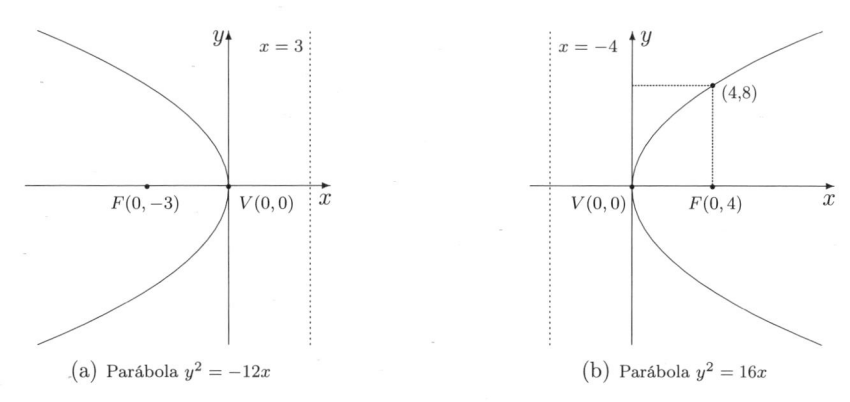

Figura 4.9 Parábolas dos Exemplos 4.5 e 4.6.

Exemplo 4.6 *Determine a equação da parábola com vértice na origem, eixo horizontal e que passa pelo ponto $(4, 8)$.*

Pelas informações dadas observamos que se trata de uma parábola com concavidade para a direita. Assim, a equação dessa parábola é da forma $y^2 = 4px$. Devemos simplesmente determinar o valor do parâmetro p, obrigando a parábola passar pelo ponto dado, isto é:

$$64 = 16p \therefore p = 4.$$

Logo, a equação dessa parábola, ilustrada na Figura 4.9(b), é $y^2 = 16x$.

4.4 Elipse

Definição 4 (Elipse como lugar geométrico no plano) *Elipse é o lugar geométrico dos pontos de um plano cuja soma das distâncias a dois pontos fixos, denominados focos, é constante.*

A Figura 4.10(a) ilustra uma elipse e seus elementos:

- Focos: pontos F_1 e F_2.

- Eixo maior: segmento de reta V_1V_2 que passa pelos focos.

- Vértices: pontos V_1 e V_2. Os vértices são as extremidades do eixo maior.

- Centro: ponto C. O centro é o ponto médio dos focos e também dos vértices.

- Eixo menor: segmento de reta P_1P_2 que passa pelo centro e é perpendicular ao eixo maior.

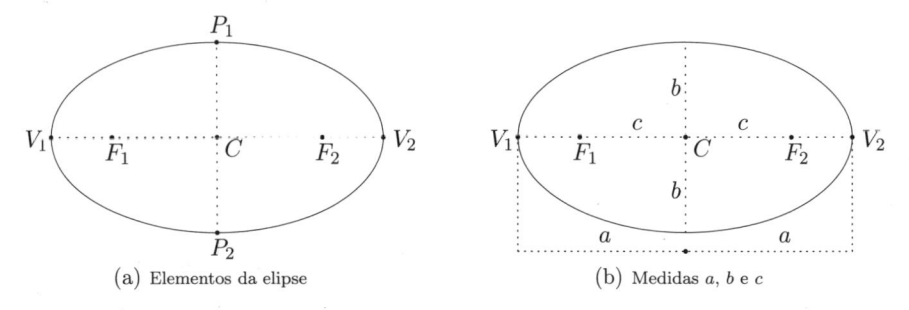

(a) Elementos da elipse

(b) Medidas a, b e c

Figura 4.10 Elementos e medidas de uma elipse.

Conforme ilustrado na Figura 4.10(b), no estudo da elipse adotamos as seguintes convenções para suas medidas (a, b e c são números reais positivos, $a>b$ e $a>c$):

- Distância entre os vértices (comprimento do eixo maior): $|V_1V_2| = 2a$.
- Comprimento do eixo menor: $|P_1P_2| = 2b$.
- Distância entre os focos (distância focal): $|F_1F_2| = 2c$.

Elipse – centro na origem e eixo maior horizontal

Para obtermos sua equação cartesiana, consideremos uma elipse de eixo maior horizontal de comprimento $2a$ e centro na origem $(0, 0)$, Figura 4.11(a). Usando as medidas convencionadas anteriormente, temos:

- os vértices são os pontos $V_1(-a, 0)$ e $V_2(a, 0)$;
- os focos são os pontos $F_1(-c, 0)$ e $F_2(c, 0)$;
- as extremidades do eixo menor são os pontos $P_1(0,b)$ e $P_2(0, -b)$.

Pela definição de elipse como lugar geométrico, o ponto $P(x, y)$ pertence à elipse se e somente se a soma das distâncias $|PF_1|$ e $|PF_2|$, denominadas raios focais, é constante, isto é:

$$|PF_1| + |PF_2| = \text{constante}. \qquad (4.6)$$

Surge uma questão: qual o valor desta constante? Podemos obtê-la aplicando a definição para um dos vértices, digamos para o vértice V_1. Temos:

$|V_1F_1| + |V_1F_2| = \text{constante} \;\therefore\; (a-c) + (a+c) = \text{constante} \;\therefore\; 2a = \text{constante},$

(a) Elipse horizontal com centro na origem

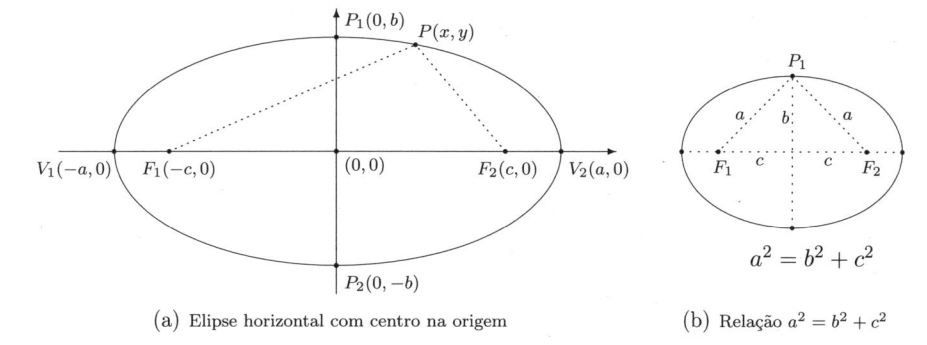

(b) Relação $a^2 = b^2 + c^2$

Figura 4.11 Elipse de eixo maior horizontal e centro na origem.

ou seja, essa constante é exatamente o comprimento do eixo maior. Assim a Equação 4.6 torna-se

$$|PF_1| + |PF_2| = 2a.$$

Pela fórmula da distância entre dois pontos, obtemos:

$$\sqrt{(x+c)^2 + y^2} + \sqrt{(x-c)^2 + y^2} = 2a.$$

Isolando uma das raízes no membro esquerdo e elevando ao quadrado obtemos:

$$\sqrt{(x+c)^2 + y^2} = 2a - \sqrt{(x-c)^2 + y^2}$$

$$\left[\sqrt{(x+c)^2 + y^2}\right]^2 = \left[2a - \sqrt{(x-c)^2 + y^2}\right]^2$$

$$(x+c)^2 + y^2 = 4a^2 - 4a\sqrt{(x-c)^2 + y^2} + (x-c)^2 + y^2$$

$$x^2 + 2cx + c^2 + y^2 = 4a^2 - 4a\sqrt{(x-c)^2 + y^2} + x^2 - 2cx + c^2 + y^2.$$

Cancelando os termos comuns em ambos os membros e agrupando os termos restantes, obtemos:

$$4cx - 4a^2 = -4a\sqrt{(x-c)^2 + y^2}$$

$$a^2 - cx = a\sqrt{(x-c)^2 + y^2}$$

Elevando ao quadrado novamente e simplificando:

$$\left[a^2 - cx\right]^2 = \left[a\sqrt{(x-c)^2 + y^2}\right]^2$$

$$a^4 - 2a^2cx + c^2x^2 = a^2(x^2 - 2cx + c^2 + y^2)$$

$$a^4 - 2a^2cx + c^2x^2 = a^2x^2 - 2a^2cx + a^2c^2 + a^2y^2$$

$$c^2x^2 - a^2x^2 - a^2y^2 = +a^2c^2 - a^4$$

$$(c^2 - a^2)x^2 - a^2y^2 = a^2(c^2 - a^2)$$

$$(a^2 - c^2)x^2 + a^2y^2 = a^2(a^2 - c^2) \qquad (4.7)$$

Pela simetria da elipse, na Figura 4.11(b) observamos que o ponto P_1 é equidistante dos dois focos. Lembrando que a soma das distância de um ponto da elipse aos seus focos vale $2a$, concluímos imediatamente que ambos os segmentos $|P_1F_1|$ e $|P_1F_2|$ medem a. Daí $a^2 = b^2 + c^2$, donde $b^2 = a^2 - c^2$. Assim a Equação 4.7 torna-se:

$$b^2x^2 + a^2y^2 = a^2b^2,$$

e, finalmente, dividindo ambos os membros da equação por a^2b^2, temos:

$$\frac{x^2}{a^2} + \frac{y^2}{b^2} = 1, \qquad (4.8)$$

que é a equação reduzida da elipse mostrada na Figura 4.11(a). Em particular, se $a = b$, a elipse se reduz a uma circunferência, e a Equação 4.8 se reduz à Equação 4.1.

Exemplo 4.7 *Determine a equação da elipse de centro na origem, eixo maior horizontal de comprimento 10 e eixo menor de comprimento 6.*

- *Temos que $2a = 10 \therefore a = 5$ e $2b = 6 \therefore b = 3$. Assim a equação dessa elipse é*

$$\frac{x^2}{25} + \frac{y^2}{9} = 1$$

- *Como $a^2 = b^2 + c^2$, e lembrando que a, b e c são sempre positivos, temos:*

$$25 = 9 + c^2 \quad \therefore \quad c^2 = 16 \quad \therefore \quad c = 4.$$

- *A Figura 4.12 exibe os vértices, os focos e as extremidades do eixo menor dessa elipse.*

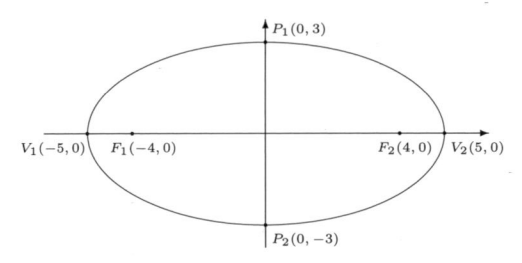

Figura 4.12 A elipse $\frac{x^2}{25} + \frac{y^2}{9} = 1$.

Elipse – centro na origem e eixo maior vertical

Consideremos uma elipse de eixo maior vertical de comprimento $2a$ e centro na origem $(0, 0)$, Figura 4.13. Temos:

- os vértices são os pontos $V_1(0, a)$ e $V_2(0, -a)$;

- os focos são os pontos $F_1(0,\ c)$ e $F_2(0,\ -c)$;

- as extremidades do eixo menor são os pontos $P_1(b,\ 0)$ e $P_2(-b,\ 0)$.

Procedendo de modo análogo ao caso de elipse com eixo maior horizontal, usando a definição de elipse como lugar geométrico, o leitor pode mostrar que a equação reduzida da elipse mostrada na Figura 4.13 é dada por

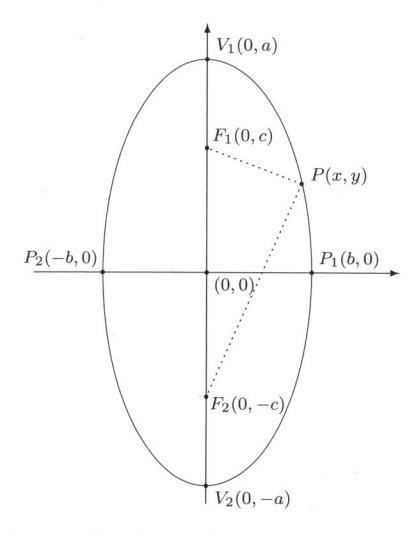

Figura 4.13 Elipse de eixo maior vertical e centro na origem.

$$\frac{x^2}{b^2} + \frac{y^2}{a^2} = 1 \qquad (4.9)$$

Observe que esta equação é bastante parecida com a Equação 4.8, bastando permutar as constantes a e b. Em particular, devemos observar atenciosamente que, se a elipse possui eixo maior horizontal, então a constante a (que é a medida do semi eixo maior) ocorre no denominador da variável x. Por outro lado, se a elipse possui eixo maior vertical, a constante a ocorre no denominador da variável y.

Exemplo 4.8 *Consideremos a elipse de equação* $25x^2 + 9y^2 = 225$.

- *Sua equação reduzida é obtida dividindo todos seus termos por* 225, *de modo que o membro direito seja* 1. *Logo*

$$\frac{25x^2}{225} + \frac{9y^2}{225} = \frac{225}{225} \quad \therefore \quad \frac{x^2}{9} + \frac{y^2}{25} = 1$$

- *Pela equação reduzida observamos que* $a = 5$ *e* $b = 3$. *Logo essa elipse possui eixo maior de comprimento* $2a = 10$ *e eixo menor de comprimento* $2b = 6$. *Além disto o eixo maior é vertical.*

- Como $a^2 = b^2 + c^2$ temos $25 = 9 + c^2 \therefore c^2 = 16 \therefore c = 4$; logo a distância focal vale $2c = 8$. A Figura 4.14 exibe os vértices, os focos e as extremidades do eixo menor dessa elipse.

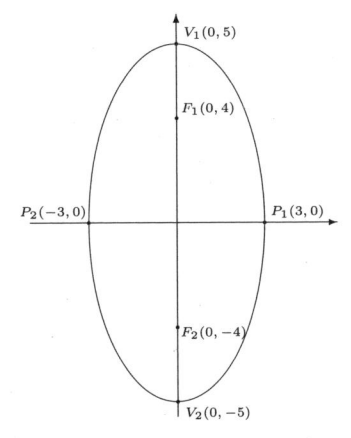

Figura 4.14 A elipse $\frac{x^2}{9} + \frac{y^2}{25} = 1$.

4.5 Hipérbole

Definição 5 (Hipérbole como lugar geométrico no plano) *Hipérbole é o lugar geométrico dos pontos de um plano cujo módulo da diferença das distâncias a dois pontos fixos, denominados focos, é constante.*

A Figura 4.15(a) ilustra uma hipérbole e seus diversos elementos*:

- focos: pontos F_1 e F_2;

- eixo principal: reta que passa pelos focos;

- vértices: pontos V_1 e V_2. Os vértices são as interseções do eixo principal com a hipérbole;

- centro: ponto C. O centro é o ponto médio dos focos e também dos vértices;

- eixo conjugado: reta que passa pelo centro e é perpendicular ao eixo maior;

- assíntotas: par de retas concorrentes (concorrem no centro da hipérbole).

---

* O leitor deve estar atento para o fato de a hipérbole possuir dois ramos, mas trata-se de uma única curva.

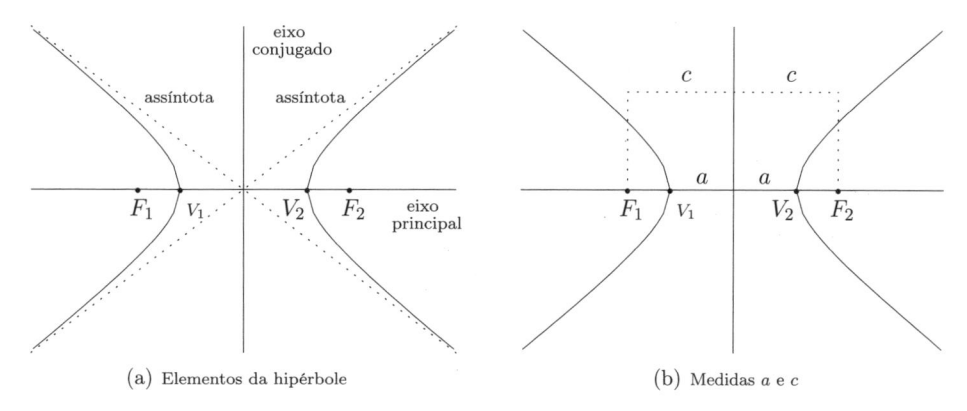

Figura 4.15 Elementos e medidas de uma hipérbole.

Conforme ilustrado na Figura 4.15(b), no estudo da hipérbole adotamos as seguintes convenções para suas medidas: (a e c são números reais positivos e $c > a$)

- distância entre os vértices: $2a$;
- distância entre os focos (distância focal): $2c$.

Hipérbole – centro na origem e eixo principal horizontal

Consideremos uma hipérbole de eixo principal horizontal e centro na origem (0, 0), Figura 4.16(a). Usando as medidas convencionadas anteriormente, observamos que:

- os vértices são os pontos $V_1(-a, 0)$ e $V_2(a, 0)$;
- os focos são os pontos $F_1(-c, 0)$ e $F_2(c, 0)$.

Pela definição de hipérbole como lugar geométrico, o ponto $P(x, y)$ pertence à hipérbole se e somente se:

$$\big||PF_1| - |PF_2|\big| = \text{constante}. \tag{4.10}$$

Como no caso da elipse, determinamos o valor da constante aplicando a definição de hipérbole para um dos vértices. Utilizando o vértice V_1, temos:

$$\big||V_1F_1| - |V_1F_2|\big| = \text{constante}$$
$$\big|(c - a) - (a + c)\big| = \text{constante}$$
$$\big|-2a\big| = \text{constante}$$
$$2a = \text{constante},$$

(a) Hipérbole horizontal com centro na origem

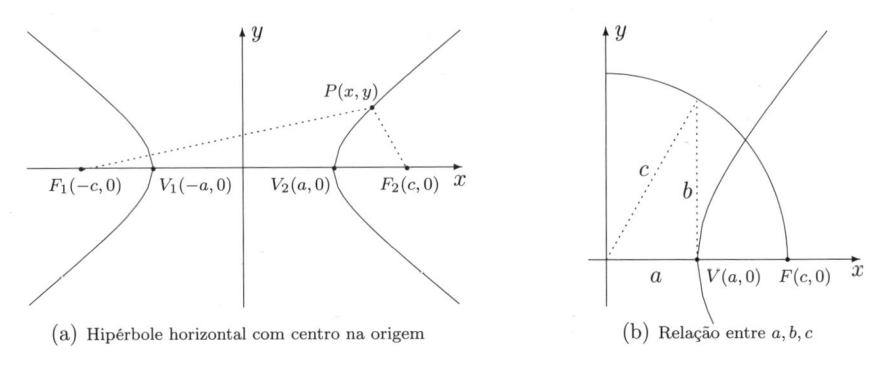

(b) Relação entre a, b, c

Figura 4.16 Hipérbole de eixo principal horizontal e centro na origem.

ou seja, essa constante é exatamente a distância entre os vértices (como no caso da elipse). Assim a Equação 4.10 torna-se:

$$\big||PF_1| - |PF_2|\big| = 2a.$$

Procedendo de modo análogo à dedução da equação da elipse, página 70, após simplificações, obtemos:

$$(c^2 - a^2)x^2 - a^2y^2 = a^2(c^2 - a^2). \qquad (4.11)$$

Pela Figura 4.16(b) observamos* que $c = a^2 \therefore b^2 = c^2 - a$. Assim a equação anterior torna-se:

$$b^2x^2 - a^2y^2 = a^2b^2$$

e finalmente dividindo ambos os membros da equação por a^2b^2, temos:

$$\frac{x^2}{a^2} - \frac{y^2}{b^2} = 1 \qquad (4.12)$$

que é a equação reduzida da hipérbole mostrada na Figura 4.16(a).

Exemplo 4.9 *Determine a equação da hipérbole de vértices* $(\pm 4, 0)$ *e focos* $(\pm 5, 0)$.

- *Como os vértices são* $(-4, 0)$ *e* $(4, 0)$ *concluímos que se trata de uma hipérbole com eixo principal horizontal, o próprio eixo x, e centro na origem, uma vez que o centro da hipérbole é o ponto médio de seus vértices e também de seus focos.*

---

* A Figura 4.16(b), que mostra apenas parte do ramo direito de uma hipérbole, é construída da seguinte maneira: traçamos uma circunferência de mesmo centro da hipérbole e passando pelo seu foco, logo o raio dessa circunferência vale c. No triângulo retângulo mostrado a hipotenusa vale c e um cateto vale a. Convencionando-se a medida do outro cateto como b, temos que $c = a \therefore b^2 = c^2 - a^2$. É importante ressaltar que a medida b não se refere a nenhuma medida da hipérbole, ela é usada para simplificação da equação da hipérbole e também, como veremos adiante, na determinação de suas assíntotas.

- A distância entre os vértices é de 8 unidades, logo $2a = 8$ e $a = 4$; a distância focal é de 10 unidades, logo $2c = 10$ e $c = 5$. Pela relação $c^2 = a^2 + b^2$ temos que $b^2 = 25 - 16$ donde $b = 3$.

- Assim, substituindo os valores das constantes a e b em (4.12), a equação dessa hipérbole é:

$$\frac{x^2}{16} - \frac{y^2}{9} = 1.$$

Hipérbole – centro na origem e eixo principal vertical

Consideremos uma hipérbole de eixo principal vertical, centro na origem $(0, 0)$ e distância entre os vértices $2a$, Figura 4.17. Observamos que:

- os vértices são os pontos $V_1(0, -a)$ e $V_2(0, a)$;

- os focos são os pontos $F_1(0, -c)$ e $F_2(0, c)$.

De modo análogo ao caso de hipérboles com eixo principal horizontal, usando a definição de hipérbole como lugar geométrico, pode-se mostrar que a equação reduzida da hipérbole da Figura 4.17 é dada por:

$$\frac{y^2}{a^2} - \frac{x^2}{b^2} = 1. \qquad (4.13)$$

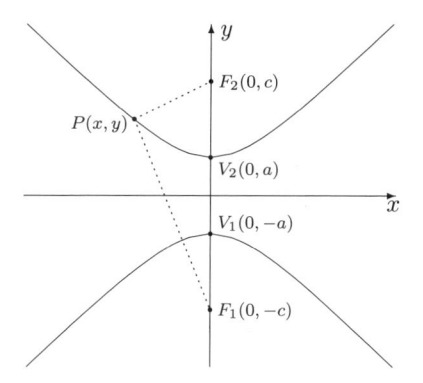

Figura 4.17 Hipérbole de eixo principal vertical e centro na origem.

Exemplo 4.10 *Consideremos a hipérbole de equação $36y^2 - 9x^2 = 324$.*

- *Sua equação reduzida é obtida dividindo todos seus termos por 324, de modo que o membro direito seja 1. Logo*

$$\frac{36y^2}{324} - \frac{9x^2}{324} = \frac{324}{324} \quad \therefore \quad \frac{y^2}{9} - \frac{x^2}{36} = 1$$

- *Comparando-se a equação obtida com a Equação 4.13, concluímos que se trata de uma hipérbole com eixo principal vertical, centro na origem, $a = 3$ e $b = 6$.*

- *Como $c^2 = a^2 + b^2$ temos que $c^2 = 9 + 36 = 45$ $\therefore$ $c = \sqrt{45} = 3\sqrt{5}$. Logo, a distância focal vale $2c = 6\sqrt{5}$.*

- *Finalmente observamos que os seus vértices são $(0, \pm 3)$ e os focos são $(0, \pm 3\sqrt{5})$.*

Voltemos às equações reduzidas das hipérboles com eixo principal horizontal, dada em 4.12, e com eixo principal vertical, dada em 4.13, repetidas aqui para fins de comparação:

$$\text{Hipérbole com eixo principal horizontal}: \quad \frac{x^2}{a^2} - \frac{y^2}{b^2} = 1$$

$$\text{Hipérbole com eixo principal vertical}: \quad \frac{y^2}{a^2} - \frac{x^2}{b^2} = 1$$

Observe que a variável que ocorre no termo positivo nos indica a direção do eixo principal da hipérbole e a raiz quadrada do denominador desse termo positivo nos dá a distância do centro ao vértice. Convém ainda ressaltar que, diferentemente das equações de elipses, em que $a > b$, nas equações de hipérboles podemos ter $a > b$, $a = b$ ou $a < b$. Se $a = b$, a hipérbole é dita equilátera.

4.5.1 Assíntotas de hipérboles

Uma reta é dita assíntota de uma curva se a distância de um ponto que se move sobre a parte extrema da curva à reta se aproxima de zero. As assíntotas ocorrem com certa frequência nos gráficos de algumas funções racionais, algébricas e transcendentes.

No caso das seções cônicas, as únicas que apresentam comportamento assintótico são as hipérboles*, conforme ilustrado na Figura 4.18. Ainda nessa Figura observamos que cada hipérbole possui um par de assíntotas, que se cruzam no centro da própria hipérbole.

Conforme sugerido na Figura 4.18(a), as assíntotas de uma hipérbole com eixo principal horizontal possuem coeficiente angular $\pm b/a$, e, como tais retas concorrem na origem, suas equações são:

$$\text{assíntota ascendente}: \quad y = \frac{b}{a}x$$

$$\text{assíntota descendente}: \quad y = -\frac{b}{a}x$$

---

* Muitos estudantes conjecturam que as parábolas apresentam comportamento assintótico, uma vez que tal curva *parece* se aproximar de uma reta em suas extremidades. Isso é falso: as parábolas não possuem assíntotas, o que ocorre é uma diminuição de sua curvatura em suas extremidades.

(a) Hipérbole horizontal (b) Hipérbole vertical

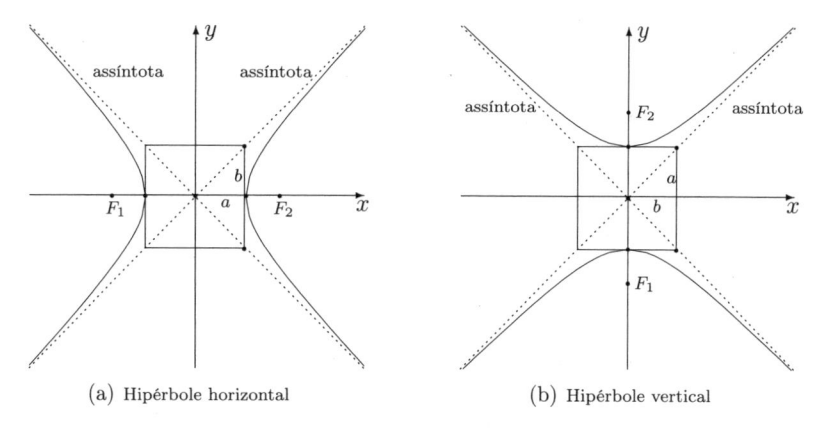

Figura 4.18 Assíntotas de hipérboles horizontais e verticais.

De modo análogo, Figura 4.18(b), as assíntotas de uma hipérbole com eixo principal vertical possuem coeficiente angular $\pm a/b$, e, como tais retas concorrem na origem, suas equações são:

$$\text{assíntota ascendente:} \quad y = \frac{a}{b}x$$

$$\text{assíntota descendente:} \quad y = -\frac{a}{b}x$$

A argumentação anterior é bastante intuitiva e geométrica e não se trata de uma demonstração rigorosa do comportamento assintótico de uma hipérbole. Para os leitores interessados nesses detalhes faremos aqui um breve comentário adicional de tal comportamento assintótico para a hipérbole mostrada na Figura 4.18(a), cuja equação é (é necessário o conhecimento de limites)

$$\frac{x^2}{a^2} - \frac{y^2}{b^2} = 1.$$

Iniciamos isolando y nesta equação

$$\frac{y^2}{b^2} = \frac{x^2}{a^2} - 1 \;\therefore\; \frac{y^2}{b^2} = \frac{x^2 - a^2}{a^2} \;\therefore\; y^2 = \frac{b^2}{a^2}(x^2 - a^2) \;\therefore\; y = \pm\frac{b}{a}\sqrt{x^2 - a^2}.$$

Considerando agora apenas o primeiro quadrante, a distância vertical da hipérbole à reta de equação $y = \frac{b}{a}x$ é dada por:

$$\frac{b}{a}\sqrt{x^2 - a^2} - \frac{b}{a}x,$$

e, simplificando:

$$\frac{b}{a}\left(\sqrt{x^2 - a^2} - x\right) = \frac{b}{a}\frac{\left(\sqrt{x^2 - a^2} - x\right)\left(\sqrt{x^2 - a^2} + x\right)}{\left(\sqrt{x^2 - a^2} + x\right)} = \frac{b}{a}\frac{\left(x^2 - a^2 - x^2\right)}{\left(\sqrt{x^2 - a^2} + x\right)} = \frac{-ab}{\left(\sqrt{x^2 - a^2} + x\right)}.$$

Finalmente, tomando-se o limite desta distância quando $x \to +\infty$, temos:

$$\lim_{x \to +\infty} \frac{-ab}{\left(\sqrt{x^2 - a^2} + x\right)} = \lim_{x \to +\infty} \frac{-ab}{\left(\sqrt{x^2\left(1 - \frac{a^2}{x^2}\right)} + x\right)} = \lim_{x \to +\infty} \frac{-ab}{\left(|x|\sqrt{\left(1 - \frac{a^2}{x^2}\right)} + x\right)} = 0.$$

4.6 Propriedades de reflexão das seções cônicas

Muitas das aplicações das seções cônicas se baseiam em suas propriedades de reflexão. No caso das parábolas, conforme ilustrado na Figura 4.19(a), se F é o foco e P um ponto qualquer de uma parábola, os ângulos α e β, determinados pela tangente em P com os segmentos PF e PQ, em que PQ é paralelo ao eixo da parábola, são iguais.

(a) Princípio de reflexão

(b) Propriedade de reflexão

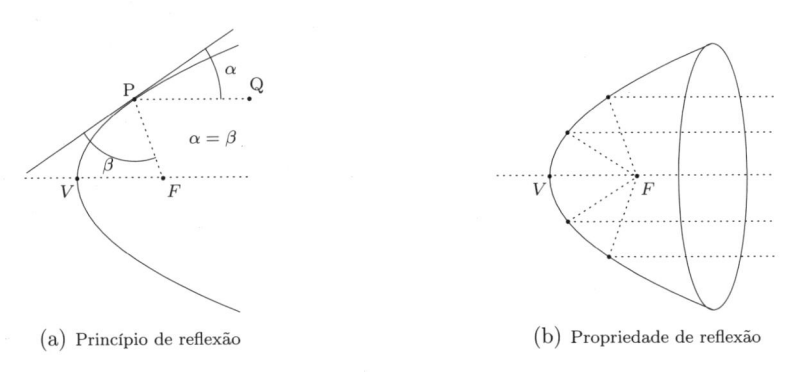

Figura 4.19 Propriedade de reflexão da parábola.

Uma das aplicações dessa propriedade é a construção de faróis parabólicos, da seguinte maneira: girando-se uma parábola em torno de seu eixo obtemos uma superfície denominada *paraboloide circular reto*. O farol parabólico é obtido seccionando-se essa superfície por um plano perpendicular ao seu eixo. Quando a fonte de luz é colocada sobre o foco do farol parabólico, todos os raios luminosos se refletem paralelamente ao seu eixo, como ilustrado na Figura 4.19(b). De modo análogo, o princípio é também aplicado na construção de antenas parabólicas, nas quais os receptores são colocado sobre o foco.

Exemplo 4.11 *Um farol parabólico tem abertura circular cujo diâmetro é de 48 cm e profundidade, sobre seu eixo, de 18 cm, Figura 4.20(a). A que distância, sobre o eixo, a lâmpada deverá ser posicionada?*

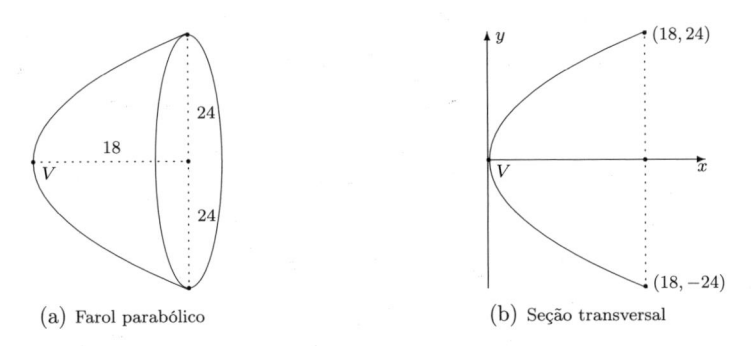

(a) Farol parabólico

(b) Seção transversal

Figura 4.20 Farol parabólico e seção transversal pelo seu eixo.

- *Pela propriedade de reflexão das parábolas a lâmpada deve ser posicionada sobre o foco. A solução do problema consiste então em determinar a distância do foco ao vértice, isto é, o valor de p.*

- *Para tal selecionamos uma Seção transversal do farol que contenha seu eixo, uma parábola, conforme ilustrado na Figura 4.20(b).* **Como esta seção transversal pode ser posicionada em qualquer posição sobre o sistema de eixos cartesianos, escolhemos uma de nossa conveniência.**

- *Pelas medidas dadas, a parábola da Figura 4.20(b), cuja equação é da forma $y^2 = 4px$, passa pelo ponto (18, 24). Substituindo as coordenadas desse ponto na equação da parábola obtemos:*

$$24^2 = 72p \quad \therefore \quad p = 8.$$

- *Logo, a lâmpada deverá ser posicionada, sobre o eixo, a 8 cm do vértice.*

Assim como as parábolas, as elipses também apresentam uma interessante propriedade de reflexão. Conforme ilustrado na Figura 4.21(a), se F_1 e F_2 são os focos e P um ponto qualquer da elipse, os ângulos α e β, determinados pela tangente em P com os raios focais PF_1 e PF_2, são iguais.

Conforme ilustrado na Figura 4.21(b), pela propriedade de reflexão da elipse, posicionando-se um emissor de luz ou som sobre um dos focos, as ondas serão refletidas exatamente sobre o outro foco. Duas aplicações interessantes da propriedade de reflexão da elipse são:

- *Galerias de sussurro*: uma câmara na forma de elipsoide (uma superfície de seções transversais elípticas), em que um sussurro emitido a partir de um dos focos pode ser claramente ouvido, a uma distância considerável, no outro foco, mesmo sendo inaudível em pontos intermediários. O domo da Catedral de Saint Paul, em Londres, foi construído utilizando essa propriedade.

- *Litrotripsia* extracorpórea*: um tratamento para a destruição de cálculos das vias urinárias e biliares através de choques de ondas ultra-sônicas, em que um refletor de seções transversais elípticas é posicionado de modo que o cálculo (pedra) esteja posicionado exatamente sobre um dos focos do refletor. Ondas sonoras (ultra-sônicas) são geradas no outro foco e refletem exatamente sobre a pedra, fragmentando-a progressivamente, sem causar nenhum dano aos tecidos. Os fragmentos são então eliminados através da urina.

---

* Do grego *lithos* (pedra) e *tripsis* (esmagamento).

(a) Princípio de reflexão

(b) Propriedade de reflexão

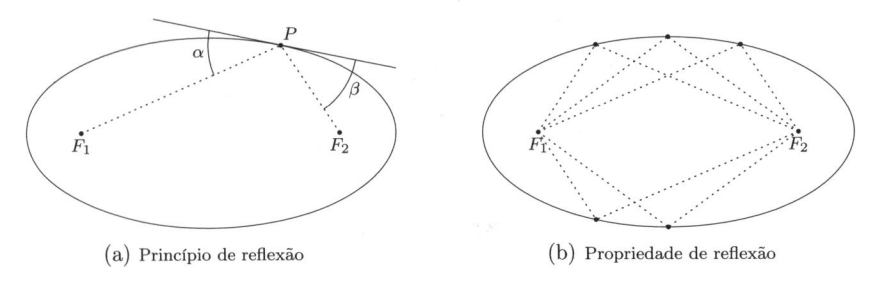

Figura 4.21 Propriedade de reflexão da elipse.

As hipérboles também apresentam uma propriedade de reflexão. Conforme ilustrado na Figura 4.22(a), se F_1 e F_2 são os focos e P um ponto qualquer da hipérbole, os ângulos α e β, determinados pela tangente em P com os raios focais PF_1 e PF_2, são iguais.

Conforme ilustrado na Figura 4.22(b), pela propriedade de reflexão da hipérbole, se um raio de luz ou onda sonora se aproxima do lado convexo de um dos ramos da hipérbole, na direção do foco, será refletido exatamente sobre o outro foco.

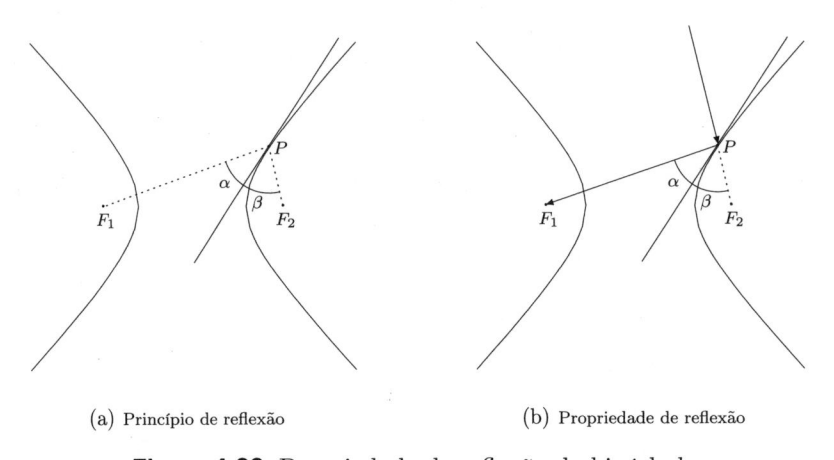

(a) Princípio de reflexão

(b) Propriedade de reflexão

Figura 4.22 Propriedade de reflexão da hipérbole.

4.7 Excentricidade de elipses e hipérboles

Finalizamos o capítulo discutindo brevemente a excentricidade de elipses e hipérboles, denotada pela letra e, e definida pela razão:

$$e = \frac{c}{a}. \tag{4.14}$$

Para as elipses, como $c < a$, temos que $0 < e < 1$. Além disso, como:

$$a^2 = b^2 + c^2 \quad \therefore \quad c = \sqrt{a^2 - b^2},$$

a Equação 4.14 pode ser reescrita como

$$e = \frac{c}{a} = \frac{\sqrt{a^2-b^2}}{a} = \sqrt{1-\left(\frac{b}{a}\right)^2}. \qquad (4.15)$$

Analisando a Equação 4.15, supondo a fixo, observamos que:

- se $b \to a$ (elipse com aspecto "arredondado") a excentricidade tende a zero, isto é, $e \to 0$;

- se $b << a$ (elipse com aspecto "alongado") a excentricidade tende a um, isto é, $e \to 1$.

Exceto por pequenas pertubações devido às influências de outros planetas, no sistema solar, cada planeta gira em torno do Sol em uma órbita elíptica, tendo o Sol em um dos focos – Primeira Lei de Kepler*. Conforme mostrado na Tabela 4.1, as excentricidades das órbitas dos planetas são bem próximas de zero, configurando então órbitas aproximadamente circulares.

Tabela 4.1 Excentricidade das órbitas dos planetas do Sistema Solar

Mercúrio	Vênus	Terra	Marte	Júpiter	Saturno	Urano	Netuno	Plutão
0,2056	0,0068	0,0167	0,093	0,048	0,056	0,046	0,0097	0,2482

Para as hipérboles, como $c > a$, temos que $e > 1$. Além disso, como:

$$c^2 = a^2 + b^2 \quad \therefore \quad c = \sqrt{a^2+b^2},$$

a Equação 4.14 pode ser reescrita como:

$$e = \frac{c}{a} = \frac{\sqrt{a^2+b^2}}{a} = \sqrt{1+\left(\frac{b}{a}\right)^2}. \qquad (4.16)$$

Analisando a Equação 4.16, supondo a fixo, observamos que:

- se $b \to 0$ (hipérbole com aspecto "fechado") a excentricidade tende a 1, isto é, $e \to 1$;

- se $b >> a$ (hipérbole com aspecto "aberto") a excentricidade tende a infinito, isto é, $e \to \infty$.

---

* Johanes Kepler (1571-1630), analisando os resultados das observações efetuadas por Tycho Brahe (1546-1601), determinou que as órbitas dos planetas do Sistema Solar não são circunferências perfeitas, mas sim elípticas. Determinou também que o sol ocupa uma posição excêntrica, ou seja, deslocada da posição central da órbita, num ponto chamado foco.

4.8 Problemas propostos

4.1 *Esboce e determine a área da região do plano cartesiano delimitada pelas desigualdades:*

$$x^2 + y^2 \leq 64, \quad x + y \geq 4, \quad x \geq 0 \ \text{e} \ y \geq 0.$$

4.2 *Determine a equação da reta que tangencia a circunferência $x^2 + y^2 = 16$ no ponto $P(-2\sqrt{2}, 2\sqrt{2})$.*

4.3 *Escreva as equações das elipses mostradas na Figura 4.23 e determine as coordenadas de seus focos.*

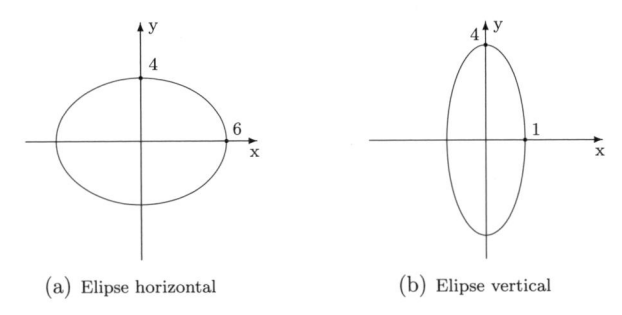

(a) Elipse horizontal

(b) Elipse vertical

Figura 4.23 Elipses do Problema 4.3.

4.4 *Dada a elipse $\frac{x^2}{169} + \frac{y^2}{144} = 1$, esboce seu gráfico e determine:*

(a) o comprimento do semieixo maior

(b) o comprimento do semieixo menor

(a) as coordenadas dos focos

(d) as coordenadas dos vértices

4.5 *Dada a elipse $225x^2 + 289y^2 = 65025$, esboce seu gráfico e determine:*

(a) o comprimento do semieixo maior

(b) o comprimento do semieixo menor

(c) as coordenadas dos focos

(d) as coordenadas dos vértices

4.6 *Dada a elipse $\frac{x^2}{4} + \frac{y^2}{9} = 1$, esboce seu gráfico e determine:*

(a) o comprimento do semieixo maior

(b) o comprimento do semieixo menor

(c) as coordenadas dos focos

(d) as coordenadas dos vértices

4.7 *Determine a equação da elipse de focos $(\pm 3, 0)$ e que passa pelo ponto $(0, 4)$.*

4.8 *Determine a equação da elipse com centro na origem, um foco em $(0, 3)$ e eixo maior medindo 10 unidades.*

4.9 *Determine o lugar geométrico dos pontos do plano cuja soma das distâncias aos pontos $(0, \pm 5)$ vale 26.*

4.10 Determine os pontos em que a reta $5x + y = 5$ intercepta a elipse $25x^2 + y^2 = 25$.

4.11 Determine os pontos em que a reta $x + 2y = 6$ intercepta a elipse $x^2 + 4y^2 = 20$. Esboce ambos os gráficos no mesmo sistema de coordenadas e assinale os pontos de interseção.

4.12 Esboce cada uma das parábolas, indicando as coordenadas do foco e a equação da diretriz.

(a) $y = 8x^2$ (d) $y = \frac{1}{8}x^2$ (g) $x^2 = 2y$

(b) $y = 2x^2$ (e) $x = 6y^2$

(c) $y = -4x^2$ (f) $x = -8y^2$ (h) $y^2 = 3x$

4.13 Determine o valor de k para que a parábola $y = kx^2$ tenha foco no ponto $(0, 3)$. Esboce a parábola encontrada no sistema de coordenadas cartesianas.

4.14 Para cada valor de $k \neq 0$, a equação $y^2 = 2kx$ representa uma parábola. Determine a equação e esboce:

(a) a que passa por $(2, \sqrt{5})$;

(b) aquela cujo foco é $(-3, 0)$;

(c) aquela cuja diretriz é $x + 7 = 0$.

4.15 Determine os pontos em que a reta $x + y = 1$ intercepta a parábola $x^2 - y = 0$.

4.16 Em um farol parabólico a abertura tem diâmetro de 80 cm e profundidade, sobre seu eixo, de 20 cm. Determine a distância, em relação ao vértice do farol, em que a lâmpada deve ser posicionada.

4.17 Um telescópio refletor tem um espelho parabólico para o qual a distância do vértice ao foco é 3 cm. Se o diâmetro da abertura do espelho for 64 cm, qual a profundidade do espelho no centro?

4.18 Suponha que a órbita de um planeta tenha a forma de uma elipse com eixo maior cujo comprimento é 500 milhões de quilômetros. Se a distância entre os focos for de 400 milhões de quilômetros, ache a equação da órbita.

4.19 Escreva as equações das assíntotas de cada uma das hipérboles.

(a) $9x^2 - y^2 = 9$ (b) $4x^2 - 7y^2 = 28$ (c) $4y^2 - 9x^2 = 36$

4.20 Para cada hipérbole dada determine as coordenadas dos vértices e dos focos, escreva as equações de suas assíntotas e esboce-a (juntamente com suas assíntotas) no sistema de coordenadas cartesianas.

(a) $\frac{x^2}{9} - \frac{y^2}{4} = 1$ (c) $x^2 - y^2 = 1$

(b) $y^2 - 4x^2 = 16$ (d) $\frac{y^2}{9} - \frac{x^2}{4} = 1$

4.21 Determine a equação da hipérbole que satisfaz as condições dadas.

(a) Focos $(0, \pm 4)$ e vértices $(0, \pm 1)$.

(b) Focos $(\pm 5, 0)$ e vértices $(\pm 3, 0)$.

(c) Vértices $(\pm 3, 0)$ com assíntotas $y = \pm 2x$.

4.22 Determine a equação da hipérbole com centro na origem, eixo principal vertical e que passa pelos pontos $(4, 6)$ e $(1, -3)$.

4.23 Determine a equação de cada seção cônica.

(a) Hipérbole de vértices $(0, \pm 7)$ e $b = 3$.

(b) Parábola de foco $(0, -10)$ e diretriz $y = 10$.

(c) Elipse de vértices $(0, \pm 10)$ e focos $(0, \pm 5)$.

(d) Hipérbole de vértices $(0, \pm 6)$ e assíntotas $y = \pm 9x$.

4.24 Ache a equação da hipérbole cujos focos são os vértices da elipse $7x^2 + 11y^2 = 77$ e cujos vértices são os focos dessa elipse.

4.25 A Figura 4.24 mostra o vão da entrada de um armazém pelo qual passará um caminhão com 4 m de largura. Determine a altura máxima do caminhão sabendo-se que o arco superior do vão é semi-elíptico.

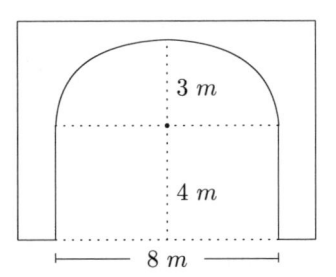

Figura 4.24 Vão de entrada de um armazém.

4.26 O teto de um saguão com 10 m de largura tem a forma de uma semielipse com 9 m de altura no centro e 6 m de altura nas paredes laterais. Ache a altura do teto a 2 m de cada parede.

4.27 O arco de uma ponte tem a forma de uma semielipse com um vão horizontal de 40 m e com 16 m de altura no centro. Qual a altura do arco a 9 m à esquerda ou à direita do centro?

4.28 Determine o valor da constante m para que a reta $y = mx + 8$ seja tangente à elipse $16x^2 + 25y^2 = 400$.

4.9 Problemas suplementares

4.29 *Mostre que, para que a reta $ax + by + c = 0$ seja tangente à parábola $y^2 = kx$, devemos ter $4ac = kb^2$.*

4.30 *Seja P um ponto qualquer de uma hipérbole. Mostre que o produto das distâncias desse ponto às assíntotas dessa hipérbole é constante (isto é, esse produto é o mesmo para todos os pontos da hipérbole).*

4.31 *(**Necessita de cálculo diferencial**) Prove o princípio de reflexão das parábolas, isto é, na* Figura 4.19(a) *mostre que* $\alpha = \beta$.

4.32 *(**Necessita de cálculo diferencial**) Prove o princípio de reflexão das elipses, isto é, na* Figura 4.21(a) *mostre que* $\alpha = \beta$.

4.33 *(**Necessita de cálculo diferencial**) Prove o princípio de reflexão das hipérboles, isto é, na* Figura 4.22(a) *mostre que* $\alpha = \beta$.

5 Translação e Rotação

5.1 Introdução

No capítulo anterior estudamos as seções cônicas convenientemente posicionadas no sistema de coordenadas cartesianas. O leitor se recordará que os vértices das parábolas e os centros das circunferências, elipses e hipérboles sempre se localizavam na origem.

Entretanto, nem sempre é assim. Podemos estudar parábolas com vértices localizados em qualquer ponto do sistema de eixos, e o mesmo pode ocorrer com os centros das demais seções cônicas. Veremos agora como as equações das seções cônicas se alteram quando as localizamos em posições diferentes daquelas vistas anteriormente. Para isto, utilizaremos o conceito de translação de eixos, discutido a seguir.

5.2 Translação de eixos

Uma translação de eixos consiste em substituir um dado sistema de coordenadas por um outro sistema, mantendo as respectivas direções dos eixos dados*, cuja origem se localiza em um ponto de nossa conveniência.

A Figura 5.1(a) ilustra o sistema de coordenadas uv com origem no ponto (x_0, y_0) do sistema de coordenadas xy. Na Figura 5.1(b) assinalamos um ponto P qualquer do plano: no sistema uv as cordenadas de P são $P(u, v)$, e no sistema xy suas coordenadas são $P(x, y)$. Nessa figura podemos observar que as relações entre as coordenadas do sistema xy e as coordenadas do sistema uv são dadas por:

$$\begin{cases} u = x - x_0 \\ v = y - y_0 \end{cases}. \tag{5.1}$$

---

* Se as direções de ambos os eixos são alteradas por um mesmo ângulo ocorre uma rotação de eixos, conforme veremos na Seção 5.5.

(a) Sistemas de eixos xy e uv

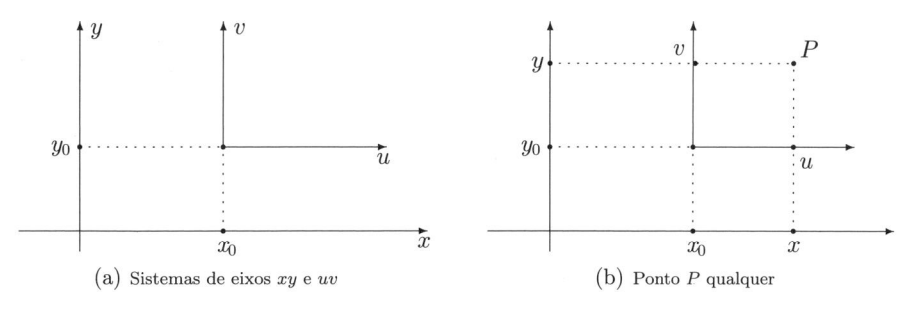

(b) Ponto P qualquer

Figura 5.1 Translação de eixos.

As equações dadas em 5.1 são denominadas **equações de translação de eixos**.

Circunferência de raio *r* e centro (x_0, y_0)

A Figura 5.2(a) mostra uma circunferência de raio r e centro no ponto $C(x_0, y_0)$. A equação dessa circunferência pode ser prontamente obtida: se P é um ponto qualquer da circunferência, então $|PC| = r$. Usando a fórmula da distância entre dois pontos, obtemos:

$$|PC| = r \quad \therefore \quad \sqrt{(x - x_0)^2 + (y - y_0)^2} = r \quad \therefore \quad (x - x_0)^2 + (y - y_0)^2 = r^2,$$

(a) Circunferência com centro (x_0, y_0)

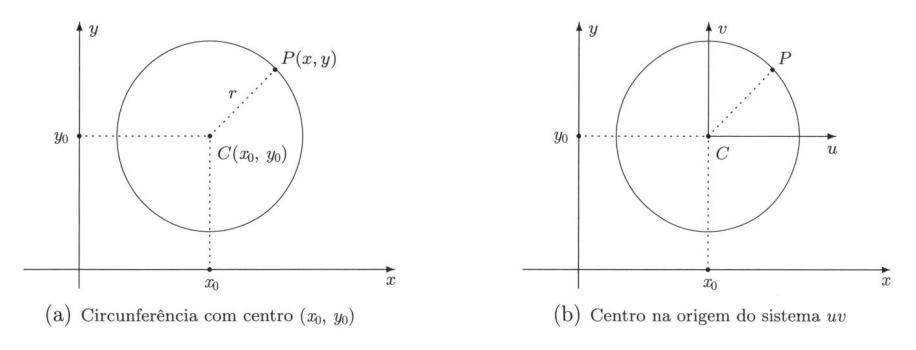

(b) Centro na origem do sistema uv

Figura 5.2 Circunferência de raio r e centro (x_0, y_0).

que é a equação reduzida de uma circunferência de raio r e centro no ponto (x_0, y_0).

Uma maneira alternativa para obtermos a equação dessa circunferência está ilustrada na Figura 5.2(b). Nesta figura introduzimos um novo sistema de coordenadas uv, cuja origem se localiza no centro da circunferência dada. Assim, em relação ao sistema uv, temos uma circunferência de centro na origem e raio r, cuja equação, de acordo com a Seção 4.2, é

$$u^2 + v^2 = r^2.$$

Substituindo as variáveis u e v pela equações de translação de eixos dadas em 5.1 obtemos:

$$(x - x_0)^2 + (y - y_0)^2 = r^2, \qquad (5.2)$$

que é exatamente a equação de uma circunferência de raio r e centro no ponto (x_0, y_0) em relação ao sistema xy.

Elipses com centro em (x_0, y_0)

Eixo maior horizontal

A Figura 5.3(a) mostra uma elipse de eixo maior horizontal e centro no ponto $C(x_0, y_0)$. Nessa figura introduzimos um novo sistema de coordenadas uv, cuja origem se localiza no centro da elipse dada. Assim, em relação ao sistema uv, temos uma elipse de eixo maior horizontal e centro na origem, cuja equação, de acordo com a Seção 4.4, é:

$$\frac{u^2}{a^2} + \frac{v^2}{b^2} = 1.$$

(a) Elipse horizontal com centro (x_0, y_0)

(b) Vértices e focos da elipse horizontal

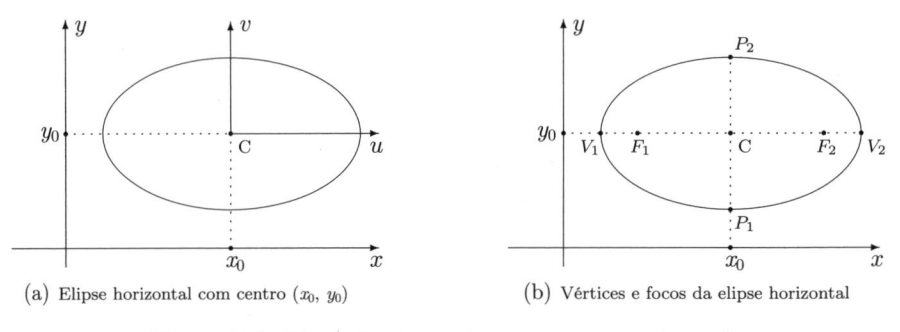

Figura 5.3 Elipse horizontal com centro em (x_0, y_0).

Substituindo as variáveis u e v pela equações de translação de eixos dadas em 5.1, obtemos:

$$\frac{(x - x_0)^2}{a^2} + \frac{(y - y_0)^2}{b^2} = 1, \qquad (5.3a)$$

que é a equação de uma elipse de eixo maior horizontal e centro no ponto (x_0, y_0) em relação ao sistema xy.

Considerando que na elipse o comprimento do eixo maior é $2a$, do eixo menor é $2b$ e a distância focal é $2c$, na Figura 5.3(b) podemos observar que para uma elipse de eixo maior horizontal e centro no ponto (x_0, y_0) temos (em relação ao sistema xy):

- os focos são os pontos $F_1(x_0 - c, y_0)$ e $F_2(x_0 + c, y_0)$,

- os vértices são os pontos $V_1(x_0 - a, y_0)$ e $V_2(x_0 + a, y_0)$,

- as extremidades do eixo menor são os pontos $P_1(x_0, y_0 - b)$ e $P_2(x_0, y_0 + b)$.

Exemplo 5.1 Consideremos a elipse de equação $\frac{(x-3)^2}{25} + \frac{(y+2)^2}{9} = 1$.

- *Comparando-se a equação desta elipse com a Equação 5.3a, concluímos que seu centro é o ponto $(3, -2)$,*

- *Também pela equação da elipse, observamos que $a = 5$ e $b = 3$. Como $a^2 = b^2 + c^2$, temos que $c = 4$. Logo, a distância focal vale $2c = 8$.*

- *A Figura 5.4 ilustra essa elipse. Como trata-se de uma elipse com eixo maior horizontal, os pontos assinalados na Figura 5.4 podem ser obtidos da seguinte maneira:*

    - *a partir do centro $(3, -2)$, deslocamos $a = 5$ unidades para a esquerda e $a = 5$ unidades para a direita para obtermos as coordenadas dos vértices, dadas respectivamente por $(-2, -2)$ e $(8, -2)$;*

    - *a partir do centro $(3, -2)$, deslocamos $c = 4$ unidades para a esquerda e $c = 4$ unidades para a direita para obtermos as coordenadas dos focos, dadas respectivamente por $(-1, -2)$ e $(7, -2)$;*

    - *a partir do centro $(3, -2)$, deslocamos $b = 3$ unidades acima e $b = 3$ unidades abaixo para obtermos as coordenadas das extremidades do eixo menor, dadas respectivamente por $(3, 1)$ e $(3, -5)$.*

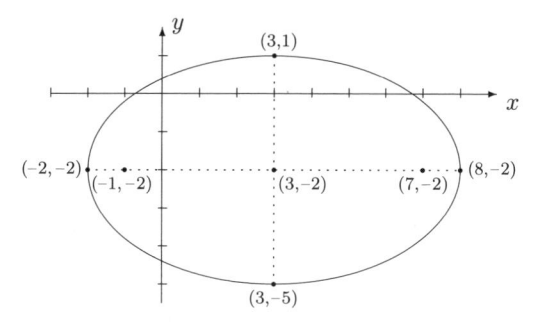

Figura 5.4 A elipse $\frac{(x-3)^2}{25} + \frac{(y+2)^2}{9} = 1$.

Eixo maior vertical

A Figura 5.5(a) mostra uma elipse de eixo maior vertical e centro no ponto $C(x_0, y_0)$.

De modo análogo ao caso anterior, a equação dessa elipse no sistema de eixos uv, de acordo com a Seção 4.4, é:

$$\frac{v^2}{a^2} + \frac{u^2}{b^2} = 1.$$

(a) Elipse vertical com centro (x_0, y_0)

(b) Vértices e focos da elipse vertical

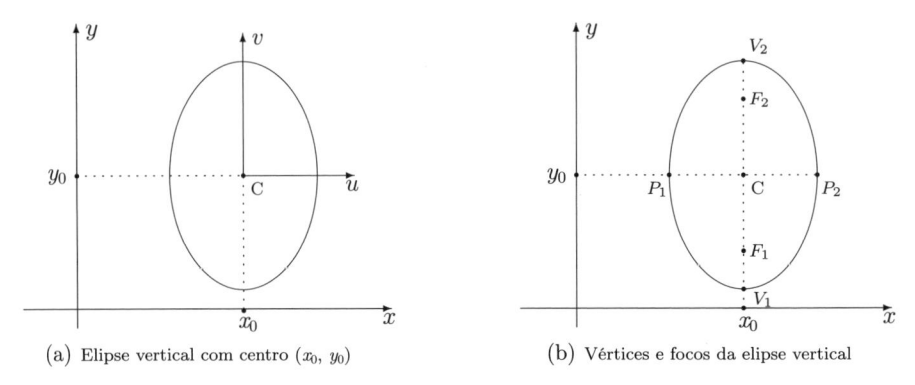

Figura 5.5 Elipse vertical com centro (x_0, y_0).

Substituindo as variáveis u e v pelas equações de translação de eixos dadas em (5.1), obtemos:

$$\frac{(y-y_0)^2}{a^2} + \frac{(x-x_0)^2}{b^2} = 1, \tag{5.3b}$$

que é a equação de uma elipse de eixo maior vertical e centro no ponto (x_0, y_0) em relação ao sistema xy.

Na Figura 5.5(b), observamos que para uma elipse de eixo maior vertical e centro no ponto (x_0, y_0) temos (em relação ao sistema xy):

- os focos são os pontos $F_1(x_0, y_0 - c)$ e $F_2(x_0, y_0 + c)$,

- os vértices são os pontos $V_1(x_0, y_0 - a)$ e $V_2(x_0, y_0 + a)$,

- as extremidades do eixo menor são os pontos $P_1(x_0 - b, y_0)$ e $P_2(x_0 + b, y_0)$.

Hipérboles com centro em (x_0, y_0)

Eixo principal horizontal

A Figura 5.6(a) mostra uma hipérbole de eixo principal horizontal e centro no ponto C (x_0, y_0).

Raciocinando de modo análogo aos casos anteriores, a equação dessa hipérbole no sistema de eixos uv, de acordo com a Seção 4.5, é

$$\frac{u^2}{a^2} - \frac{v^2}{b^2} = 1.$$

Substituindo as variáveis u e v pelas equações de translação de eixos dadas em 5.1, obtemos:

$$\frac{(x-x_0)^2}{a^2} - \frac{(y-y_0)^2}{b^2} = 1, \tag{5.4a}$$

(a) Hipérbole horizontal com centro (x_0, y_0)

(b) Hipérbole vertical com centro (x_0, y_0)

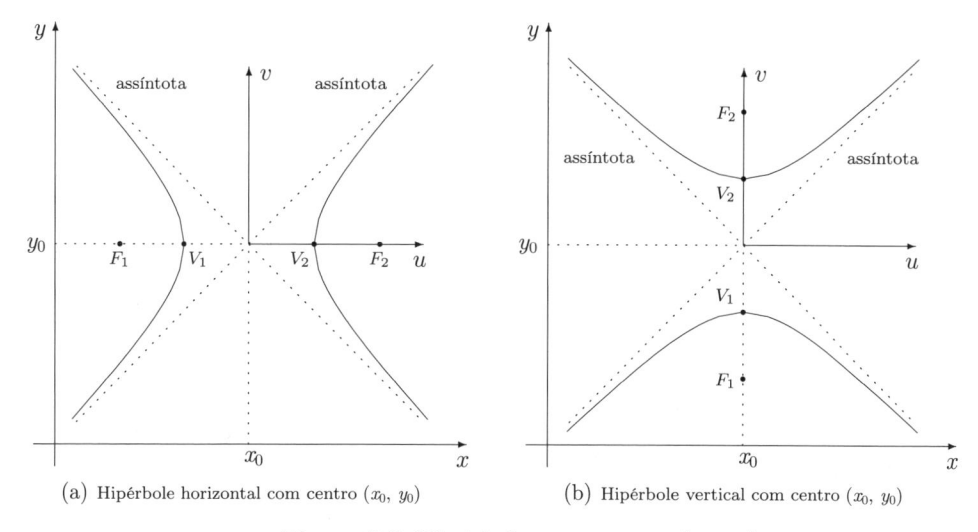

Figura 5.6 Hipérboles com centro (x_0, y_0).

que é a equação de uma hipérbole de eixo principal horizontal e centro no ponto (x_0, y_0) em relação ao sistema xy.

Considerando que na hipérbole a distância entre os vértices vale $2a$ e entre os focos vale $2c$, temos que (em relação aos sistema xy):

- os focos são os pontos $F_1(x_0 - c, y_0)$ e $F_2(x_0 + c, y_0)$,

- os vértices são os pontos $V_1(x_0 - a, y_0)$ e $V_2(x_0 + a, y_0)$,

- as assíntotas possuem inclinação $\pm\ b/a$, e, como ambas passam pelo ponto (x_0, y_0), suas equações são:

$$y - y_0 = \pm \frac{b}{a}(x - x_0). \tag{5.4b}$$

Eixo principal vertical

A Figura 5.6(b) mostra uma hipérbole de eixo principal vertical e centro no ponto $C(x_0, y_0)$. A equação dessa hipérbole no sistema de eixos uv, de acordo com a Seção 4.5, é

$$\frac{v^2}{a^2} - \frac{u^2}{b^2} = 1.$$

Substituindo as variáveis u e v pela equações de translação de eixos dadas em 5.1 obtemos

$$\frac{(y - y_0)^2}{a^2} - \frac{(x - x_0)^2}{b^2} = 1, \tag{5.4c}$$

que é a equação de uma hipérbole de eixo principal vertical e centro no ponto (x_0, y_0) em relação ao sistema xy. Ainda para essa hipérbole, observamos que (em relação aos sistema xy):

- os focos são os pontos $F_1(x_0, y_0 - c)$ e $F_2(x_0, y_0 + c)$,
- os vértices são os pontos $V_1(x_0, y_0 - a)$ e $V_2(x_0, y_0 + a)$,
- as assíntotas possuem inclinação $\pm\, a/b$, e, como ambas passam pelo ponto (x_0, y_0), suas equações são:

$$y - y_0 = \pm \frac{a}{b}(x - x_0). \tag{5.4d}$$

Parábolas com vértice em (x_0, y_0)

A Figura 5.7 mostra uma parábola côncava para cima com vértice no ponto $V(x_0, y_0)$. A equação dessa parábola no sistema de eixos uv, de acordo com a Seção 4.3, é

$$u^2 = 4pv.$$

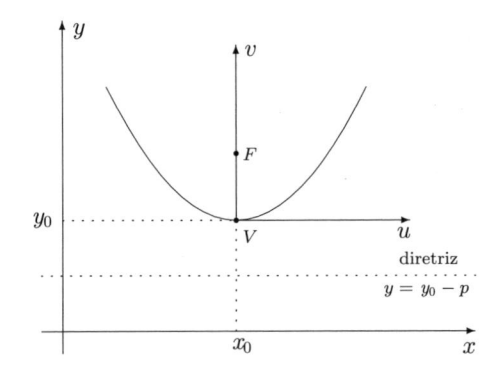

Figura 5.7 Parábola côncava para cima com vértice em (x_0, y_0).

Substituindo as variáveis u e v pelas equações de translação de eixos dadas em (5.1), obtemos:

$$(x - x_0)^2 = 4p(y - y_0), \tag{5.5a}$$

que é a equação de uma parábola côncava para cima e vértice no ponto (x_0, y_0) em relação ao sistema xy.

Ainda para essa parábola, observamos que (em relação aos sistema xy):

- o foco é o ponto $F(x_0, y_0 + p)$;
- seu eixo é a reta vertical $x = x_0$;
- a diretriz é a reta horizontal $y = y_0 - p$.

A seguir, relacionamos os demais casos de parábolas com eixo paralelo a um dos eixos coordenados e com vértice em (x_0, y_0). É imprescindível que o leitor faça um esboço semelhante à Figura 5.7 para cada caso, de modo a verificar a validade das informações dadas.

- **concavidade para baixo**: o foco é o ponto $F(x_0, y_0 - p)$, o eixo da parábola é a reta vertical $x = x_0$, e a diretriz é a reta horizontal $y = y_0 + p$. Sua equação é

$$(x - x_0)^2 = -4p(y - y_0). \tag{5.5b}$$

- **concavidade para direita**: o foco é o ponto $F(x_0 + p, y_0)$, o eixo da parábola é a reta horizontal $y = y_0$, e a diretriz é a reta vertical $x = x_0 - p$. Sua equação é

$$(y - y_0)^2 = 4p(x - x_0). \tag{5.5c}$$

- **concavidade para esquerda**: o foco é o ponto $F(x_0 - p, y_0)$, o eixo da parábola é a reta horizontal $y = y_0$, e a diretriz é a reta vertical $x = x_0 + p$. Sua equação é

$$(y - y_0)^2 = -4p(x - x_0). \tag{5.5d}$$

5.3 A equação geral do 2º grau

Na Seção 2.4, vimos que a equação de qualquer reta é uma equação linear nas variáveis x e y, isto é, uma equação da forma $Ax + By + C = 0$, na qual os coeficientes A e B não são simultaneamente nulos.

De modo análogo, a equação de qualquer seção cônica pode ser reescrita como uma equação do 2º grau nas variáveis x e y, da forma*:

$$Ax^2 + By^2 + Cx + Dy + E + Fxy = 0, \tag{5.6}$$

na qual os coeficientes A e B não são simultaneamente nulos. Para verificar a veracidade da afirmação anterior, basta expandir os termos quadráticos que ocorrem nas equações das seções cônicas. Como exemplo, tomemos a equação da circunferência:

$$(x - x_0)^2 + (y - y_0)^2 = r^2$$
$$x^2 - 2x_0 x + x_0^2 + y^2 - 2y_0 y + y_0^2 = r^2$$
$$x^2 + y^2 + (-2x_0)x + (-2y_0)y + (x_0^2 + y_0^2 - r^2) = 0$$

que é uma equação da forma (5.6), em que

$$A = B = 1 \ , \ C = -2x_0 \ , \ D = -2y_0 \ , \ E = x_0^2 + y_0^2 - r^2 \text{ e } F = 0.$$

---

* Cuidado, pois a recíproca não é verdadeira. Uma equação da forma 5.6 pode representar uma seção cônica; uma de suas degenerações, representados nos Exemplos 5.4 e 5.8, ou ainda, um lugar geométrico inexistente, representado no Exemplo 5.5.

Procedendo de modo análogo para as equações das demais seções cônicas, podemos ver facilmente que todas podem ser reescritas na forma 5.6; a verificação fica a cargo do leitor.

Ainda na Equação 5.6, ressaltamos que:

- $C \neq 0$ indica que a seção cônica foi transladada horizontalmente;

- $D \neq 0$ indica que a seção cônica foi transladada verticalmente;

- $F \neq 0$ indica que a seção cônica foi rotacionada*. Por hora, consideraremos apenas seções cônicas não rotacionadas, logo, $F = 0$.

5.4 Esboço de seções cônicas

Nesta seção ilustraremos o esboço de diversas seções cônicas. O primeiro passo é obter a equação da seção cônica em sua forma reduzida, conforme resumo a seguir:

- Circunferência com centro em (x_0, y_0) e raio a:
$$(x - x_0)^2 + (y - y_0)^2 = a^2$$

- Elipse com centro em (x_0, y_0), semieixo maior a e semieixo menor b:

$$\text{semieixo maior horizontal} \quad \frac{(x-x_0)^2}{a^2} + \frac{(y-y_0)^2}{b^2} = 1$$
$$\text{semieixo maior vertical} \quad \frac{(x-x_0)^2}{b^2} + \frac{(y-y_0)^2}{a^2} = 1.$$

- Hipérbole com centro em (x_0, y_0):

$$\text{eixo principal horizontal} \quad \frac{(x-x_0)^2}{a^2} - \frac{(y-y_0)^2}{b^2} = 1$$
$$\text{eixo principal vertical} \quad \frac{(y-y_0)^2}{a^2} - \frac{(x-x_0)^2}{b^2} = 1.$$

- Parábola com vértice em (x_0, y_0):

$$\text{eixo vertical} \quad (x - x_0)^2 = \pm 4p\,(y - y_0)$$
$$\text{eixo horizontal} \quad (y - y_0)^2 = \pm 4p\,(x - x_0).$$

Completando o quadrado

Uma maneira de se obter a forma reduzida da equação de uma seção cônica é com o auxílio de um método conhecido como *completando o quadrado*. Tal método consiste em reescrever uma expressão** da forma $x^2 + 2kx$ em uma

---

* A rotação de eixos será discutida na Seção 5.5.
** Utilizamos o coeficiente $2k$ para o termo linear $2kx$ apenas por comodidade, evitando-se assim o uso de frações.

forma equivalente contendo o termo quadrático $(x+k)^2$. Para isto, devemos observar dois fatos:

(i) a segunda parcela do termo $(x+k)^2$ é a metade do coeficiente de x na expressão x^2+2kx;

(ii) na expansão $(x+k)^2 = x^2+2kx+k^2$ surge o termo k^2, que não ocorre em x^2+2kx.

Concluímos então que a veracidade de $x^2+2kx = (x+k)^2 - k^2$ pode ser prontamente verificada, pois:

$$(x+k)^2 - k^2 = x^2 + 2kx + k^2 - k^2 = x^2 + 2kx.$$

Exemplo 5.2 *Completar o quadrado nas expressões x^2+6x e x^2-8x+3.*

- $x^2+6x = (x+3)^2 - 9$.
  Observe que 3 é a metade do coeficiente do termo linear $6x$; devemos também subtrair 9 do termo $(x+3)^2$ para que a igualdade seja verdadeira.

- $x^2 - 8x + 3 = (x-4)^2 - 16 + 3 = (x-4)^2 - 13$.
  Observe que -4 é a metade do coeficiente do termo linear $-8x$; devemos também subtrair 16 do termo quadrático para que a igualdade seja verdadeira.

Se $F=0$ na Equação 5.6, podemos identificar o lugar geométrico correspondente (ou concluir que tal lugar geométrico não existe) completando os quadrados e analisando a equação obtida. Os exemplos a seguir ilustram esse procedimento.

Exemplo 5.3 *Esboce a curva dada pela equação $x^2+y^2-8x-6y+9=0$.*

- *Inicialmente reescrevemos a equação dada agrupando os termos de mesma variável e isolando o termo constante:*

$$(x^2-8x)+(y^2-6y) = -9.$$

- *A seguir completamos os quadrados para as variáveis x e y e simplificamos:*

$$(x-4)^2 - 16 + (y-3)^2 - 9 = -9 \therefore (x-4)^2 + (y-3)^2 = 16.$$

- *Finalmente, comparamos a equação obtida com as equações reduzidas das seções cônicas. Nesse caso, de acordo com a Equação 5.2, concluímos que se trata de uma circunferência de centro $(4,3)$ e raio 4.*

- *Na Figura 5.8 indicamos o centro e os extremos dos diâmetros paralelos aos eixos coordenados, que nos auxiliam no traçado da circunferência.*

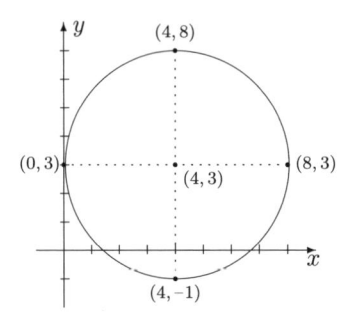

Figura 5.8 Circunferência de centro (4, 3) e raio 4.

No exemplo anterior, devemos ressaltar que, como as equações

$$(x-4)^2 + (y-3)^2 = 16 \quad \text{e} \quad x^2 + y^2 - 8x - 6y + 9 = 0$$

são equivalentes, ambas descrevem o mesmo lugar geométrico: a circunferência de centro (4, 3) e raio $r = 4$. Porém, a forma $(x-4)^2 + (y-3)^2 = 16$ é muito mais vantajosa, pois nos informa imediatamente o centro e o raio da circunferência em questão. Evidentemente, tais informações não podem ser prontamente obtidas quando expandimos os termos quadráticos da equação $(x-4)^2 + (y-3)^2 = 16$ e a reescrevemos na forma $x^2 + y^2 - 8x - 6y + 9 = 0$.

Exemplo 5.4 *Mostre que o lugar geométrico que satisfaz a equação*

$$x^2 + y^2 - 2x - 6y + 10 = 0$$

é um único ponto.

- *Inicialmente reescrevemos a equação dada agrupando os termos de mesma variável e isolando o termo constante:*

$$(x^2 - 2x) + (y^2 - 6y) = -10.$$

- *A seguir completamos os quadrados para as variáveis x e y e simplificamos:*

$$(x-1)^2 - 1 + (y-3)^2 - 9 = -10 \quad \therefore \quad (x-1)^2 + (y-3)^2 = 0.$$

- *Comparando a equação obtida com as equações reduzidas das seções cônicas, concluímos que se trata de uma circunferência de centro (1, 3) e raio 0. Assim, o único ponto que satisfaz essa equação é o ponto (1, 3).*

Exemplo 5.5 *Mostre que não existe lugar geométrico que satisfaça à equação*

$$x^2 + y^2 - 10x - 16y + 92 = 0.$$

- *Inicialmente reescrevemos a equação dada agrupando os termos de mesma variável e isolando o termo constante:*

$$(x^2 - 10x) + (y^2 - 16y) = -92.$$

- *A seguir completamos os quadrados para as variáveis x e y e simplificamos:*

$$(x-5)^2 - 25 + (y-8)^2 - 64 = -92 \quad \therefore \quad (x-5)^2 + (y-8)^2 = -3.$$

- *Comparando a equação obtida com as equações reduzidas das seções cônicas, concluímos que se trata de uma circunferência de centro (5, 8) e raio -3. Obviamente isso é impossível, logo a equação não é satisfeita por quaisquer coordenadas. Assim, o lugar geométrico não existe.*

Exemplo 5.6 *Esboce a curva dada pela equação*

$$25x^2 + 9y^2 + 200x - 90y + 400 = 0.$$

- *Reescrevemos a equação dada agrupando os termos de mesma variável e isolando o termo constante:*

$$(25x^2 + 200x) + (9y^2 - 90y) = -400.$$

- *A seguir fatoramos os coeficientes dos termos quadráticos:*

$$25(x^2 + 8x) + 9(y^2 - 10y) = -400.$$

- *Completamos os quadrados para as variáveis x e y e simplificamos:*

$$25\big[(x+4)^2 - 16\big] + 9\big[(y-5)^2 - 25\big] = -400$$
$$25(x+4)^2 - 400 + 9(y-5)^2 - 225 = -400$$
$$25(x+4)^2 + 9(y-5)^2 = 225$$
$$\frac{(x+4)^2}{9} + \frac{(y-5)^2}{25} = 1.$$

- *Comparando com as equações reduzidas das seções cônicas, observamos que a equação obtida é da forma 5.3b; logo, trata-se da equação de uma elipse de centro $(-4, 5)$, eixo maior vertical de comprimento 10 ($a = 5$) e eixo menor horizontal de comprimento 6 ($b = 3$). Como na elipse $a^2 = b^2 + c^2$, temos que $c = 4$, e a distância focal vale 8.*

- *Na Figura 5.9(a) indicamos o centro, os vértices e os extremos do eixo menor, que nos auxiliam no traçado da elipse. Indicamos também seus focos $F_1(-4, 1)$ e $F_2(-4, 9)$.*

(a) Elipse vertical com centro $(-4, 5)$

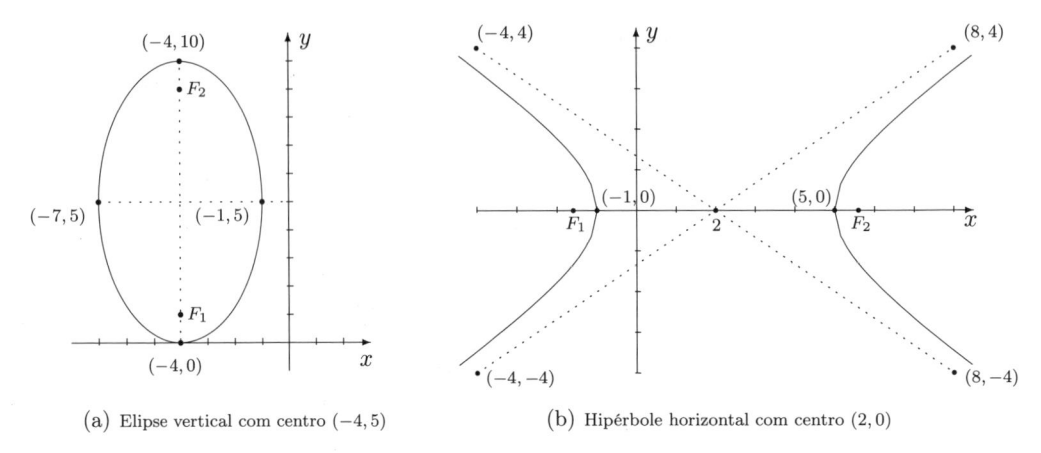

(b) Hipérbole horizontal com centro $(2, 0)$

Figura 5.9 Elipse e hipérbole transladadas.

Exemplo 5.7 *Esboce a curva dada pela equação $4x^2 - 9y^2 - 16x - 20 = 0$.*

- *Reescrevemos a equação dada agrupando os termos de mesma variável e isolando o termo constante:*

$$(4x^2 - 16x) - 9y^2 = 20.$$

- *A seguir fatoramos o coeficiente do termo quadrático em x:*

$$4(x^2 - 4x) - 9y^2 = 20.$$

- *Completamos o quadrado para a variável x e simplificamos:*

$$4[(x-2)^2 - 4] - 9y^2 = 20$$
$$4(x-2)^2 - 16 - 9y^2 = 20$$
$$4(x-2)^2 - 9y^2 = 36$$
$$\frac{(x-2)^2}{9} - \frac{y^2}{4} = 1.$$

- *Comparando com as equações reduzidas das seções cônicas observamos que a equação obtida é da forma 5.4a; logo, trata-se da equação de uma hipérbole de centro $(2, 0)$, eixo principal horizontal, $a = 3$ e $b = 2$. Como na hipérbole $c^2 = a^2 + b^2$ temos que $c = \sqrt{13}$ e a distância focal vale $2\sqrt{13}$.*

- *Pela Equação 5.4b, temos que as assíntotas dessa hipérbole são:*

$$y - 0 = \pm \frac{2}{3}(x - 2) \quad \therefore \quad 2x - 3y = 4 \quad e \quad 2x + 3y = 4.$$

- *Na Figura 5.9(b) traçamos as assíntotas e indicamos o centro e os vértices, que nos auxiliam no traçado da hipérbole. Indicamos também seus focos $F_1(2 - \sqrt{13}, 0)$ e $F_2(2 + \sqrt{13}, 0)$.*

Exemplo 5.8 *Mostre que o lugar geométrico que satisfaz a equação $x^2 - y^2 - 2x + 2y = 0$ é um par de retas concorrentes.*

- *Completando os quadrados nas variáveis x e y obtemos:*

$$(x^2 - 2x) - (y^2 - 2y) = 0 \therefore (x-1)^2 - 1 - (y-1)^2 + 1 = 0 \therefore (x-1)^2 - (y-1)^2 = 0$$

- *Esta equação não é equação de nenhuma seção cônica; a princípio somos levados a pensar que se trata de uma hipérbole, porém observamos que o termo constante é nulo. Para determinarmos o lugar geométrico em questão, fazemos:*

$$(x-1)^2 = (y-1)^2 \therefore \sqrt{(x-1)^2} = \sqrt{(y-1)^2} \therefore |x-1| = |y-1| \therefore y-1 = \pm(x-1)$$

e, isolando y, temos as retas $y = x$ e $y = -x$, que são concorrentes na origem.

Exemplo 5.9 *Esboce a curva dada pela equação $y^2 - 2y - 4x - 7 = 0$.*

- *Completamos o quadrado para a variável y e simplificamos:*

$$y^2 - 2y = 4x + 7$$
$$(y-1)^2 - 1 = 4x + 7$$
$$(y-1)^2 = 4x + 8$$
$$(y-1)^2 = 4(x+2).$$

- *Comparando com as equações reduzidas das seções cônicas, observamos que a equação obtida é da forma 5.5c; logo, trata-se da equação de uma parábola de vértice $(-2, 1)$, eixo horizontal, concavidade voltada para a direita e distância do centro ao foco $p = 1$.*

- *Na Figura 5.10(a) traçamos a diretriz $x = -3$ e indicamos o vértice $V(-2, 1)$ e o foco $F(-1, 1)$, que nos auxiliam no traçado da parábola.*

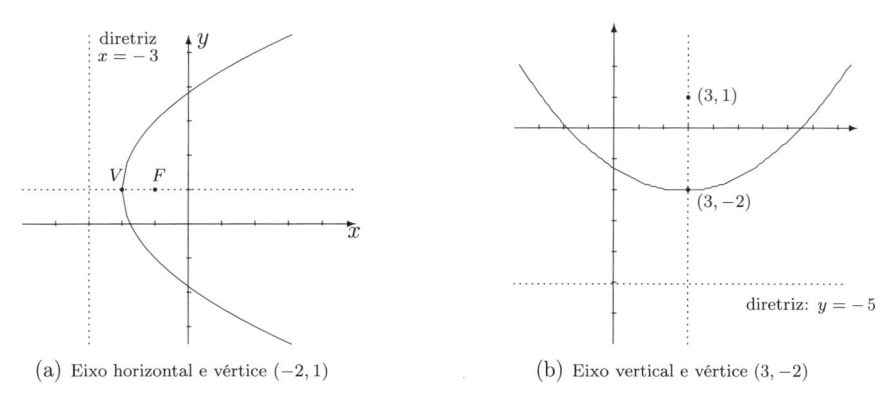

(a) Eixo horizontal e vértice $(-2, 1)$

(b) Eixo vertical e vértice $(3, -2)$

Figura 5.10 Parábolas transladadas.

Exemplo 5.10 *Esboce a curva dada pela equação* $x^2 - 6x - 12y - 15 = 0$.

- Completamos o quadrado para a variável x e simplificamos:

$$x^2 - 6x = 12y + 15$$
$$(x-3)^2 - 9 = 12y + 15$$
$$(x-3)^2 = 12y + 24$$
$$(x-3)^2 = 12(y+2).$$

- Comparando com as equações reduzidas das seções cônicas, observamos que a equação obtida é da forma 5.5a; logo, trata-se da equação de uma parábola de vértice $(3, -2)$, eixo vertical, concavidade voltada para cima e distância do vértice ao foco $p = 3$.

- Na Figura 5.10(b) traçamos a diretriz $y = -5$ e indicamos o vértice e o foco, que nos auxiliam no traçado da parábola.

5.5 (Opcional) Rotação de eixos

De modo análogo à translação, uma rotação de eixos consiste em substituir um dado sistema de coordenadas por um outro sistema, mantendo a origem e rotacionando ambos os eixos por um mesmo ângulo θ, escolhido de acordo com nossa conveniência, conforme mostra a Figura 5.11(a).

Na Figura 5.11(b) assinalamos um ponto P qualquer do plano: no sistema uv suas coordenadas são $P(u, v)$, no sistema xy suas coordenadas são $P(x, y)$. Em relação ao sistema xy, temos

$$\begin{cases} x = \overline{OP}\cos(\theta + \phi) \\ y = \overline{OP}\,sen(\theta + \phi) \end{cases} \therefore \begin{cases} x = \overline{OP}\cos(\theta)\cos(\phi) - \overline{OP}\,sen(\theta)sen(\phi) \\ y = \overline{OP}\,sen(\theta)\cos(\phi) + \overline{OP}\cos(\theta)sen(\phi) \end{cases}.$$

Por outro lado, em relação ao sistema uv, temos:

$$\begin{cases} u = \overline{OP}\cos(\phi) \\ v = \overline{OP}\,sen(\phi) \end{cases}.$$

(a) Sistemas de eixos xy e uv

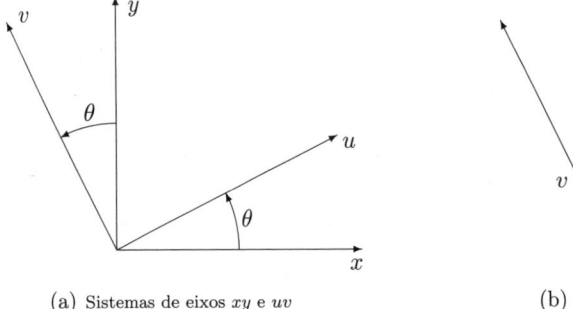

(b) Ponto P qualquer do plano

Figura 5.11 Rotação de eixos.

Substituindo u e v nas expressões para x e y, temos:

$$\begin{cases} x = u\cos(\theta) - v\,sen(\theta) \\ y = u\,sen(\theta) + v\cos(\theta) \end{cases}, \qquad (5.7)$$

denominadas **equações de rotação de eixos**.

Retornemos agora à equação geral do 2° grau nas variáveis x e y, a Equação 5.6 representada na página 94, e repetida aqui para conveniência:

$$Ax^2 + By^2 + Cx + Dy + E + Fxy = 0, \quad A \neq 0 \text{ e/ou } B \neq 0. \qquad (5.8)$$

A presença do termo misto Fxy (isto é, supondo $F \neq 0$) nos indica a ocorrência de uma rotação de eixos. Nosso objetivo agora é substituir as equações de rotação de eixos, dadas em 5.7, na Equação 5.8 de modo a reescrevê-la em uma forma que não contenha o termo misto. Assim:

$$A[u\cos(\theta) - v\,sen(\theta)]^2 + B[u\,sen(\theta) + v\cos(\theta)]^2 + C[u\cos(\theta) - v\,sen(\theta)] + $$
$$+ D[u\,sen(\theta) + v\cos(\theta)] + E + F[u\cos(\theta) - v\,sen(\theta)][u\,sen(\theta) + v\cos(\theta)] = 0.$$

Expandindo os binômios, temos:

$$A[u^2\cos^2(\theta) - 2uv\cos(\theta)sen(\theta) + v^2 sen^2(\theta)] + B[u^2 sen^2(\theta) + 2uv\,sen(\theta)\cos(\theta) + v^2\cos^2(\theta)] +$$
$$+ C[u\cos(\theta) - v\,sen(\theta)] + D[u\,sen(\theta) + v\cos(\theta)] + E +$$
$$+ F[u^2\cos(\theta)sen(\theta) + uv\cos^2(\theta) - uv\,sen^2(\theta) - v^2 sen(\theta)\cos(\theta)] = 0.$$

Agrupando as potências em u e v, obtemos:

$$[A\cos^2(\theta) + B\,sen^2(\theta) + F\cos(\theta)sen(\theta)]u^2 + [A\,sen^2(\theta) + B\cos^2(\theta) - F\,sen(\theta)\cos(\theta)]v^2 +$$
$$+ [C\cos(\theta) + D\,sen(\theta)]u + [-C\,sen(\theta) + D\cos(\theta)]v + E +$$
$$+ [-2A\cos(\theta)sen(\theta) + 2B\,sen(\theta)\cos(\theta) + F\cos^2(\theta) - F\,sen^2(\theta)]uv + = 0,$$

que pode ser reescrita como:

$$A'u^2 + B'v^2 + C'u + D'v + E' + F'uv = 0. \qquad (5.9)$$

Para atendermos ao nosso objetivo inicial de reescrever a equação geral do 2° em uma forma desprovida do termo misto, devemos ter $F' = 0$, isto é:

$$-2A\cos(\theta)sen(\theta) + 2B\,sen(\theta)\cos(\theta) + F\cos^2(\theta) - F\,sen^2(\theta) = 0,$$

e, utilizando as formas do ângulo duplo,

$$\cos(2\theta) = \cos^2(\theta) - sen^2(\theta) \text{ e } sen(2\theta) = 2\cos(\theta)sen(\theta),$$

obtemos:

$$-A\,sen(2\theta) + B\,sen(2\theta) + F\cos(2\theta) = 0$$
$$F\cos(2\theta) = (A - B)\,sen(2\theta)$$
$$cotg(2\theta) = \frac{A - B}{F}. \qquad (5.10)$$

Como estamos admitindo que $F \neq 0$ é sempre possível, determinar θ.

Exemplo 5.11 *Considere a equação $xy = 1$.*

- *Comparando a equação dada com a Equação 5.8, observamos que:*

$$A = B = C = D = 0, \quad E = -1 \quad e \quad F = 1.$$

Pela Equação 5.10 temos:

$$cotg(2\theta) = \frac{0-0}{1} = 0 \therefore 2\theta = arccotg(0) = \frac{\pi}{2} \therefore \theta = \frac{\pi}{4},$$

que é o ângulo de rotação dos eixos.

- *Substituindo o ângulo de rotação nas Equações de rotação 5.7, obtemos:*

$$\begin{cases} x = u\cos\left(\frac{\pi}{4}\right) - v\,sen\left(\frac{\pi}{4}\right) \\ y = u\,sen\left(\frac{\pi}{4}\right) + v\cos\left(\frac{\pi}{4}\right) \end{cases} \therefore \begin{cases} x = \frac{\sqrt{2}}{2}u - \frac{\sqrt{2}}{2}v \\ y = \frac{\sqrt{2}}{2}u + \frac{\sqrt{2}}{2}v \end{cases}. \quad (5.11)$$

- *Substituindo os valores obtidos em 5.11 na equação $xy = 1$, obtemos:*

$$\left(\frac{\sqrt{2}}{2}u - \frac{\sqrt{2}}{2}v\right)\left(\frac{\sqrt{2}}{2}u + \frac{\sqrt{2}}{2}v\right) = 1 \therefore \frac{u^2}{2} - \frac{v^2}{2} = 1.$$

- *Concluímos que se trata de uma hipérbole equilátera, $a = b = \sqrt{2}$, com os seguintes elementos*: centro em $(0, 0)$, eixo principal sobre o eixo u, vértices $V_1(\sqrt{2}, 0)$ e $V_2(-\sqrt{2}, 0)$, $c^2 = a^2 + b^2 = 4 \therefore c = 2$, e as coordenadas dos focos são $F_1(2, 0)$ e $F_2(-2, 0)$, assíntotas:*

$$v - 0 = \pm\frac{\sqrt{2}}{\sqrt{2}}(u - 0) \therefore v = u \quad e \quad v = -u.$$

- *Na Figura 5.12 indicamos os vértices e os focos da hipérbole. Observamos também que as assíntotas são os próprios eixos x e y.*

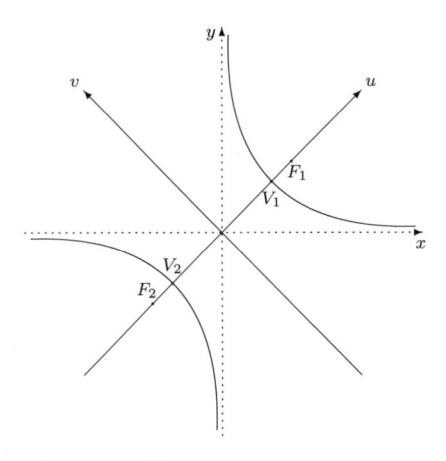

Figura 5.12 A hipérbole $xy = 1$.

---

* Em relação ao sistema de coordenadas uv.

5.6 Problemas propostos

5.1 *Mostre que o ponto $P(7, 0)$ é exterior à circunferência $x^2 + y^2 - 6x + 4y + 9 = 0$. A seguir, determine as equações das tangentes à circunferência que passam pelo ponto P.*

5.2 *Mostre que o ponto $P(-2, 1)$ é interior à circunferência $x^2 + y^2 + 8x + 4y - 16 = 0$. Determine o comprimento da corda mínima que passa por P*.*

5.3 *Determine, em função de k, a posição relativa da reta $4x + 3y + k = 0$ e da circunferência $x^2 + y^2 - 12x + 16y + 96 = 0$.*

5.4 *Determine a equação da circunferência de centro $(0, 8)$ e tangente exteriormente à circunferência $(x - 5)^2 + (y + 4)^2 = 49$.*

5.5 *Considere as circunferências $C_1 : x^2 + y^2 + 6x - 1 = 0$ e $C_2 : x^2 + y^2 - 2x - 1 = 0$. Seja Q o ponto de interseção dessas circunferências cuja ordenada é positiva. Seja P o centro da circunferência C_2. Determine as coordenadas do ponto de intersecção da reta suporte do segmento QP com a circunferência C_1.*

5.6 *Calcule a área do quadrilátero formado pelos centros e pelos pontos de interseção das circunferências $x^2 + y^2 - 2x - 8y + 13 = 0$ e $x^2 + y^2 - 8x - 2y + 7 = 0$.*

5.7 *Determine a equação da circunferência que tangencia as retas $r : 3x + 5y + 17 = 0$ e $s : 3x + 5y - 51 = 0$, sabendo que o ponto de tangência com a reta r é $P(1, -4)$**.*

5.8 *Dentre os pontos da circunferência $x^2 + y^2 - 16x - 6y + 53 = 0$, determine o mais próximo e o mais afastado do ponto $P(2, 0)$***.*

5.9 *Uma circunferência de centro $(7, 3)$ é interceptada pela reta $3x + 2y - 12 = 0$ segundo uma corda de comprimento $2\sqrt{\frac{35}{13}}$. Determine a equação da circunferência.*

5.10 *Determine a equação da circunferência circunscrita ao triângulo de vértices $A(1, 4)$, $B(3, -2,)$ e $C(7, 2)$.*

5.11 *Determine a equação e esboce a elipse:*

(a) vértices $(\pm 5/2, 0)$ e focos $(\pm 3/2, 0)$;

(b) focos $(0, \pm 3)$ e eixo maior de comprimento $6\sqrt{3}$;

(c) vértices $(\pm 2, 0)$ e passa pelo ponto $(-1, \sqrt{3}/2)$;

(d) centro em $(4, -2)$, vértice $(9, -2)$ e foco $(0, -2)$.

---

* Sugestão: a corda mínima é perpendicular à reta que passa por P e pelo centro da circunferência.
** Sugestão: observe que as retas são paralelas.
*** Sugestão: os pontos procurados estão sobre a reta que passa por P e pelo centro da circunferência.

5.12 Determine a equação e esboce a hipérbole:

(a) vértices $(\pm 2, 0)$ e b = 3;

(b) centro na origem, focos sobre o eixo y e passa pelos pontos $(-2, 4)$ e $(-6, 7)$;

(c) foco $(\pm 26, 0)$ e assíntotas $12y = \pm 5x$;

(d) centro $(-2, -1)$, vértice $(-2, 11)$ e foco $(-2, 14)$.

5.13 Determine a equação e esboce a parábola:

(a) foco $(5, 0)$ e diretriz $x = -5$;

(b) foco $(0, -2)$ e diretriz $y - 2 = 0$;

(c) vértice na origem, eixo vertical e passa pelo ponto $(-2, -4)$.

5.14 Uma parábola tem foco no ponto $F(4, 2)$ e diretriz $x = -6$. Determine:

(a) as coordenadas do vértice; (b) a equação da parábola.

5.15 Esboce a curva dada pela equação:

(a) $x^2 + y^2 - 2x - 6y + 6 = 0$

(b) $x^2 + y^2 + 6x - 4y - 12 = 0$

(c) $x^2 + y^2 + 2x - 4y + 5 = 0$

(d) $x^2 + y^2 - 6x - 12y + 49 = 0$

5.16 Esboce a curva dada pela equação:

(a) $2x^2 + y^2 + 16x - 4y + 32 = 0$

(b) $3x^2 + 2y^2 + 18x - 8y + 29 = 0$

5.17 Esboce a curva dada pela equação:

(a) $3x^2 - 2y^2 - 42x - 4y + 133 = 0$

(c) $25y^2 - 16x^2 - 150y - 64x - 239 = 0$

(b) $x^2 - 3y^2 + 6x + 6y + 3 = 0$

5.18 Esboce a curva dada pela equação:

(a) $x^2 + 5y + 5 = 0$

(b) $y^2 - 2x + 6 = 0$

(c) $x^2 - 2x - 3y - 5 = 0$

(d) $y^2 - 4y - 2x + 2 = 0$

(e) $y^2 - 6y + 3x + 21 = 0$

(f) $x^2 - 2x - 2y - 5 = 0$

5.19 Esboce a curva dada pela equação:

(a) $y^2 - 10y - 8x + 17 = 0$

(b) $4x^2 - 32x + 9y^2 - 36y + 64 = 0$

(c) $25x^2 + 250x - 16y^2 + 32y + 209 = 0$

(d) $4x^2 + 40x + y^2 - 6y + 108 = 0$

(e) $y^2 + 8y - 2x + 22 = 0$

(f) $3x^2 + 5y^2 - 6x - 12 = 0$

5.20 Determine os pontos de interseção das curvas cujas equações são dadas. A seguir, esboce ambas as curvas em um mesmo sistema de eixos exibindo os pontos de interseção.

(a) $\begin{cases} x^2 + 4y^2 = 20 \\ x + 2y = 6 \end{cases}$

(b) $\begin{cases} x^2 + 4y^2 = 36 \\ x^2 + y^2 = 12 \end{cases}$

5.21 Determine a equação da elipse tangente aos eixos coordenados e cujo centro está na interseção das retas $y = 9 - x$ e $y = x + 1$. Esboce a elipse indicando os vértices e os focos.

5.22 Determine a distância focal, a excentricidade e as coordenadas do centro da elipse definida pela equação $4x^2 + 25y^2 - 16x + 200y + 316 = 0$.

5.23 Determine a equação e esboce a parábola de eixo vertical e que passa pelos pontos $(-4, 21)$, $(-2, 11)$ e $(4, 5)$.

5.24 Os vértices de uma hipérbole estão em $(-3, -1)$ e $(-1, -1)$ e a distância entre os focos é $2\sqrt{5}$. Determine:

(a) a equação da hipérbole;   (b) as equações das assíntotas.

5.25 O cabo de uma ponte suspensa tem a forma de uma parábola. A distância entre duas colunas é 200 m, os pontos de suporte do cabo nas colunas estão 22 m acima da pista e o ponto mais baixo do cabo está 6 m acima da pista. Ache a distância vertical do cabo a um ponto na pista a 25 m do pé de uma coluna.

5.26 A equação da diretriz de uma parábola é $x + y = 0$ e seu foco está no ponto $(1, 1)$. Determine:

(a) a equação do eixo da parábola;

(b) as coordenadas do vértice;

(c) o comprimento do **latus rectum** (corda perpendicular ao eixo, passando pelo foco).

5.7 Problemas suplementares

5.27 Determine a equação da circunferência tangente à diretriz da parábola $x^2 = 4py$ e com centro no foco da parábola. Determine também os pontos de interseção desta circunferência com a parábola.

5.28 A Companhia Atlas produz dois tipos de bicicletas, Aurora e Estrela Negra. As possíveis quantidades x de bicicletas Aurora e y de bicicletas Estrela Negra produzidas anualmente (em milhares) estão relacionadas pela equação (chamada de curva de transformação de produto)

$$100x^2 + 9y^2 - 1200x - 216y + 3996 = 0.$$

Esboce a curva de transformação de produto da Companhia Atlas. Qual a quantidade máxima de cada tipo de bicicleta pode ser fabricada anualmente?

5.29 Determine as coordenadas dos pontos P e Q da parábola $y = 1 - x^2$, de modo que o triângulo ABC, formado pelo eixo x e pelas tangentes à parábola em P e Q, seja equilátero.

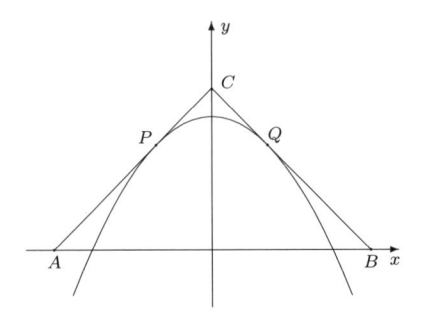

Figura 5.13 Retas tangentes à parábola $y = 1 - x^2$.

5.30 *Um cabo flexível suspenso por dois postes de mesma altura tem formato parabólico, com as seguintes medidas: 10 m de altura no centro e 40 m de altura a $\frac{3}{4}$ da distância do centro a um dos postes. Determine a altura do poste.*

5.31 *Um telescópio refletor do tipo Cassegrain é constituído de um espelho parabólico e de um espelho hiperbólico, conforme mostrado na Figura 5.14. O ponto F_1 é o foco do espelho parabólico e um dos focos do espelho hiperbólico. O ponto F_2 é o vértice do espelho parabólico e o outro foco do espelho hiperbólico. Pelas propriedades de reflexão das parábolas e das hipérboles, todo raio de luz paralelo ao eixo dos espelhos, seguirá a trajetória indicada na figura, convergindo sobre o vértice do espelho parabólico.*

Em um telescópio do tipo Cassegrain, o espelho parabólico tem raio de abertura de 20 cm e profundidade de 5 cm sobre seu eixo. O vértice do espelho hiperbólico situa-se a 16 cm do vértice do espelho parabólico. Determine o raio de abertura do espelho hiperbólico sabendo que sua profundidade, sobre seu eixo, é de 2 cm.

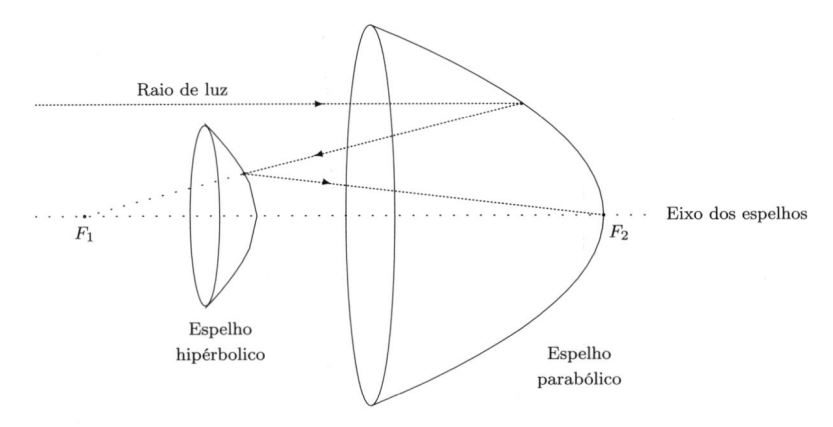

Figura 5.14 Diagrama esquemático do Telescópio de *Cassegrain*.

5.32 Prove que a circunferência $x^2 + y^2 + ax + by + c = 0$ tangencia a reta $Ax + By + C = 0$ se e somente se $(-Aa - Bb + 2C)^2 = (A^2 + B^2)(a^2 + b^2 - 4c)$.

5.33 Seja $F(2, 0)$ um ponto interior à circunferência $x^2 + y^2 = 16$. Considere um ponto P que se move mantendo-se equidistante de F e da circunferência. Mostre que o lugar geométrico da trajetória de P é a elipse de equação $\frac{(x-1)^2}{4} + \frac{y^2}{3} = 1$.

5.34 Mostre que o triângulo formado pelos eixos coordenados, e por qualquer tangente ao ramo da hipérbole equilátera $xy = a^2$, $x > 0$, tem área constante de valor $2a^2$.

5.35 Considere a equação $y = ax^2 + bx + c$. Completando o quadrado, mostre que essa equação pode ser reescrita na forma:

$$\left(x + \frac{b}{2a}\right)^2 = \frac{1}{a}\left(y + \frac{\Delta}{4a}\right), \quad (5.12)$$

em que $\Delta = b^2 - 4ac$. Compare a Equação 5.12 com as Equações 5.5a e 5.5b e conclua que:

- a equação $y = ax^2 + bx + c$ representa uma parábola de eixo vertical;
- se $a > 0$ a parábola é côncava para cima e se $a < 0$ a parábola é côncava para baixo;
- o vértice da parábola tem coordenadas $\left(-\frac{b}{2a}, -\frac{\Delta}{4a}\right)$;
- o foco da parábola tem coordenadas $\left(-\frac{b}{2a}, \frac{1-\Delta}{4a}\right)$.

5.36 Um fazendeiro dispõe de 200 m de tela para cercar uma área retangular. Qual o valor máximo da área cercada*?

5.37 Cobrando-se uma diária de R$ 200,00, um hotel consegue ocupar todos os seus 60 quartos. Para cada acréscimo de R$ 5,00 no preço da diária, estima-se que um quarto não será ocupado.

(a) Determine a relação entre o faturamento diário do hotel F com o número x de quartos desocupados.

(b) Qual o valor da diária para que o faturamento seja máximo?

(c) Qual o valor do faturamento máximo?

5.38 Determine o ponto sobre a reta $2x + y = 4$ que está mais próximo do ponto $(3, 2)$.

---

* Sugestão: mostre que área cercada é dada pela função $A = -x^2 + 100x$, cujo gráfico é uma parábola, em que x é a medida de um dos lados do retângulo. O valor máximo da área é a ordenada do vértice dessa parábola.

5.39 *Para cada equação dada, determine o ângulo de rotação que elimina o termo misto, reescreva a equação equivalente desprovida do termo misto e esboce a curva.*

(a) $x^2 + y^2 + 8x - 8y + 2xy = 0$ \qquad (c) $2x^2 - 2y^2 + 4\sqrt{3}\,xy = 8$

(b) $2x^2 + y^2 + \sqrt{3}\,xy = 4$

5.40 *Esboce a elipse com focos $(1,\,1)$ e $(-1,\,-1)$ e vértices $(2,\,2)$ e $(-2,\,-2)$. Utilizando a definição de elipse como lugar geométrico no plano, determine a equação dessa elipse. Determine o ângulo de rotação e reescreva a equação da elipse em uma forma desprovida do termo misto.*

5.41 *Esboce a hipérbole com vértices $(1,\,1)$ e $(-1,\,-1)$ e focos $(2,\,2)$ e $(-2,\,-2)$. Utilizando a definição de hipérbole como lugar geométrico no plano, determine a equação dessa hipérbole. Determine o ângulo de rotação e reescreva a equação da hipérbole em uma forma desprovida do termo misto.*

5.42 *Esboce a parábola com vértice $(1,\,1)$ e foco $(2,\,2)$. Utilizando a definição de parábola como lugar geométrico no plano, determine a equação dessa parábola. Determine o ângulo de rotação e reescreva a equação da parábola em uma forma desprovida do termo misto.*

5.43 *Considere a elipse de focos $F_1(-1,\,1)$ e $F_2(1,\,-1)$ e semieixo maior de comprimento 2.*

(a) *Calcule o outro semieixo da elipse.*

(b) *Determine a interseção dessa elipse com a reta $x = 1$.*

5.44 *Reescreva a equação dada em uma forma equivalente desprovida do termo misto**.

(a) $9x^2 + 16y^2 - 40x - 30y - 24xy = 0$ \qquad (c) $11x^2 + 4y^2 + 24xy = 20$

(b) $5x^2 + 2y^2 + 4xy = 2$

---

* Sugestão: como os ângulos de rotação não são notáveis, os valores de $cos(\theta)$ e $sen(\theta)$ podem ser obtidos com o auxílio das identidades trigonométricas:

$$1 + tg^2(2\theta) = sec^{\,2}(2\theta)\ ,\ \ 2cos^{\,2}(\theta) = 1 + cos(2\theta)\ \text{ e }\ cos^{\,2}(\theta) + sen^{\,2}(\theta) = 1.$$

6 Coordenadas Polares

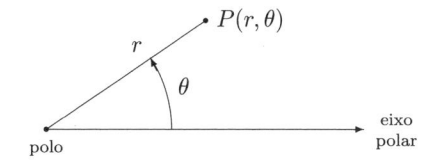

6.1 O sistema de coordenadas polares

Na Seção 1.3 estudamos o sistema de coordenadas cartesianas, em que cada ponto do plano é localizado por um par ordenado (x, y) de números reais. O número real x é a distância orientada do ponto ao eixo das ordenadas e o número real y é a distância orientada do ponto ao eixo das abscissas.

Uma outra maneira de se localizar um ponto no plano é por meio de suas coordenadas polares. O sistema de coordenadas polares é constituído por um semieixo real, denominado eixo polar, cuja origem denomina-se polo. Nesse sistema, um ponto P do plano é localizado por meio de sua distância orientada r ao polo e por sua direção θ, dada pelo ângulo formado entre o eixo polar e o segmento de reta que representa a distância r, conforme ilustrado na Figura 6.1. Dizemos que o par ordenado (r, θ) de números reais são as coordenadas polares do ponto P e utilizamos a notação $P(r, \theta)$.

Figura 6.1 Sistema de coordenadas polares.

A Figura 6.2 ilustra a representação de alguns pontos no sistema de coordenadas polares.

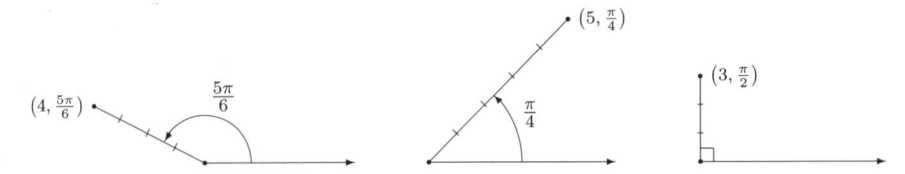

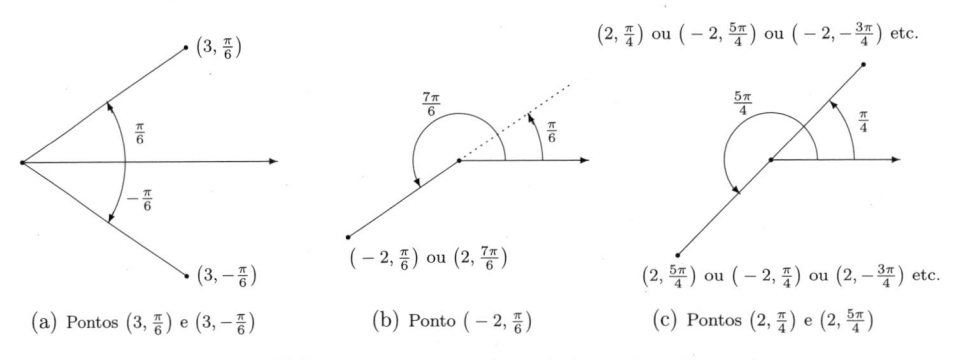

Figura 6.2 Exemplos de pontos no sistema de coordenadas polares.

A coordenada polar θ deve ser expressa em radianos. Caso seja positiva, o ângulo é tomado no sentido trigonométrico (anti-horário), caso seja negativa, o ângulo é tomado no sentido antitrigonométrico (horário), Figura 6.3(a).

A coordenada polar r também pode assumir valores negativos, daí a denominação distância orientada. Nesse caso, o ponto tem direção oposta àquela indicada pela coordenada polar θ, isto é, as cordenadas polares $(-r, \theta)$ e $(r, \theta \pm \pi)$ representam o mesmo ponto do plano. A Figura 6.3(b) ilustra esse fato.

A partir das observações anteriores, notamos que todo ponto do plano pode ser representado por infinitos pares de coordenadas polares. As coordenadas polares (r, θ), $(-r, \theta \pm \pi)$ e $(r, \theta + 2k\pi)$, $k \in \mathbb{Z}$, representam o mesmo ponto, conforme ilustrado na Figura 6.3(c).

Concluímos então que, diferentemente do sistema de coordenadas cartesianas, o sistema de coordenadas polares não estabelece uma correspondência biunívoca entre os pontos do plano e os pares ordenados de números reais, uma vez que um dado ponto pode ser representado por infinitas coordenadas polares distintas*. Apesar disto, um par de coordenadas polares representa um único ponto, sem qualquer ambiguidade.

(a) Pontos $(3, \frac{\pi}{6})$ e $(3, -\frac{\pi}{6})$ (b) Ponto $(-2, \frac{\pi}{6})$ (c) Pontos $(2, \frac{\pi}{4})$ e $(2, \frac{5\pi}{4})$

Figura 6.3 Pontos no sistema de coordenadas polares.

---

* Por abuso de linguagem, dizemos *as coordenadas polares do ponto P*. Rigorosamente, deveríamos dizer *uma das coordenadas polares* do ponto P.

6.2 Coordenadas polares e coordenadas cartesianas

Pela Figura 6.4, na qual o polo do sistema de coordenadas polares coincide com a origem do sistema de coordenadas cartesianas e o eixo polar foi sobreposto ao semieixo positivo das abscissas, observamos que, conhecidas as coordenadas polares r e θ de um ponto, podemos determinar suas coordenadas cartesianas x e y por meio das relações:

$$cos(\theta) = \frac{x}{r} \quad \therefore \quad x = r\,cos(\theta), \tag{6.1a}$$

$$sen(\theta) = \frac{y}{r} \quad \therefore \quad y = r\,sen(\theta). \tag{6.1b}$$

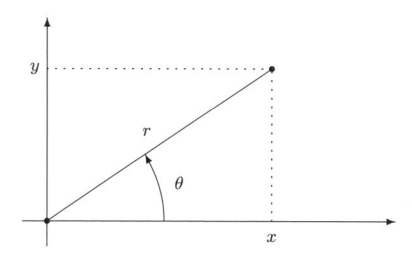

Figura 6.4 Coordenadas polares e coordenadas cartesianas.

Observe que as Equações 6.1a e 6.1b são válidas somente se $r \neq 0$. Em particular, se $r = 0$, as coordenadas polares $(0, \theta)$, para qualquer valor de θ, sempre se referem ao polo, cujas coordenadas cartesianas são $(0, 0)$.

Exemplo 6.1 *Determine as coordenadas cartesianas do ponto P cujas coordenadas polares são $P(4, \frac{\pi}{6})$.*

Usando as Equações 6.1a e 6.1b, obtemos:

$$x = 4\,cos\left(\frac{\pi}{6}\right) = 4\frac{\sqrt{3}}{2} = 2\sqrt{3} \quad e \quad y = 4\,sen\left(\frac{\pi}{6}\right) = 4\frac{1}{2} = 2$$

Assim, as coordenadas cartesianas de P são $P\,(2\sqrt{3}, 2)$.

De modo análogo, conhecidas as coordenadas cartesianas x e y de um ponto, podemos determinar suas coordenadas polares r e θ por meio das equações

$$r^2 = x^2 + y^2, \tag{6.2a}$$

$$tg(\theta) = \frac{y}{x}. \tag{6.2b}$$

Quando usarmos as Equações 6.2a e 6.2b devemos estar atentos para que os valores de r e θ sejam consistentes com o quadrante em que se encontra o ponto de coordenadas cartesianas (x, y). Sem perda de generalidade, podemos sempre considerar $r \geq 0$, isto é,

$$r = \sqrt{x^2 + y^2}. \tag{6.3a}$$

Além disso, lembrando que a função arco-tangente tem imagens restritas ao intervalo aberto $(-\frac{\pi}{2}, \frac{\pi}{2})$, o valor do ângulo θ pode ser obtido por meio de uma das expressões*:

$$\theta = \begin{cases} arctg\left(\frac{y}{x}\right) & , \quad \text{se } x > 0 \\ arctg\left(\frac{y}{x}\right) + \pi & , \quad \text{se } x < 0 \\ \frac{\pi}{2} & , \quad \text{se } x = 0 \text{ e } y > 0 \\ -\frac{\pi}{2} & , \quad \text{se } x = 0 \text{ e } y < 0. \end{cases} \quad (6.3b)$$

Exemplo 6.2 *Determine as coordenadas polares do ponto P cujas coordenadas cartesianas são $P(-1, \sqrt{3})$.*
Pela Equação 6.3a, temos:

$$r = \sqrt{(-1)^2 + (\sqrt{3})^2} \quad \therefore \quad r = \sqrt{4} \quad \therefore \quad r = 2.$$

Pela Equação 6.3b, observando que $x < 0$, temos:

$$\theta = arctg\left(\frac{\sqrt{3}}{-1}\right) + \pi = arctg(-\sqrt{3}) + \pi = -\frac{\pi}{3} + \pi = \frac{2\pi}{3}.$$

Assim, uma das coordenadas polares de P são $P\left(2, \frac{2\pi}{3}\right)$,

6.3 Lugares geométricos em coordenadas polares

Para obtermos a equação em coordenadas polares de um dado lugar geométrico, podemos utilizar duas estratégias:

- a partir da equação cartesiana do lugar geométrico, utilizar as Relações 6.1a e 6.1b para obter a equação correspondente em coordenadas polares;

- obter diretamente a equação polar do lugar geométrico a partir de sua(s) propriedade(s) geométrica(s).

Retas

Obtemos as equações polares de retas a partir de suas respectivas equações cartesianas. Iniciamos considerando as retas verticais, que possuem equação cartesiana da forma $x = a$. Assim, usando a Relação 6.1a, obtemos:

$$r \, cos(\theta) = a.$$

---

* Se $x = y = 0$, então θ pode assumir qualquer valor.

Restringindo θ ao intervalo $-\frac{\pi}{2} < \theta < \frac{\pi}{2}$, de modo que $cos(\theta) \neq 0$, podemos escrever

$$r = \frac{a}{cos(\theta)} \quad \therefore \quad r = a\,sec(\theta) \quad , \quad -\frac{\pi}{2} < \theta < \frac{\pi}{2}, \tag{6.4a}$$

que é a equação em coordenadas polares de uma reta vertical que passa pelo ponto de coordenadas cartesianas $(a, 0)$. O leitor deve observar que, quando θ varia sobre o intervalo aberto $-\frac{\pi}{2} < \theta < \frac{\pi}{2}$, obtém-se todos os pontos da reta vertical.

Se a reta é horizontal, sua equação cartesiana é da forma $y = a$. Usando a Relação 6.1b, obtemos:

$$r\,sen(\theta) = a.$$

Restringindo θ ao intervalo $0 < \theta < \pi$, de modo que $sen(\theta) \neq 0$, podemos escrever

$$r = \frac{a}{sen(\theta)} \quad \therefore \quad r = a\,csc(\theta), \quad 0 < \theta < \pi, \tag{6.4b}$$

que é a equação em coordenadas polares de uma reta horizontal que passa pelo ponto de coordenadas cartesianas $(0, a)$. O leitor deve observar que, quando θ varia sobre o intervalo aberto $0 < \theta < \pi$, obtém-se todos os pontos da reta horizontal.

Se a reta tem equação cartesiana da forma $y = ax$ (reta não vertical e que passa pela origem), obtemos

$$r\,sen(\theta) = a\,r\,cos(\theta) \quad \therefore \quad sen(\theta) = a\,cos(\theta) \quad \therefore \quad tg(\theta) = a.$$

Considerando que o coeficiente angular a é a tangente da inclinação α da reta, Figura 2.3 (p. 44), temos

$$tg(\theta) = tg(\alpha) \quad \therefore \quad \theta = \alpha, \tag{6.4c}$$

que é a equação em coordenadas polares de uma reta (não vertical) que passa pela origem.

Circunferências

Consideremos um ponto P qualquer, de coordenadas polares $P(r, \theta)$, sobre a circunferência de raio a e centro no ponto C, de coordenadas polares $C(b, \alpha)$, conforme ilustrado na Figura 6.5(a). Aplicando a lei dos cossenos no triângulo POC, obtemos

$$a^2 = b^2 + r^2 - 2\,b\,r\,cos(\theta - \alpha).$$

Isolando r^2 nessa equação, obtemos a equação polar geral da circunferência com centro no ponto $C(b, \alpha)$ e raio a:

$$r^2 = a^2 - b^2 + 2\,b\,r\,cos(\theta - \alpha). \tag{6.5}$$

(a) Circunferência com centro em $C(b, \alpha)$ e raio a

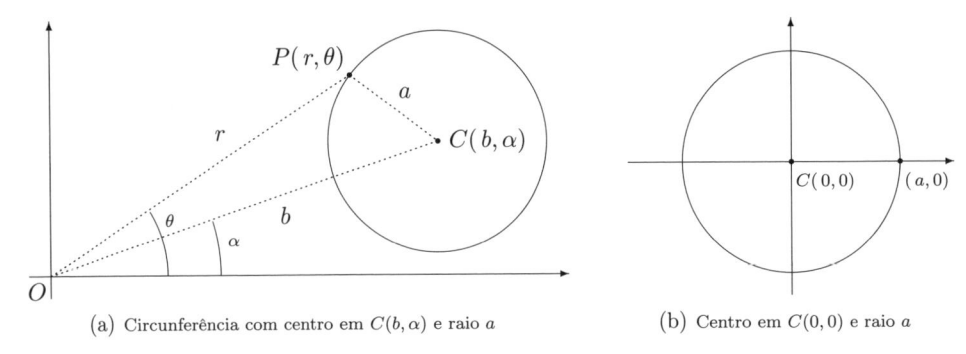

(b) Centro em $C(0,0)$ e raio a

Figura 6.5 Circunferências em coordenadas polares.

Na Equação 6.5 obtemos todos os pontos da circunferência quando o ângulo θ varia no intervalo $0 \leq \theta < 2\pi$. A partir dessa equação podemos obter as equações polares de várias circunferências que serão úteis em nosso trabalho futuro.

(i) Tomando $b = 0$ na Equação 6.5, circunferência de raio a com centro sobre o polo, Figura 6.5(b), obtemos:

$$r^2 = a^2 \quad \therefore \quad r = a.$$

(ii) Tomando $b = a$ e $\alpha = 0$ na Equação 6.5, circunferência de raio a com centro em $(a, 0)$, Figura 6.6(a), obtemos:

$$r^2 = 2\,a\,r\,cos(\theta) \quad \therefore \quad r = 2a\,cos(\theta).$$

(iii) Tomando $b = a$ e $\alpha = \pi$ na Equação 6.5, circunferência de raio a com centro em (a, π), Figura 6.6(b), obtemos*:

$$r^2 = 2\,a\,r\,cos(\theta - \pi) \quad \therefore \quad r = -2\,a\,cos(\theta).$$

(iv) Tomando $b = a$ e $\alpha = \frac{\pi}{2}$ na Equação 6.5, circunferência de raio a com centro em $(a, \frac{\pi}{2})$, Figura 6.6(c), obtemos**:

$$r^2 = 2\,a\,r\,cos(\theta - \frac{\pi}{2}) \quad \therefore \quad r = 2\,a\,sen(\theta).$$

(v) Tomando $b = a$ e $\alpha = -\frac{\pi}{2}$ na Equação 6.5, circunferência de raio a com centro em $(a, -\frac{\pi}{2})$, Figura 6.6(d), obtemos***:

$$r^2 = 2\,a\,r\,cos(\theta + \frac{\pi}{2}) \quad \therefore \quad r = -2\,a\,sen(\theta).$$

---

* Usando a identidade: $cos(\theta - \pi) = cos(\theta)cos(\pi) + sen(\theta)sen(\pi) = -cos(\theta) + 0 = -cos(\theta)$.
** Usando a identidade: $cos(\theta - \frac{\pi}{2}) = cos(\theta)cos(\frac{\pi}{2}) + sen(\theta)sen(\frac{\pi}{2}) = 0 + sen(\theta) = sen(\theta)$.
*** Usando a identidade: $cos(\theta + \frac{\pi}{2}) = cos(\theta)cos(\frac{\pi}{2}) - sen(\theta)sen(\frac{\pi}{2}) = 0 - sen(\theta) = -sen(\theta)$.

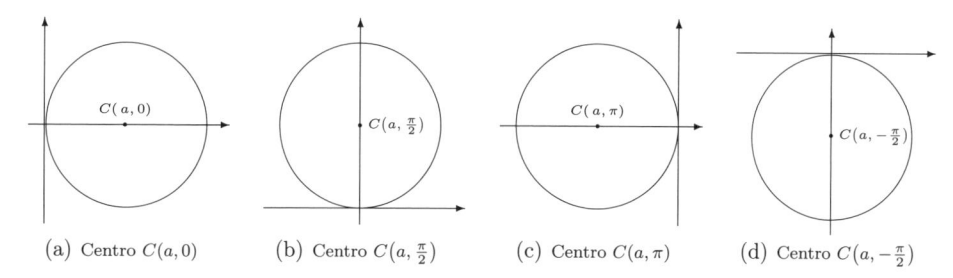

(a) Centro $C(a,0)$ (b) Centro $C(a, \frac{\pi}{2})$ (c) Centro $C(a, \pi)$ (d) Centro $C(a, -\frac{\pi}{2})$

Figura 6.6 Circunferências de raio a e tangentes à origem.

6.4 Problemas propostos

6.1 *Determine as coordenadas cartesianas dos pontos cujas coordenadas polares são dadas. A seguir, esboce o ponto no sistema de coordenadas cartesianas.*

(a) $\left(1, \frac{\pi}{3}\right)$ (c) $\left(2, -\frac{\pi}{4}\right)$ (e) $\left(2, \frac{\pi}{6}\right)$ (g) $\left(5, \frac{\pi}{2}\right)$

(b) $\left(3, \frac{5\pi}{6}\right)$ (d) $\left(3, \frac{5\pi}{4}\right)$ (f) $(3, 0)$ (h) $(2, \pi)$

6.2 *Para os pontos cujas coordenadas polares são dadas, determine três outras coordenadas polares equivalentes.*

(a) $\left(3, \frac{\pi}{4}\right)$ (b) $\left(5, \frac{\pi}{2}\right)$ (c) $\left(4, \frac{2\pi}{3}\right)$ (d) $(2, \pi)$

6.3 *Determine uma das coordenadas polares dos pontos cujas coordenadas cartesianas são dadas. A seguir, esboce o ponto no sistema de coordenadas polares.*

(a) $(1, 1)$ (d) $(-1, -\sqrt{3})$ (g) $(-\sqrt{3}, -1)$

(b) $(0, 3)$ (e) $(0, -4)$

(c) $(-2, 2\sqrt{3})$ (f) $\left(\frac{3\sqrt{3}}{2}, \frac{3}{2}\right)$ (h) $(-3, 0)$

6.4 *Um octógono regular está inscrito em uma circunferência com centro na origem e raio 1. Determine as coordenadas polares de seus vértices, sabendo que um destes localiza-se sobre o semieixo positivo das abscissas.*

6.5 *Um hexágono regular está inscrito em uma circunferência com centro na origem e raio 2. Determine as coordenadas polares de seus vértices, sabendo que um destes localiza-se sobre o semieixo positivo das abscissas.*

6.6 *Um pentágono regular está inscrito em uma circunferência com centro na origem e raio 3. Determine as coordenadas polares de seus vértices, sabendo que um destes localiza-se sobre o semieixo positivo das abscissas.*

6.7 Esboce cada uma das retas e determine sua equação em coordenadas cartesianas.

(a) $r = 4\sec(\theta)$ (c) $r = -10\sec(\theta)$ (e) $\theta = \frac{\pi}{4}$

(b) $r = 2\csc(\theta)$ (d) $r = -\csc(\theta)$ (f) $\theta = -\frac{\pi}{4}$

6.8 Esboce cada uma das circunferências e determine sua equação em coordenadas cartesianas.

(a) $r = 4\cos(\theta)$ (c) $r = -10\,\text{sen}(\theta)$

(b) $r = 2\,\text{sen}(\theta)$ (d) $r^2 = -14 + 6\sqrt{2}\, r\cos\left(\theta - \frac{\pi}{4}\right)$

6.9 Esboce e determine a equação polar da circunferência de raio e centro dados. A seguir, determine sua equação em coordenadas cartesianas.

(a) de raio a e centro em $\left(a, \frac{\pi}{4}\right)$,

(b) de raio a e centro em $\left(a, \frac{3\pi}{4}\right)$.

6.10 Mostre que o gráfico de $r = 2a\cos(\theta) + 2b\,\text{sen}(\theta)$ é um único ponto ou uma circunferência que passa pela origem. Determine o centro e o raio da circunferência.

6.11 Esboce a região delimitada pelas desigualdades.

(a) $0 \leq \theta \leq \frac{\pi}{3}$, $r \geq 0$ (e) $2 < r < 3$, $\frac{\pi}{6} < \theta < \frac{\pi}{3}$

(b) $\frac{\pi}{4} < \theta \leq \frac{3\pi}{4}$, $r \geq 0$ (f) $3\sec(\theta) \leq r < 5\csc(\theta)$

(c) $\frac{\pi}{4} < \theta \leq \frac{\pi}{2}$, $r < 0$ (g) $4\sec(\theta) < r < 8\cos(\theta)$

(d) $1 < r \leq 3$ (h) $4\cos(\theta) < r < 8\,\text{sen}(\theta)$

6.5 Problemas suplementares

6.12 Considere os pontos de coordenadas polares $F_1(a, 0)$ e $F_2(a, \pi)$. Mostre que a equação polar do lugar geométrico* dos pontos $P(r, \theta)$, cujo produto das distâncias aos pontos F_1 e F_2 vale b^2, é dada por**:

$$(r^2 + a^2)^2 = b^4 + 4a^2 r^2 \cos^2(\theta). \tag{6.6}$$

---

* Este lugar geométrico é denominado **Oval de Cassini**, em homenagem ao astrônomo ítalofrancês Giovanni Domenico Cassini (1625-1712). Discordando das trajetórias elípticas de Kepler, em 1680 Cassini propôs tal lugar geométrico como sendo a trajetória descrita pelos planetas em torno do sol, até que, em 1687, as trajetórias elípticas de Kepler foram confirmadas pela Teoria da Gravitação Universal de Newton.
** Sugestão: na Figura 6.7, aplique a lei dos cossenos nos triângulos OPF_1 e OPF_2 para determinar as distâncias PF_1 e PF_2 respectivamente.

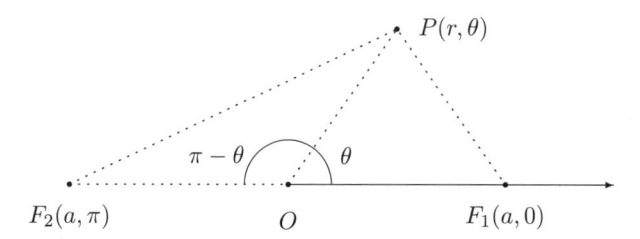

Figura 6.7 Construção para a dedução da Equação 6.6.

6.13 *Mostre que, se $a = b$, a Equação 6.6 se reduz a*

$$r^2 = 2a^2 \cos(2\theta).$$

Esta curva é denominada **lemniscata de Bernoulli***. O nome lemniscata origina-se do latim lemniscus (fita com laço) e refere-se à forma de laço apresentado por essa curva, conforme veremos no Problema 6.18.

Nos Problemas 6.14 a 6.19 discutimos algumas importantes famílias de curvas em coordenadas polares.

6.14 (Yag) *Caracóis: é a família de curvas em coordenadas polares dada pelas seguintes equações:*

$$r = a \pm b\cos(\theta) \quad e \quad r = a \pm b\,sen(\theta), \quad em\ que\ a > 0\ e\ b > 0.$$

- *Se $a = b$ a curva denomina-se **cardioide**.*

- *Se $a \neq b$ a curva denomina-se **caracol** (ou **limaçon**, que significa caracol em francês). Existem dois tipos de caracóis: caracóis sem laço, quando $a > b$, e caracóis com laço interno, quando $a < b$.*

Trace o gráfico da curva $r = a + b\cos(\theta)$, no intervalo $0 \leq \theta \leq 2\pi$, para os valores dados de a e b. Para cada curva traçada, determine as coordenadas polares do ponto para $\theta = 0, \frac{\pi}{2}, \pi, \frac{3\pi}{2}, 2\pi$.

(a) $a = 3$ e $b = 1$ (c) $a = 3$ e $b = 3$ (e) $a = 3$ e $b = 5$

(b) $a = 3$ e $b = 2$ (d) $a = 3$ e $b = 4$ (f) $a = 3$ e $b = 6$

6.15 (Yag) *Trace o gráfico da curva $r = a + b\,sen(\theta)$, no intervalo $0 \leq \theta \leq 2\pi$, para os valores dados de a e b. Para cada curva traçada, determine as coordenadas polares do ponto para $\theta = 0, \frac{\pi}{2}, \pi, \frac{3\pi}{2}, 2\pi$.*

(a) $a = 3$ e $b = 1$ (c) $a = 3$ e $b = 3$ (e) $a = 3$ e $b = 5$

(b) $a = 3$ e $b = 2$ (d) $a = 3$ e $b = 4$ (f) $a = 3$ e $b = 6$

---

* Em homenagem ao matemático suíço Jacob Bernoulli (1654-1705). Bernoulli descreveu a lemniscata em um artigo de 1694 e desconhecia o fato de ser tratar de um caso particular de uma oval de Cassini, descrita 14 anos antes.

6.16 (Yag) *Trace os gráficos das curvas polares dadas em um mesmo sistema de eixos, no intervalo $0 \leq \theta \leq 2\pi$. Para cada caso, o que se pode observar em relação à simetria destas curvas?*

(a) $r = 2 + 2cos(\theta)$ e $r = 2 - 2cos(\theta)$ \quad (c) $r = 2 + 3cos(\theta)$ e $r = 2 - 3cos(\theta)$

(b) $r = 2 + 2sen(\theta)$ e $r = 2 - 2sen(\theta)$ \quad (d) $r = 2 + 3sen(\theta)$ e $r = 2 - 3sen(\theta)$

6.17 (Yag) Rosáceas: *é a família de curvas em coordenadas polares dada pelas seguintes equações: $r = acos(n\theta)$ e $r = asen(n\theta)$, $n \in \mathbb{Z}$.*

Trace as rosáceas dadas no intervalo $0 \leq \theta \leq 2\pi$. O que se pode afirmar sobre o número de pétalas de cada rosácea quando n é par? E quando n é ímpar?

(a) $r = 2cos(2\theta)$ \quad (d) $r = 2sen(5\theta)$ \quad (g) $r = 2sen(3\theta)$

(b) $r = 3sen(3\theta)$ \quad (e) $r = 2sen(6\theta)$ \quad (h) $r = 3cos(4\theta)$

(c) $r = 3cos(4\theta)$ \quad (f) $r = 3sen(2\theta)$ \quad (i) $r = 3sen(5\theta)$

6.18 (Yag) Lemniscata: *conforme vimos no Problema 6.13, a lemniscata é uma curva dada pela equação polar*

$$r^2 = 2a^2 cos(2\theta).$$

Para esboçarmos a lemniscata no Yag, procedemos da seguinte maneira:

- *isolamos r para obtermos as duas equações $r = a\sqrt{2cos(2\theta)}$ e $r = -a\sqrt{2cos(2\theta)}$;*
- *a seguir traçamos estas duas curvas, em um mesmo sistema de eixos, usando o intervalo $-\frac{\pi}{4} \leq \theta \leq \frac{\pi}{4}$.*

Trace o gráfico das lemniscatas para os valores dados.

(a) $a = 1$ \quad (b) $a = 2$ \quad (c) $a = 3$

6.19 (Yag) Espirais: *dentre os vários tipos de espirais, destacam-se :*

- *a **espiral de Arquimedes:** $r = a\theta$, em que $a \neq 0$;*
- *a **espiral hiperbólica:** $r = \frac{a}{\theta}$, em que $a \neq 0$.*

A espiral de Arquimedes desenrola-se a partir da origem, enquanto a espiral hiperbólica enrola-se em torno da origem.

Trace o gráfico das espirais. Teste vários intervalos para θ de modo a se obter uma boa visualização da curva.

(a) $r = \theta$ \quad (c) $r = 4\theta$ \quad (e) $r = \frac{2}{\theta}$

(b) $r = 2\theta$ \quad (d) $r = \frac{1}{\theta}$ \quad (f) $r = \frac{4}{\theta}$

6.20 (**Yag**) *Regiões em coordenadas polares. Frequentemente necessitamos determinar os pontos de interseção de duas curvas definidas por equações polares. O procedimento usual é resolver o sistema formado pelas equações polares das respectivas curvas. Como no sistema de coordenadas polares não existe uma correspondência biunívoca entre os pontos do plano e as coordenadas polares (r, θ), tal procedimento pode nos levar a dois tipos de problemas:*

- *uma ou mais soluções do sistema não serem coordenadas polares de pontos de interseção;*
- *a existência de pontos de interseção que não aparecem na resolução do sistema.*

Com efeito, para a determinação correta dos pontos de interseção de curvas definidas por equações polares, é conveniente recorrermos a um esboço detalhado das curvas para nos auxiliar na localização dos possíveis pontos de interseção. Os problemas a seguir ilustram tais fatos.

Para cada par de curvas, determine analiticamente, usando lápis e papel, os possíveis pontos de interseção. A seguir, trace o par de curvas em um mesmo sistema de eixos para verificar os resultados obtidos.

(a) $r = \csc(\theta)$ e $r = \sec(\theta)$

(b) $r = \frac{1}{2}\sec(\theta)$ e $r = 2\cos(\theta)$

(c) $r = \cos(\theta)$ e $r = \text{sen}(\theta)$

(d) $r = 12\cos(\theta)$ e $r = 4\sqrt{3}\,\text{sen}(\theta)$

(e) $r = 4$ e $r = 4\,\text{sen}(\theta)$

(f) $r = \cos(\theta)$ e $r = 1 - \cos(\theta)$

(g) $r = 6\cos(\theta)$ e $r = 2 + 2\cos(\theta)$

(h) $r = \text{sen}(2\theta)$ e $r = 1 - \cos(2\theta)$

(i) $r = 2\,\text{sen}^2(\theta)$ e $r = 2$

(j) $r^2 = 2\cos(2\theta)$ e $r = 1$

(k) $r = 1 + \cos(t)$ e $r = 1 + \text{sen}(t)$

(l) $r = 4\cos(\theta)$ e $r = 1 + 2\cos(\theta)$

7 Curvas Paramétricas

7.1 Curvas paramétricas

Até aqui abordamos as curvas planas como lugares geométricos de pontos que satisfazem uma equação cartesiana da forma $F(x, y) = 0$ ou uma equação polar da forma $F(r, \theta) = 0$. Em muitos problemas aplicados, uma curva plana é a trajetória de um ponto móvel. Em tais situações é mais conveniente descrever a curva por meio de equações paramétricas.

Definição 6 (Curva paramétrica) *Uma curva paramétrica no plano é um par de funções:*

$$\begin{cases} x = x(t) \\ y = y(t) \end{cases}, \quad t_i \leq t \leq t_f.$$

Na Definição 6, a abscissa x e a ordenada y de cada ponto da curva são dadas em função da variável real t, denominada **parâmetro**, que varia de um valor inicial t_i a um valor final t_f, isto é, sobre um intervalo real $t_i \leq t \leq t_f$, que pode se estender para todos os números reais, isto é, $-\infty < t < \infty$.

Se o parâmetro t representa o tempo, então as equações paramétricas da curva nos dão a localização de um ponto móvel em cada instante, e a curva é a própria trajetória do ponto móvel. Também é importante ressaltar que as equações paramétricas de uma curva lhe conferem uma orientação de $(x(t_i), y(t_i))$ a $(x(t_f), y(t_f))$. Quando esboçamos uma curva paramétrica, indicamos tal orientação por uma seta colocada sobre a própria curva.

Exemplo 7.1 *Esboce a curva dada pelas equações paramétricas*

$$\begin{cases} x = t^3 \\ y = t^2 \end{cases}, \quad -2 \leq t \leq 2.$$

Podemos ter uma ideia da forma da curva tabelando alguns valores do parâmetro t em seu intervalo de definição para obtermos as respectivas coordenadas (x, y) de alguns pontos.

t	-2	-1	0	1	2
$x(t) = t^3$	-8	-1	0	1	8
$y(t) = t^2$	4	1	0	1	4
(x, y)	$(-8, 4)$	$(-1, 1)$	$(0, 0)$	$(1, 1)$	$(8, 4)$

A Figura 7.1 exibe um esboço da curva, ressaltando os pontos tabelados*. Observe que a curva é orientada, com ponto inicial $(-8, 4)$ e ponto final $(8, 4)$.

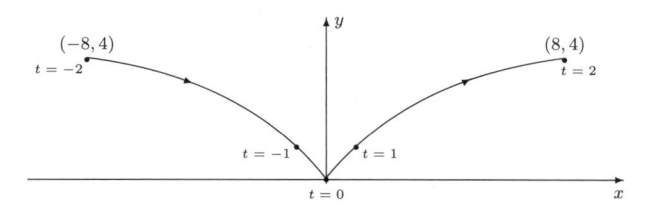

Figura 7.1 Curva paramétrica.

Exemplo 7.2 *Para a curva paramétrica dada, elimine o parâmetro e determine a equação cartesiana correspondente. A seguir, esboce a curva.*

$$\begin{cases} x = t^2 \\ y = t + 1 \end{cases}, \quad -2 \leq t \leq 3.$$

Isolando o parâmetro t na equação $y = t + 1$ e substituindo em $x = t^2$, temos $x = (y - 1)^2$. Concluímos então que a curva é um arco de parábola com eixo horizontal e vértice no ponto $(0, 1)$, orientado do ponto $(4, -1)$ ao ponto $(9, 4)$, conforme ilustrado na Figura 7.2.

Os exemplos seguintes ilustram as parametrizações usuais de circunferências, elipses e hipérboles com centro na origem.

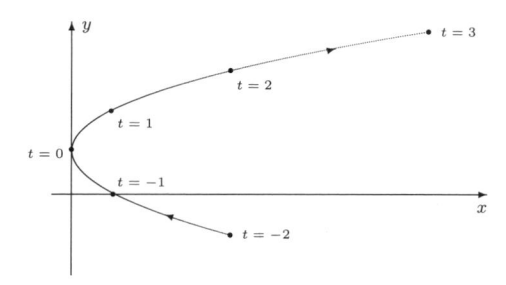

Figura 7.2 Arco de parábola.

---

* Tal esboço pode ser facilmente obtido utilizando o **Yag**.

Exemplo 7.3 *Considere a circunferência com centro na origem e raio a, mostrada na Figura 7.3. Considerando o ângulo central t, observamos que $cos(t)= \frac{x}{a}$ e $sen(t)= \frac{y}{a}$.*

Quando o ângulo t percorre o intervalo $0 \leq t < 2\pi$, obtemos todos os pontos da circunferência. Assim, suas equações paramétricas são:

$$\begin{cases} x = a\,cos(t) \\ y = a\,sen(t) \end{cases}, \quad 0 \leq t < 2\pi, \tag{7.1}$$

em que o ângulo central t é o parâmetro utilizado. Para obter a equação cartesiana dessa circunferência, basta lembrar que $cos^2(t) + sen^2(t) = 1$; logo,

$$\left(\frac{x}{a}\right)^2 + \left(\frac{y}{a}\right)^2 = 1 \quad ou \quad x^2 + y^2 = a^2.$$

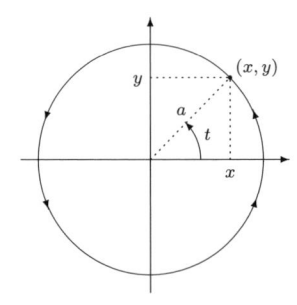

Figura 7.3 Parametrização da circunferência com centro na origem e raio a.

Exemplo 7.4 *Considere a elipse com centro na origem, semieixo maior horizontal de medida a e semieixo menor vertical de medida b, mostrada na Figura 7.4(a). Conforme vimos na Seção 4.4, a equação cartesiana dessa elipse é*

$$\frac{x^2}{a^2} + \frac{y^2}{b^2} = 1.$$

Uma maneira de determinar suas equações paramétricas é utilizarmos as mudanças de variáveis $u = \frac{x}{a}$ e $v = \frac{y}{b}$. Deste modo sua equação cartesiana torna-se $u^2 + v^2 = 1$, que no sistema de coordenadas uv representa uma circunferência de centro na origem e raio 1, cujas equações paramétricas são:

$$\begin{cases} u = cos(t) \\ v = sen(t) \end{cases}, \quad 0 \leq t < 2\pi.$$

Voltando às variáveis originais, $x = au$ e $y = bv$, obtemos as equações paramétricas da elipse:

$$\begin{cases} x = a\,cos(t) \\ y = b\,sen(t) \end{cases}, \quad 0 \leq t < 2\pi. \tag{7.2}$$

(a) A elipse $\frac{x^2}{a^2} + \frac{y^2}{b^2} = 1$ (b) Elipse com circunferências inscrita e circunscrita

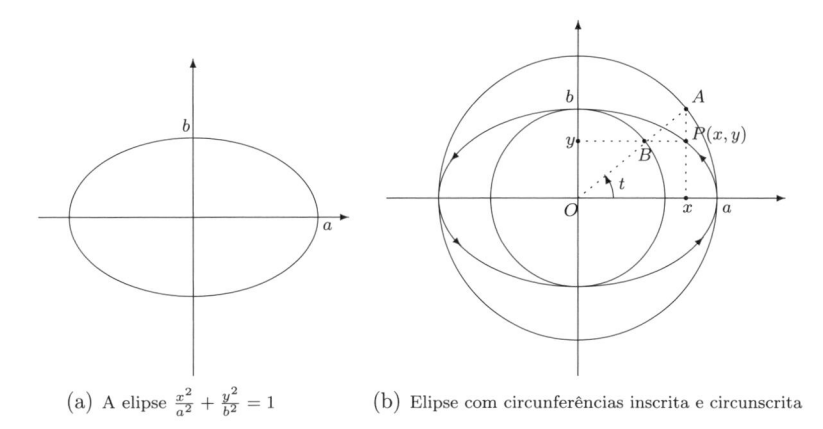

Figura 7.4 Parametrização da elipse.

Uma outra maneira de determinar as equações paramétricas dessa elipse é utilizarmos a construção geométrica mostrada na Figura 7.4(b), que exibe duas circunferências com centros na origem: uma de raio a, circunscrita à elipse, e uma de raio b, inscrita na elipse.

Seja P (x, y) um ponto qualquer da elipse considerada. A abscissa x desse ponto é a própria abscissa do ponto A sobre a circunferência circunscrita, logo $x = a\,cos(t)$. De modo análogo, a ordenada y de P é a própria ordenada do ponto B sobre a circunferência inscrita, então $y = b\,sen(t)$. Assim, quando o parâmetro t varia sobre o intervalo $0 \leq t < 2\pi$, obtemos as equações paramétricas dadas em 7.2.

Exemplo 7.5 *Considere a hipérbole com centro na origem e eixo principal horizontal, mostrada na Figura 7.5. Conforme vimos na Seção 4.5, a equação cartesiana dessa hipérbole é*

$$\frac{x^2}{a^2} - \frac{y^2}{b^2} = 1. \tag{7.3}$$

Para determinarmos as equações paramétricas da hipérbole, utilizamos a construção geométrica mostrada na Figura 7.5, que exibe as circunferências de centro na origem e raios a e b, $a \geq b$. No triângulo retângulo OCD, temos:

$$cos(t) = \frac{|OC|}{|OD|} \quad \therefore \quad |OD| = \frac{|OC|}{cos(t)} \quad \therefore \quad |OD| = |OC|\,sec(t),$$

e como $|OD| = x$ e $|OC| = a$, temos que $x = a\,sec(t)$. No triângulo retângulo OAB, temos:

$$tg(t) = \frac{|AB|}{|OA|} \quad \therefore \quad |AB| = |OA|\,tg(t),$$

e como $|AB| = y$ e $|OA| = b$, temos que $y = b\,tg(t)$.

Observando que todos os pontos do ramo direito são obtidos quando o ângulo t varia sobre o intervalo $-\frac{\pi}{2} < t < \frac{\pi}{2}$, as equações paramétricas da hipérbole são:

$$\text{Ramo direito:} \quad \begin{cases} x = a\sec(t) \\ y = b\,tg(t) \end{cases}, \quad -\frac{\pi}{2} < t < \frac{\pi}{2} \qquad (7.4\text{a})$$

$$\text{Ramo esquerdo:} \quad \begin{cases} x = -a\sec(t) \\ y = b\,tg(t) \end{cases}, \quad -\frac{\pi}{2} < t < \frac{\pi}{2} \qquad (7.4\text{b})$$

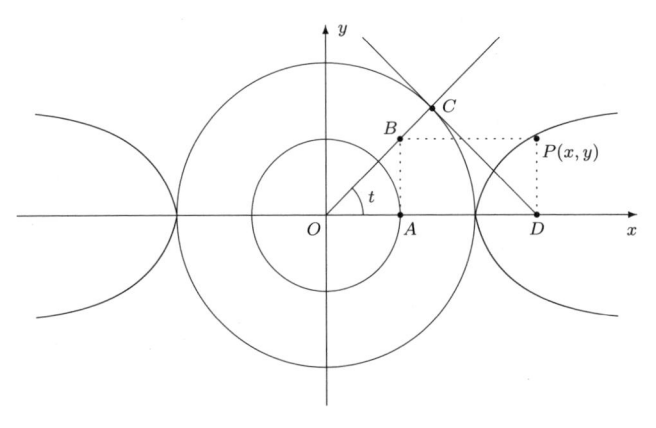

Figura 7.5 Parametrização da hipérbole com centro na origem e eixo principal horizontal.

Para mostrarmos a equivalência de 7.4a e 7.3 basta lembrar que $\sec^2(t) - tg^2(t) = 1$; logo,

$$\left(\frac{x}{a}\right)^2 - \left(\frac{y}{b}\right)^2 = 1 \quad \therefore \quad \frac{x^2}{a^2} - \frac{y^2}{b^2} = 1.$$

Procedendo de modo análogo, pode-se mostrar a equivalência de 7.3 e 7.4b.

Uma outra parametrização da hipérbole utiliza as funções cosseno hiperbólico e seno hiperbólico, definidas e denotadas respectivamente por:

$$\text{cosseno hiperbólico} \; : \; cosh(t) = \frac{e^t + e^{-t}}{2} \qquad (7.5\text{a})$$

$$\text{seno hiperbólico} \; : \; senh(t) = \frac{e^t - e^{-t}}{2} \qquad (7.5\text{b})$$

O adjetivo hiperbólico decorre do fato de tais funções parametrizarem os ramos de uma hipérbole, conforme veremos a seguir. As denominações cosseno e seno decorrem do fato de tais funções apresentarem várias identidades semelhantes às funções trigonométricas seno e cosseno. Como exemplo, consideremos a identidade*:

$$\begin{aligned} \cosh^2(t) - \operatorname{senh}^2(t) &= \left(\frac{e^t + e^{-t}}{2}\right)^2 - \left(\frac{e^t - e^{-t}}{2}\right)^2 \\ &= \frac{e^{2t} + 2 + e^{-2t}}{4} - \frac{e^{2t} - 2 + e^{-2t}}{4} \\ &= \frac{e^{2t} + 2 + e^{-2t} - e^{2t} + 2 - e^{-2t}}{4} = 1 \end{aligned} \qquad (7.6)$$

Observe a semelhança desta identidade com a identidade trigonométrica fundamental.

Exemplo 7.6 *Considere a hipérbole com centro na origem e eixo principal horizontal*

$$\frac{x^2}{a^2} - \frac{y^2}{b^2} = 1. \qquad (7.7)$$

Uma outra parametrização para essa hipérbole é dada por:

Ramo direito: $\begin{cases} x = a\cosh(t) \\ y = b\operatorname{senh}(t) \end{cases}, \quad -\infty \leq t < \infty \qquad (7.8a)$

Ramo esquerdo: $\begin{cases} x = -a\cosh(t) \\ y = b\operatorname{senh}(t) \end{cases}, \quad -\infty \leq t < \infty \qquad (7.8b)$

Para mostrarmos a equivalência de 7.7 e 7.8a utilizamos a identidade dada em 7.6, $\cosh^2(t) - \operatorname{senh}^2(t) = 1$; logo,

$$\left(\frac{x}{a}\right)^2 - \left(\frac{y}{b}\right)^2 = 1 \quad \therefore \quad \frac{x^2}{a^2} - \frac{y^2}{b^2} = 1$$

Procedendo de modo análogo, pode-se mostrar a equivalência de 7.8b e 7.7.

Se uma curva é o gráfico de uma função explícita, suas equações paramétricas podem ser imediatamente obtidas tomando-se a variável independente

---

* Entre outras identidades semelhantes, o leitor pode mostrar facilmente que:
$$\begin{aligned} \cosh(a+b) &= \cosh(a)\cosh(b) + \operatorname{senh}(a)\operatorname{senh}(b), \\ \operatorname{senh}(a+b) &= \operatorname{senh}(a)\cosh(b) + \cosh(a)\operatorname{senh}(b). \end{aligned}$$
Observe a semelhança de tais identidades com as conhecidas identidades trigonométricas
$$\begin{aligned} \cos(a+b) &= \cos(a)\cos(b) - \operatorname{sen}(a)\operatorname{sen}(b), \\ \operatorname{sen}(a+b) &= \operatorname{sen}(a)\cos(b) + \cos(a)\operatorname{sen}(b). \end{aligned}$$
Além disto, para os leitores com conhecimento de Cálculo Diferencial, é fácil mostrar que:
$$\frac{d}{dx}[\cosh(x)] = \operatorname{senh}(x) \quad \text{e} \quad \frac{d}{dx}[\operatorname{senh}(x)] = \cosh(x).$$

como o parâmetro. Por exemplo, as equações paramétricas do gráfico de uma função $y = f(x)$, definida sobre o intervalo $a \leq x \leq b$, são:

$$\begin{cases} x = t \\ y = f(t) \end{cases}, \quad a \leq t \leq b.$$

De modo análogo, as equações paramétricas do gráfico de uma função $r = f(\theta)$, definida sobre o intervalo $a \leq \theta \leq b$, são:

$$\begin{cases} x = f(\theta)\cos(\theta) \\ y = f(\theta)\,sen(\theta) \end{cases}, \quad a \leq \theta \leq b.$$

7.2 Problemas propostos

7.1 *Para cada curva paramétrica dada, elimine o parâmetro e determine a equação cartesiana correspondente. A seguir, esboce a curva e indique com uma seta a direção na qual a curva é traçada quando o parâmetro aumenta.*

(a) $\begin{cases} x = t+4 \\ y = t-1 \end{cases}, \quad -\infty < t < \infty$.

(b) $\begin{cases} x = \sqrt{t} \\ y = 1-t \end{cases}, \quad 0 \leq t < \infty$.

(c) $\begin{cases} x = 1-t \\ y = t^2 + 4 \end{cases}, \quad 0 \leq t \leq 3$.

(d) $\begin{cases} x = sen(t) \\ y = cos(t) \end{cases}, \quad 0 \leq t \leq \pi$.

(e) $\begin{cases} x = e^t \\ y = e^{-t} \end{cases}, \quad -\infty < t < \infty$.

(f) $\begin{cases} x = sen^2(t) \\ y = cos^2(t) \end{cases}, \quad 0 \leq t \leq \frac{\pi}{2}$.

7.2 *Mostre que as equações paramétricas da elipse $\frac{x^2}{b^2} + \frac{y^2}{a^2} = 1$, $a > b$, são*:

$$\begin{cases} x = b\cos(t) \\ y = a\,sen(t) \end{cases}, \quad 0 \leq t < 2\pi.$$

7.3 *Mostre que as equações paramétricas da hipérbole $\frac{y^2}{a^2} - \frac{x^2}{b^2} = 1$ são**:*

$$\begin{cases} x = b\,tg(t) \\ y = \pm a\,sec(t) \end{cases}, \quad 0 < t < \pi.$$

7.4 *Esboce as curvas de equações paramétricas dadas. A seguir, obtenha sua equação cartesiana.*

(a) $\begin{cases} x = 3\cos(t) \\ y = 3\,sen(t) \end{cases}, \quad 0 \leq t < 2\pi$.

(d) $\begin{cases} x = 3\cos(t) \\ y = 4\,sen(t) \end{cases}, \quad 0 \leq t < 2\pi$.

Observe a semelhança de tais derivadas com as conhecidas derivadas trigonométricas

$$\frac{d}{dx}[cos(x)] = -sen(x) \quad \text{e} \quad \frac{d}{dx}[sen(x)] = cos(x).$$

* Sugestão: utilize uma construção geométrica apropriada, semelhante à Figura 7.4(b).
** Sugestão: utilize uma construção geométrica apropriada, semelhante à Figura 7.5.

(b) $\begin{cases} x = \cos(t) \\ y = \operatorname{sen}(t) \end{cases}$, $0 \leq t < 2\pi$.

(e) $\begin{cases} x = \pm 2\sec(t) \\ y = 3\,tg(t) \end{cases}$, $-\frac{\pi}{2} < t < \frac{\pi}{2}$.

(c) $\begin{cases} x = 4\cos(t) \\ y = 3\operatorname{sen}(t) \end{cases}$, $0 \leq t < 2\pi$.

(f) $\begin{cases} x = 4\,tg(t) \\ y = \pm 5\sec(t) \end{cases}$, $-\frac{\pi}{2} < t < \frac{\pi}{2}$.

7.5 *Determine as equações paramétricas para a trajetória de uma partícula que se move sobre a circunferência $x^2 + y^2 = 9$, no sentido anti-horário, do seguinte modo:*

(a) meia volta a partir do ponto $(3, 0)$;

(b) uma volta completa a partir do ponto $(0, 3)$;

(c) meia volta a partir do ponto $(-3, 0)$;

(d) três voltas completas a partir do ponto $(3, 0)$;

(e) meia volta partir do ponto $(\frac{3\sqrt{2}}{2}, \frac{3\sqrt{2}}{2})$;

(f) do ponto $(\frac{-3}{2}, \frac{3\sqrt{3}}{2})$ ao ponto $(\frac{3\sqrt{3}}{2}, \frac{-3}{2})$.

7.6 *Mostre que $\begin{cases} x = x_0 + a\cos(t) \\ y = y_0 + a\operatorname{sen}(t) \end{cases}$, $0 \leq t < 2\pi$, são as equações paramétricas de uma circunferência de raio a e centro no ponto (x_0, y_0).*

7.7 *Determine as equações paramétricas para a trajetória de uma partícula que se move sobre a circunferência $x^2 - 2x + y^2 - 4y + 1 = 0$, no sentido anti-horário, do seguinte modo:*

(a) meia volta a partir do ponto $(3, 2)$;

(b) uma volta completa a partir do ponto $(1, 4)$;

(c) uma volta completa a partir do ponto $(-1, 2)$;

(d) três voltas completas a partir do ponto $(1, 0)$;

7.8 *Considerando $a > b$, mostre que $\begin{cases} x = x_0 + a\cos(t) \\ y = y_0 + b\operatorname{sen}(t) \end{cases}$, $0 \leq t < 2\pi$, são as equações paramétricas de uma elipse com centro em (x_0, y_0), eixo maior horizontal de comprimento $2a$ e eixo menor vertical de comprimento $2b$.*

7.9 *Mostre que $\begin{cases} x = x_0 + a\sec(t) \\ y = y_0 + b\,tg(t) \end{cases}$, $-\frac{\pi}{2} < t < \frac{\pi}{2}$, são as equações paramétricas do ramo direito de uma hipérbole com centro em (x_0, y_0) e eixo principal horizontal.*

7.3 Problemas suplementares

7.10 *Suponha que um projétil seja disparado da origem do sistema de coordenadas, no instante $t = 0$, com rapidez (módulo da velocidade) inicial v_0 m/s e direção dada por um ângulo de elevação α, conforme ilustrado na Figura 7.6.*

Se a força gravitacional é a única força atuante sobre o projétil, isto é, desconsiderando a resistência do ar, pode-se mostrar que sua posição após t segundos é dada pelas equações paramétricas:

$$\begin{cases} x(t) = [v_0 \cos(\alpha)]\, t \\ y(t) = [v_0 \operatorname{sen}(\alpha)]\, t - \frac{1}{2} g\, t^2 \end{cases}, \quad t \geq 0,$$

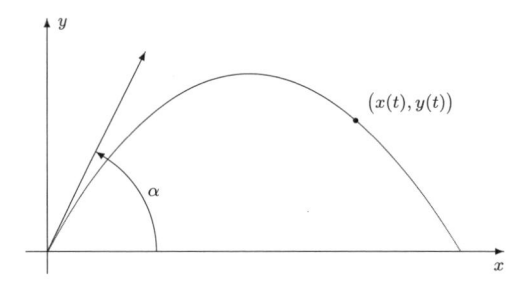

Figura 7.6 Trajetória descrita por um projétil sob ação apenas da gravidade.

em que g é a aceleração da gravidade.

(a) Elimine o parâmetro e mostre que a trajetória do projétil é parabólica.

(b) Determine o instante em que o projétil atingirá o solo?

(c) Determine o alcance (distância do ponto de lançamento ao ponto de retorno ao solo) do projétil?

(d) Determine o alcance máximo? Para qual valor do ângulo α ele ocorre?

(e) Qual a altura máxima atingida pelo projétil?

7.11 No Problema 7.10 considere que a rapidez inicial de lançamento v_0 seja constante, mas que o ângulo de lançamento α varie no intervalo $0 < \alpha < \pi$.

(a) Mostre que o lugar geométrico dos pontos de altura máxima das trajetórias parabólicas estão sobre a elipse*:

$$x^2 + \left(y - \frac{v_0^2}{4g}\right) = \frac{v_0^4}{4g^2}$$

(b) (**Yag**) Supondo $v_0 = 10$ m/s e $g = 10$ m/s², determine as equações paramétricas e cartesiana da elipse dos pontos de altura máxima. Em um

---

* Sugestão: observe que as coordenadas dos vértices das trajetórias parabólicas são dadas pelas equações paramétricas de uma elipse, cujo parâmetro é o ângulo α. Reescreva a equação dessa elipse na forma cartesiana.

mesmo diagrama*, *trace a elipse obtida e as trajetórias parabólicas para os seguintes valores do ângulo* α:

$$\alpha = \frac{\pi}{6}, \frac{\pi}{4}, \frac{\pi}{3}, \frac{\pi}{2}, \frac{2\pi}{3}, \frac{3\pi}{4} \ e \ \frac{5\pi}{6}.$$

7.12 *A **curva de Agnesi** é uma curva em forma de sino, construída da seguinte maneira: considere uma circunferência de raio a, tangente ao eixo x na origem, Figura 7.7(a). O segmento de reta de comprimento variável OA intercepta a reta $y = 2a$ no ponto A e a circunferência no ponto B. A curva de Agnesi é o lugar geométrico descrito pelo ponto P, interseção da reta horizontal por B com a reta vertical por A, quando o ângulo t varia no intervalo $0 < t < \pi$.*

Mostre que as equações paramétricas da curva de Agnesi são dadas por:

$$\begin{cases} x = 2a \, cotg(t) \\ y = 2a \, sen^2(t) \end{cases}, \ 0 \leq t < \pi.$$

(a) A curva de Agnesi (b) A cissoide de Diocles

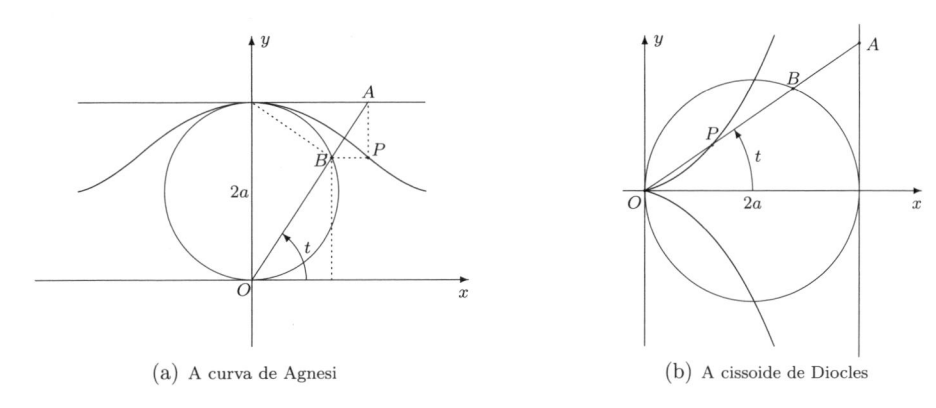

Figura 7.7 A curva de Agnesi e a cissoide de Diocles.

7.13 *A **cissoide de Diocles**** é a curva construída da seguinte maneira: considere uma circunferência de raio a, tangente ao eixo y na origem, demonstrada na Figura 7.7(b). O segmento de reta de comprimento variável OA intercepta a circunferência no ponto B. A cissoide de Diocles é o lugar geométrico descrito pelo ponto P, tal que $|OP| = |AB|$, quando o ângulo t varia no intervalo $-\frac{\pi}{2} \leq t < \frac{\pi}{2}$.*

---

* Sugestão: utilize a tela de inspeção $-10 \leq x \leq 10$ e $0 \leq y \leq 6$.
** Do grego *kissoeides*, em forma de hera. Essa curva foi denominada cissoide de Diocles em homenagem ao estudioso grego Diocles (240-180 a.C.) que a introduziu como uma contribuição para a solução do problema clássico da duplicação do cubo.

Mostre que as equações paramétricas da cissoide de Diocles são dadas por:

$$\begin{cases} x = 2a\,sen^2(t) \\ y = 2a\,sen^2(t)\,tg(t) \end{cases}, \quad -\frac{\pi}{2} \leq t < \frac{\pi}{2}.$$

7.14 *Suponha um fio flexível enrolado sobre uma curva convexa* C. A **involuta** de C é o lugar geométrico percorrido pela extremidade do fio quando este é desenrolado da curva, mantido sempre esticado.*

A Figura 7.8(a) ilustra a involuta de uma circunferência de centro na origem e raio a. Se o fio começou a se desenrolar a partir do ponto $A(a, 0)$, mostre que as equações paramétricas da involuta são**:

$$\begin{cases} x = a\cos(t) + a\,t\,sen(t) \\ y = a\,sen(t) - a\,t\,cos(t) \end{cases}, \quad 0 \leq t < \infty.$$

(a) Involuta

(b) Detalhe da involuta

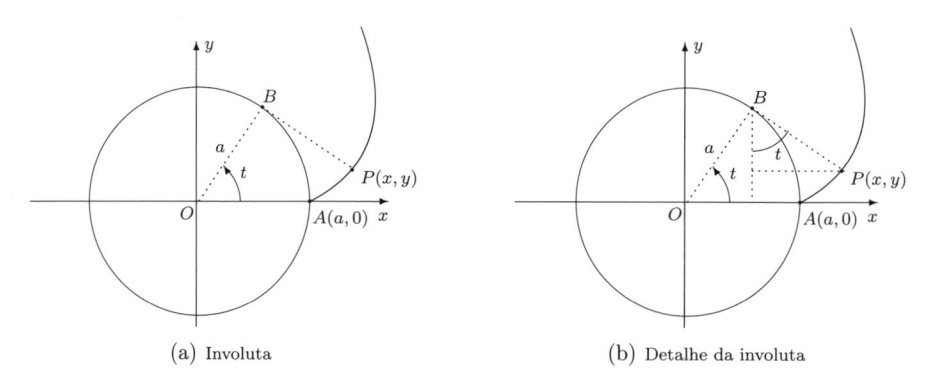

Figura 7.8 Involuta de uma circunferência.

7.15 *A **cicloide** é a curva plana descrita por um ponto fixo de uma circunferência que rola (sem deslizar) sobre uma reta. A Figura 7.9(a) ilustra a cicloide gerada a partir do ponto $(0, 0)$ por uma circunferência de raio a, inicialmente com centro no ponto $(0, a)$, que rola sobre o eixo x.*

Utilizando a construção mostrada na Figura 7.9(b), mostre que as equações paramétricas da cicloide são***:

$$\begin{cases} x = a\,t - a\,sen(t) \\ y = a - a\cos(t) \end{cases}, \quad -\infty \leq t < \infty.$$

---

* Uma curva é dita convexa se está contida em um dos semiplanos definido por qualquer uma de suas retas tangentes.
** Sugestão: note que $|BP| = \text{arco}(AB) = at$.
*** Sugestão: note que $|OB| = \text{arco}(BP) = at$.

(a) A cicloide

(b) Detalhe da cicloide

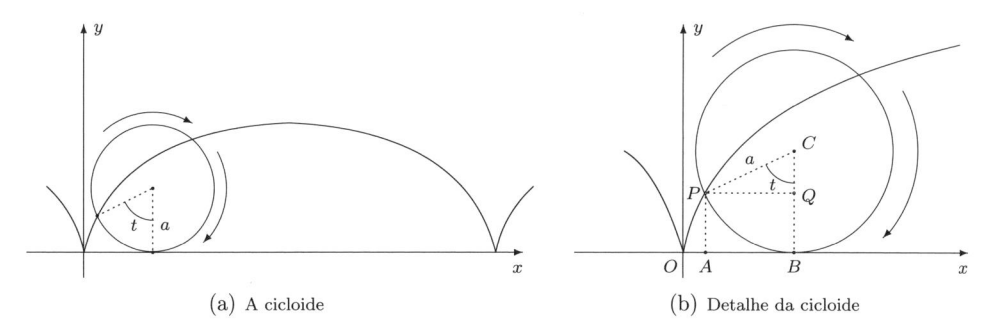

Figura 7.9 A cicloide.

7.16 A **hipocicloide** é a curva plana descrita por um ponto fixo P de uma circunferência que rola (sem deslizar) na parte interna de outra circunferência fixa. A Figura 7.10(a) ilustra a hipocicloide gerada, a partir do ponto $(a, 0)$, por uma circunferência de raio b, $b < a$, inicialmente com centro no ponto $(a - b, 0)$, que rola no sentido anti-horário internamente à circunferência fixa de raio a e centro na origem.

(a) A hipocicloide

(b) Detalhe da hipocicloide

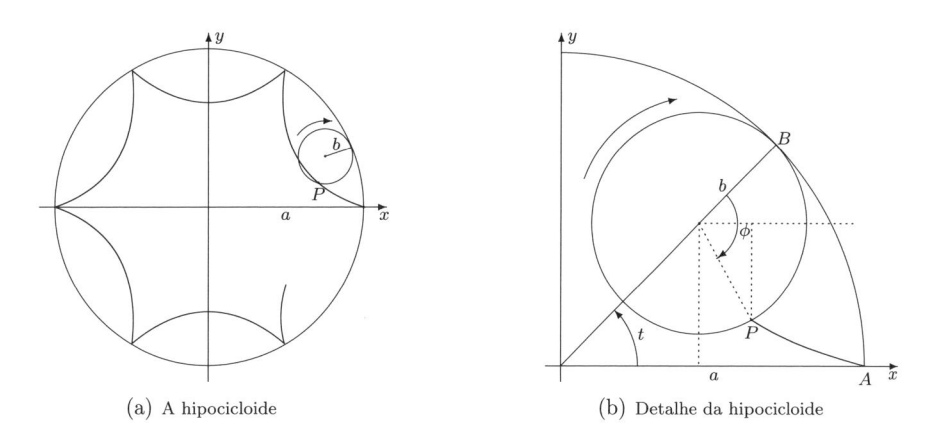

Figura 7.10 A hipocicloide.

Utilizando a construção mostrada na Figura 7.10(b), mostre que as equações paramétricas da hipocicloide são*:

$$\begin{cases} x = (a-b)\cos(t) + b\cos\left(\frac{a-b}{b}t\right) \\ y = (a-b)\,sen(t) - b\,sen\left(\frac{a-b}{b}t\right) \end{cases}, \quad -\infty \leq t < \infty.$$

---

* Sugestão: note que $\text{arco}(AB) = \text{arco}(BP)$, isto é, $at = b\phi$.

7.17 A **deltoide**, Figura 7.11(a), é a hipocicloide de três cúspides obtida quando o raio do círculo rolante vale um terço do raio do círculo exterior, isto é, quando $a = 3b$. Mostre que as equações paramétricas da deltoide são:

$$\begin{cases} x = 2b\cos(t) + b\cos(2t) \\ y = 2b\,\text{sen}(t) - b\,\text{sen}(2t) \end{cases}, \quad 0 \leq t \leq 2\pi.$$

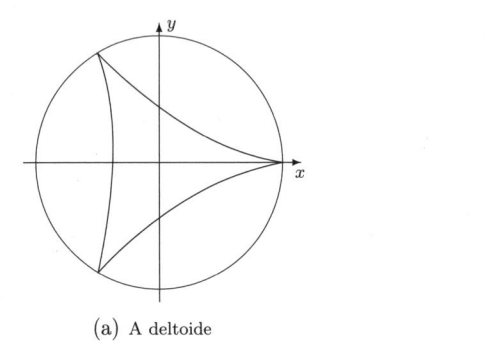

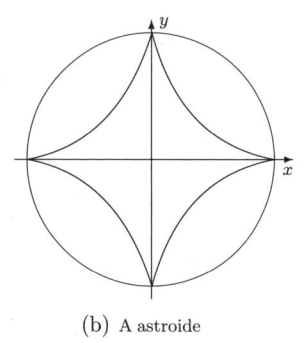

(a) A deltoide

(b) A astroide

Figura 7.11 Casos particulares de hipocicloides: a deltoide e a astroide.

7.18 A **astroide**, Figura 7.11(b), é a hipocicloide de quatro cúspides obtida quando o raio do círculo rolante vale um quarto do raio do círculo exterior, isto é, quando $a = 4b$. Mostre que as equações paramétricas da astroide são:

$$\begin{cases} x = 3b\cos(t) + b\cos(3t) \\ y = 3b\,\text{sen}(t) - b\,\text{sen}(3t) \end{cases}, \quad 0 \leq t \leq 2\pi.$$

7.19 Mostre que as equações paramétricas da astroide, obtidas no Problema 7.18, podem ser reescritas na forma (lembre-se que para a astroide tem-se $a = 4b$)

$$\begin{cases} x = a\cos^3(t) \\ y = a\,\text{sen}^3(t) \end{cases}, \quad 0 \leq t \leq 2\pi.$$

A seguir mostre que sua equação cartesiana é $x^{2/3} + y^{2/3} = a^{2/3}$.

7.20 A **epicicloide** é a curva plana descrita por um ponto fixo de uma circunferência que rola (sem deslizar) na parte externa de outra circunferência fixa. A Figura 7.12(a) ilustra a epicicloide gerada, a partir do ponto $(a, 0)$, por uma circunferência de raio b, inicialmente com centro no ponto $(a + b, 0)$, que rola no sentido anti-horário exteriormente à circunferência fixa de raio a e centro na origem.

Utilizando a construção mostrada na Figura 7.12(b), mostre que as equações paramétricas da epicicloide são*:

$$\begin{cases} x = (a+b)\cos(t) - b\cos\left(\frac{a+b}{b}t\right) \\ y = (a+b)\,\text{sen}(t) - b\,\text{sen}\left(\frac{a+b}{b}t\right) \end{cases}, \quad -\infty \leq t \leq \infty.$$

---

* Sugestão: note que arco(AB) = arco(BP), isto é, $at = b\phi$.

(a) A epicicloide

(b) Detalhe da epicicloide

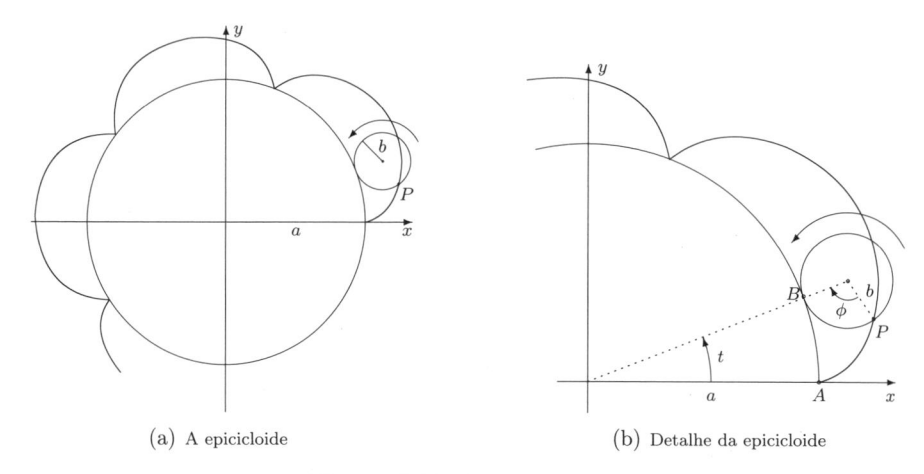

Figura 7.12 A epicicicloide.

7.21 A **cardioide**, Figura 7.13(a), é a epicicloide de uma cúspide obtida quando o raio do círculo rolante é igual ao raio do círculo exterior, isto é, quando $a = b$. Mostre que as equações paramétricas da cardioide são:

$$\begin{cases} x = 2b\cos(t) - b\cos(2t) \\ y = 2b\,sen(t) - b\,sen(2t) \end{cases}, \quad 0 \le t \le 2\pi.$$

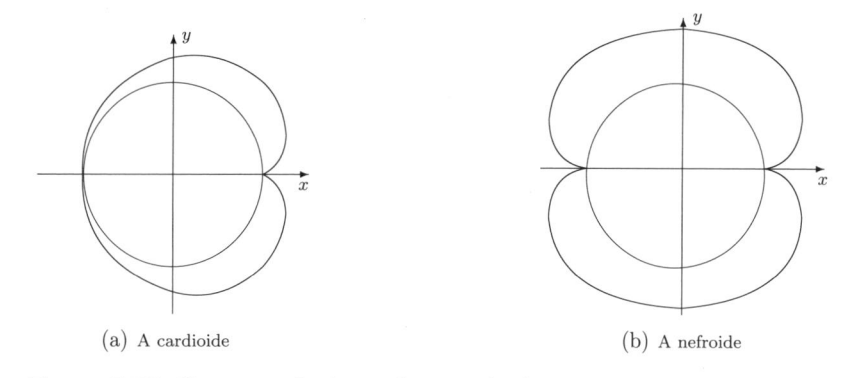

(a) A cardioide

(b) A nefroide

Figura 7.13 Casos particulares de epicicloides: a cardioide e a nefroide.

7.22 A **nefroide**, Figura 7.13(b), é a epicicloide de duas cúspides obtida quando o raio do círculo rolante é a metade do raio do círculo exterior, isto é, quando $a = 2b$. Mostre que as equações paramétricas da nefroide são:

$$\begin{cases} x = 3b\cos(t) - b\cos(3t) \\ y = 3b\,sen(t) - b\,sen(3t) \end{cases}, \quad 0 \le t \le 2\pi.$$

8 Vetores

8.1 Vetores geométricos

Uma grandeza* é dita escalar quando necessitamos especificar apenas sua magnitude e uma unidade para sua determinação. Como exemplos podemos citar o comprimento, a massa e o tempo. Uma grandeza é dita vetorial quando necessitamos especificar sua magnitude, sua direção e sentido de atuação e uma unidade para sua determinação. Como exemplos podemos citar a força, a velocidade, a aceleração e o torque.

Geometricamente, um vetor é representado por um segmento orientado de reta. A Figura 8.1(a) ilustra um vetor cuja origem é ponto A e a extremidade o ponto B. As notações usuais para esse vetor são:

- $\vec{v}$: uma letra qualquer que o representa sobrescrito por uma flecha;

- **v** : uma letra qualquer que o representa em negrito;

- $\overrightarrow{AB}$: pontos inicial e final sobrescritos por uma flecha.

(a) Vetor geométrico   (b) Vetores equivalentes

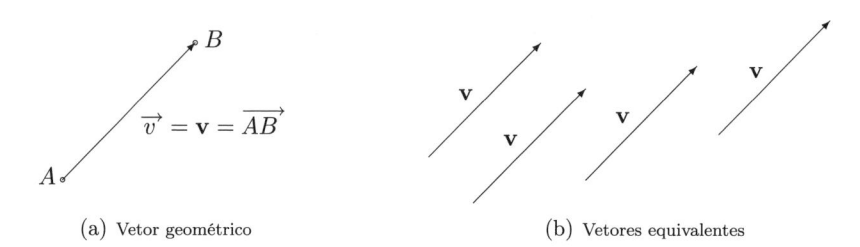

Figura 8.1 Vetor geométrico e vetores equivalentes.

---

* Para um entedimento rigoroso do termo *grandeza* Resnick e Halliday (1991, p. 1).

Geralmente a notação com flecha sobrescrita é utilizada em textos manuscritos e a notação em negrito em textos impressos.

Ainda do ponto de vista geométrico, a direção de um vetor é dada pela reta suporte do segmento orientado que o representa, e seu sentido é indicado por uma flecha. Sua magnitude é indicada pelo comprimento do segmento orientado.

Dado um vetor **v**, denotaremos sua magnitude (comprimento ou módulo) por $|\mathbf{v}|$. Em particular, se $|\mathbf{v}| = 1$ dizemos que **v** é um vetor unitário e se $|\mathbf{v}| = 0$ dizemos que **v** é o vetor nulo, denotado $\mathbf{v} = \mathbf{0}$.

Segmentos orientados com o mesmo comprimento, mesma direção e mesmo sentido são ditos equivalentes. Segmentos equivalentes representam o mesmo vetor, independente de sua localização espacial, uma vez que todos eles representam a mesma magnitude, a mesma direção e o mesmo sentido. A Figura 8.1(b) apresenta vários segmentos orientados equivalentes, todos representando o mesmo vetor.

8.2 Operações com vetores geométricos

Duas operações definidas para os vetores geométricos são a multiplicação de um vetor por um escalar (número real) e a adição de vetores.

Multiplicação de um vetor por um escalar

Dado um vetor **v** (não nulo) e um escalar k (não nulo), a multiplicação de k por **v** resulta o vetor $k\mathbf{v}$, múltiplo escalar de **v**, determinado da seguinte maneira:

- $k\mathbf{v}$ possui a mesma direção de **v**;

- se $k > 0$, então $k\mathbf{v}$ tem o mesmo sentido de **v**; se $k < 0$, então $k\mathbf{v}$ tem sentido oposto ao de **v**;

- a magnitude de $k\mathbf{v}$ vale $|k|$ vezes a magnitude de **v**, isto é, $|k\mathbf{v}| = |k||\mathbf{v}|$.

A Figura 8.2(a) ilustra vários múltiplos escalares de um vetor **v**. A Figura 8.2(b) ilustra o múltiplo escalar $-1\mathbf{v}$, denominado vetor oposto de **v** e também denotado $-\mathbf{v}$. Finalmente observamos que se $k = 0$ ou $\mathbf{v} = \mathbf{0}$, então $k\mathbf{v} = \mathbf{0}$.

(a) Múltiplos escalares de **v**.

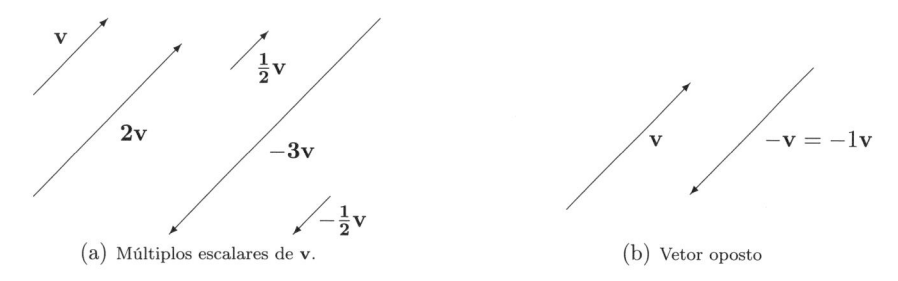

(b) Vetor oposto

Figura 8.2 Multiplicação de vetor por escalar e vetor oposto.

Adição de vetores

Definimos a adição dos vetores **u** e **v** (não nulos) da seguinte maneira: posicionamos os vetores de modo que suas origens coincidam (lembramos que, pela equivalência de segmentos orientados, isto sempre pode ser feito) e formamos um paralelogramo. O vetor soma $\mathbf{u} + \mathbf{v} = \mathbf{v} + \mathbf{u}$ é o vetor com a mesma origem de **u** e **v**, com magnitude, direção e sentido dadas pela diagonal do paralelogramo. Esta regra para a adição de vetores é conhecida como regra do paralelogramo e está ilustrada na Figura 8.3(a).

(a) Regra do paralelogramo   (b) Vetor soma $\mathbf{u} + \mathbf{v}$ (c) Vetor soma $\mathbf{v} + \mathbf{u}$

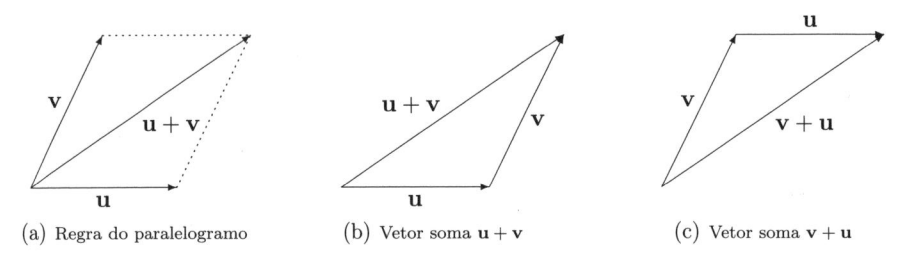

Figura 8.3 Adição de vetores.

De maneira semelhante à regra do paralelogramo, podemos também definir a adição dos vetores **u** e **v** da seguinte maneira: posicionamos a origem de **v** sobre a extremidade de **u**, o vetor soma $\mathbf{u} + \mathbf{v}$ é o vetor cuja origem é a origem de **u** e extremidade é a extremidade de **v**, conforme ilustrado na Figura 8.3(b). Podemos também adicionar **u** e **v** posicionando a origem de **u** sobre a extremidade de **v**, o vetor soma $\mathbf{v} + \mathbf{u}$ é o vetor cuja origem é a origem de **v** e extremidade é a extremidade de **u**, conforme ilustrado na Figura 8.3(c). Evidentemente $\mathbf{u} + \mathbf{v} = \mathbf{v} + \mathbf{u}$. Também é evidente que, se $\mathbf{u} = \mathbf{0}$, então $\mathbf{u} + \mathbf{v} = \mathbf{v}$ e se $\mathbf{v} = \mathbf{0}$, então $\mathbf{u} + \mathbf{v} = \mathbf{u}$.

Ressaltamos que a subtração de vetores não é definida. A expressão $\mathbf{v} - \mathbf{u}$ deve ser entendida como a adição do vetor **v** com o vetor oposto de **u**, isto é,

$$\mathbf{v} - \mathbf{u} = \mathbf{v} + (-\mathbf{u}),$$

conforme ilustrado na Figura 8.4(a). É interessante observar, conforme a Figura 8.4(b), que, ao coincidirmos as origens dos vetores **u** e **v**, uma das diagonais do paralelogramo formado é o vetor $\mathbf{v} + \mathbf{u}$, e a outra é o vetor $\mathbf{v} - \mathbf{u}$ (ou $\mathbf{u} - \mathbf{v}$).

(a) Vetores $\mathbf{v} + \mathbf{u}$ e $\mathbf{v} - \mathbf{u}$ (b) Vetores $\mathbf{v} + \mathbf{u}$ e $\mathbf{v} - \mathbf{u}$

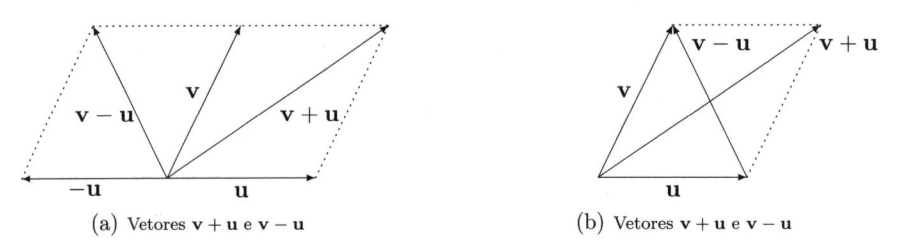

Figura 8.4 Operações com vetores geométricos.

8.3 Vetores no $\mathbb{R}^2$

Um vetor **v** do $\mathbb{R}^2$ é definido por um par ordenado (x, y) de números reais. Na representação desse vetor no sistema de coordenadas cartesianas no plano fica subentendido que sua origem é a própria origem do sistema, e sua extremidade é o ponto (x, y), conforme ilustrado na Figura 8.5. Os números reais x e y são chamados de componentes ou coordenadas de **v**.

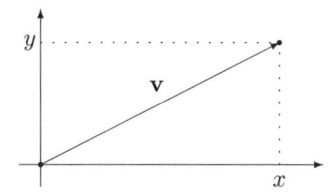

Figura 8.5 Vetor no plano (vetor no $\mathbb{R}^2$).

Ressaltamos que a notação (x, y) para pares ordenados é utilizada tanto para pontos como para vetores do plano cartesiano. Sem qualquer qualificativo adicional, tal notação é ambígua, e o leitor deve estar atento se o par ordenado (x, y) refere-se a um ponto ou a um vetor. Nesse texto denotaremos um ponto P do plano na forma $P(x, y)$ e um vetor **v** do plano na forma $\mathbf{v} = (x, y)$.

Módulo

Na Figura 8.5 a magnitude ou módulo do vetor **v**, denotado $|\mathbf{v}|$, é o comprimento do segmento orientado. Logo, pelo Teorema de Pitágoras:

$$|\mathbf{v}| = \sqrt{x^2 + y^2}$$

Exemplo 8.1 *O vetor* $\mathbf{v} = (-4, 3)$, *exibido na Figura 8.6(a), tem módulo*

$$|\mathbf{v}| = \sqrt{(-4)^2 + 3^2} = \sqrt{25} = 5.$$

Dado o vetor $\mathbf{v} = (x, y)$, se $|\mathbf{v}| = \sqrt{x^2 + y^2} = 1$, então **v** é um vetor **unitário**.

(a) Vetor $\mathbf{v} = (-4, 3)$

(b) Vetor $\mathbf{u} = \left(\frac{\sqrt{2}}{2}, \frac{\sqrt{2}}{2}\right)$

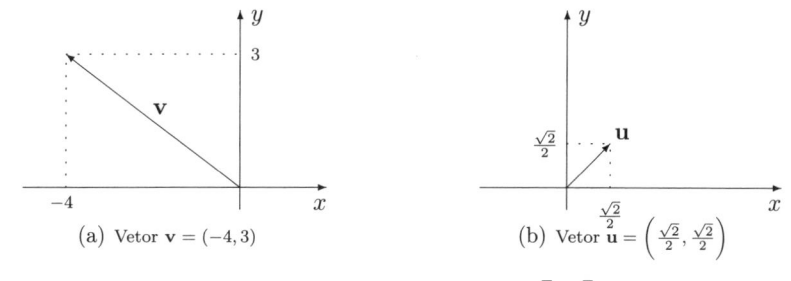

Figura 8.6 Vetores $\mathbf{v} = (-4, 3)$ e $\mathbf{u} = \left(\frac{\sqrt{2}}{2}, \frac{\sqrt{2}}{2}\right)$ no sistema de coordenadas cartesianas.

Exemplo 8.2 *O vetor* $\mathbf{u} = \left(\frac{\sqrt{2}}{2}, \frac{\sqrt{2}}{2}\right)$, *exibido na Figura 8.6(b), é unitário, pois:*

$$|\mathbf{u}| = \sqrt{\left(\frac{\sqrt{2}}{2}\right)^2 + \left(\frac{\sqrt{2}}{2}\right)^2} = \sqrt{\frac{2}{4} + \frac{2}{4}} = 1.$$

Chamamos a atenção para o seguinte fato: muitas vezes um estudante desatento é levado a pensar que o vetor $\mathbf{v} = (1, 1)$ é unitário. Isto evidentemente é falso, uma vez que $|\mathbf{v}| = \sqrt{1^2 + 1^2} = \sqrt{2}$. Lembre-se, vetor unitário é aquele cuja magnitude (módulo) vale 1, e não aquele cujos componentes são todos iguais a 1.

8.4 Operações com vetores no $\mathbb{R}^2$

Igualdade de vetores

Dois vetores são ditos iguais se suas respectivas componentes são iguais, isto é, dados $\mathbf{v} = (x_1, y_1)$ e $\mathbf{w} = (x_2, y_2)$, temos que $\mathbf{v} = \mathbf{w}$ se e somente se $x_1 = x_2$ e $y_1 = y_2$.

Adição e multiplicação por escalar

Dados os vetores $\mathbf{v} = (x_1, y_1)$, $\mathbf{w} = (x_2, y_2)$ e o escalar real α definem-se

- Adição: $\mathbf{v} + \mathbf{w} = (x_1 + x_2, y_1 + y_2)$;
- Multiplicação por escalar: $\alpha \mathbf{v} = (\alpha x_1, \alpha y_1)$.

Ou seja, as operações de adição e multiplicação por escalar são definidas componente a componente.

Propriedades da adição e multiplicação por escalar

Dados quaisquer vetores $\mathbf{u}, \mathbf{v}, \mathbf{w} \in \mathbb{R}^2$ e quaisquer escalares $\alpha, \beta \in \mathbb{R}$, as operações de adição de vetores e multiplicação de um vetor por um escalar definidas anteriormente possuem as seguintes propriedades:

(A1) Comutativa: $\mathbf{v} + \mathbf{w} = \mathbf{w} + \mathbf{v}$

(A2) Associativa na adição: $\mathbf{u} + (\mathbf{v} + \mathbf{w}) = (\mathbf{u} + \mathbf{v}) + \mathbf{w}$

(A3) Existência do vetor nulo, denotado $\mathbf{0} = (0, 0)$, tal que $\forall\ \mathbf{v}$, tem os $\mathbf{v} + \mathbf{0} = \mathbf{v}$

(A4) $\forall\ \mathbf{v} = (x, y)$ existe $-\mathbf{v} = (-x, -y)$ tal que $\mathbf{v} + (-\mathbf{v}) = \mathbf{v} - \mathbf{v} = \mathbf{0}$

(M1) Distributiva em relação à soma de vetores: $\alpha(\mathbf{v} + \mathbf{w}) = \alpha \mathbf{v} + \alpha \mathbf{w}$

(M2) Distributiva em relação à soma de escalares: $(\alpha + \beta)\mathbf{v} = \alpha\mathbf{v} + \beta\mathbf{v}$

(M3) Associativa na multiplicação por escalar: $\alpha(\beta\mathbf{v}) = (\alpha\beta)\mathbf{v} = \alpha\beta\mathbf{v}$

(M4) $1\mathbf{v} = \mathbf{v}$

Provamos aqui a Propriedade (M1) e deixamos as demais a cargo do leitor. Sejam $\mathbf{v} = (v_1, v_2)$, $\mathbf{w} = (w_1, w_2)$ e α um escalar real qualquer. Temos

$$\begin{aligned}
\alpha(\mathbf{v}+\mathbf{w}) &= \alpha\left[(v_1, v_2) + (w_1, w_2)\right] \\
&= \alpha\left(v_1 + w_1, v_2 + w_2\right) && \text{(adição vetorial)} \\
&= \left(\alpha(v_1 + w_1), \alpha(v_2 + w_2)\right) && \text{(multiplicação por escalar)} \\
&= \left(\alpha v_1 + \alpha w_1, \alpha v_2 + \alpha w_2\right) && \text{(distributividade de números reais)} \\
&= \left(\alpha v_1, \alpha v_2\right) + \left(\alpha w_1, \alpha w_2\right) && \text{(adição vetorial)} \\
&= \alpha\left(v_1, v_2\right) + \alpha\left(w_1, w_2\right) && \text{(multiplicação por escalar)} \\
&= \alpha\mathbf{v} + \alpha\mathbf{w}
\end{aligned}$$

Salientamos novamente que a subtração de vetores não é definida. Pela Propriedade (A4), o significado de $\mathbf{v} - \mathbf{u}$ é $\mathbf{v} + (-\mathbf{u})$.

Versor de um vetor

Dado um vetor $\mathbf{v}$ não nulo, isto é, $\mathbf{v} \neq \mathbf{0}$, o seu versor, denotado $\mathbf{v_u}$, é um vetor unitário que tem a mesma direção e sentido de $\mathbf{v}$. O versor de um vetor $\mathbf{v} = (x, y) \in \mathbb{R}^2$ é obtido multiplicando-se cada componente de $\mathbf{v}$ pelo inverso de seu módulo $|\mathbf{v}|$, isto é,

$$\mathbf{v_u} = \frac{1}{|\mathbf{v}|}\mathbf{v} = \frac{1}{\sqrt{x^2+y^2}}\mathbf{v} = \left(\frac{x}{\sqrt{x^2+y^2}}, \frac{y}{\sqrt{x^2+y^2}}\right).$$

Observamos que o versor $\mathbf{v_u}$ obtido desta forma tem a mesma direção e o mesmo sentido de $\mathbf{v}$, uma vez que $\frac{1}{|\mathbf{v}|} > 0$, e também é unitário, pois,

$$|\mathbf{v_u}| = \sqrt{\left(\frac{x}{\sqrt{x^2+y^2}}\right)^2 + \left(\frac{y}{\sqrt{x^2+y^2}}\right)^2} = \sqrt{\frac{x^2}{x^2+y^2} + \frac{y^2}{x^2+y^2}} = \sqrt{\frac{x^2+y^2}{x^2+y^2}} = 1.$$

Além disso, qualquer vetor $\mathbf{v} = (x, y)$ pode ser reescrito na forma $\mathbf{v} = |\mathbf{v}|\,\mathbf{v_u}$, pois

$$\mathbf{v} = |\mathbf{v}|\,\mathbf{v_u} = \sqrt{x^2+y^2}\left(\frac{x}{\sqrt{x^2+y^2}}, \frac{y}{\sqrt{x^2+y^2}}\right) = (x, y).$$

Exemplo 8.3 *Dado o vetor* $\mathbf{v} = (3, 4)$ *seu módulo vale* $|\mathbf{v}| = \sqrt{9+16} = 5$. *Seu versor é o vetor*

$$\mathbf{v_u} = \frac{1}{5}(3, 4) = \left(\frac{3}{5}, \frac{4}{5}\right).$$

Vetor definido por dois pontos

Dois pontos $A(x_1, y_1)$ e $B(x_2, y_2)$ do plano cartesiano definem dois vetores:

- vetor $\overrightarrow{AB}$, cuja origem é o ponto A e a extremidade é o ponto B, também denotado $\vec{AB}$, dado por:

$$\overrightarrow{AB} = (x_2 - x_1, y_2 - y_1);$$

- vetor $\overrightarrow{BA}$, cuja origem é o ponto B e a extremidade é o ponto A, também denotado $\vec{BA}$, dado por:

$$\overrightarrow{BA} = (x_1 - x_2, y_1 - y_2).$$

Exemplo 8.4 *Os pontos $A(-2, 1)$ e $B(2, 4)$ definem o vetor*

$$\overrightarrow{AB} = (2 - (-2), 4 - 1) = (4, 3).$$

Na Figura 8.7 observamos que o vetor com origem no ponto $A(-2, 1)$ e extremidade no ponto $B(2, 4)$ é equivalente ao vetor com origem no ponto $(0, 0)$ e extremidade no ponto $(4, 3)$, logo $\overrightarrow{BA} = (4, 3)$.

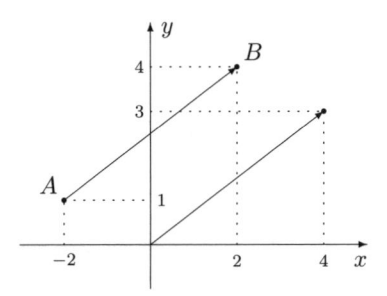

Figura 8.7 Vetor definido por dois pontos.

Combinação linear de vetores

Uma combinação linear dos vetores $\mathbf{v_1}, \mathbf{v_2},..., \mathbf{v_n} \in \mathbb{R}^2$ é um vetor do $\mathbb{R}^2$ da forma:

$$\mathbf{v} = a_1\mathbf{v_1} + a_2\mathbf{v_2} + ... + a_n\mathbf{v_n},$$

em que $a_1, a_2,..., a_n$ são escalares (constantes) reais.

Exemplo 8.5 *Dados $\mathbf{v_1} = (-1, 3)$, $\mathbf{v_2} = (2, -2)$ e $\mathbf{v_3} = (4, 1)$ determine $2\mathbf{v_1} + 3\mathbf{v_2} - 5\mathbf{v_3}$.*

$2(-1, 3) + 3(2, -2) - 5(4, 1) = (-2, 6) + (6, -6) + (-20, -5) = (-16, -5).$

Exemplo 8.6 *Dados* $u = (1, 2)$ *e* $v = (2, -1)$ *determine os escalares* c_1 *e* c_2 *tais que:*

$$c_1 u + c_2 v = (-1, 8).$$

Temos:

$$c_1(1, 2) + c_2(2, -1) = (c_1, 2c_1) + (2c_2, -c_2) = (c_1 + 2c_2, 2c_1 - c_2) = (-1, 8).$$

A última igualdade de vetores nos leva ao sistema linear $\begin{cases} c_1 + 2c_2 = -1 \\ 2c_1 - c_2 = 8 \end{cases}$, *cuja solução é* $c_1 = 3$ *e* $c_2 = -2$.

Os vetores unitários i e j

Dois importantes vetores do $\mathbb{R}^2$ são os vetores unitários $i = (1, 0)$ e $j = (0, 1)$, ilustrados na Figura 8.8(a). Qualquer vetor $v = (x_0, y_0) \in \mathbb{R}^2$ pode ser escrito como uma combinação linear de i e j, pois

$$v = (x_0, y_0) = (x_0, 0) + (0, y_0) = x_0(1, 0) + y_0(0, 1) = x_0 i + y_0 j,$$

conforme ilustrado na Figura 8.8(b).

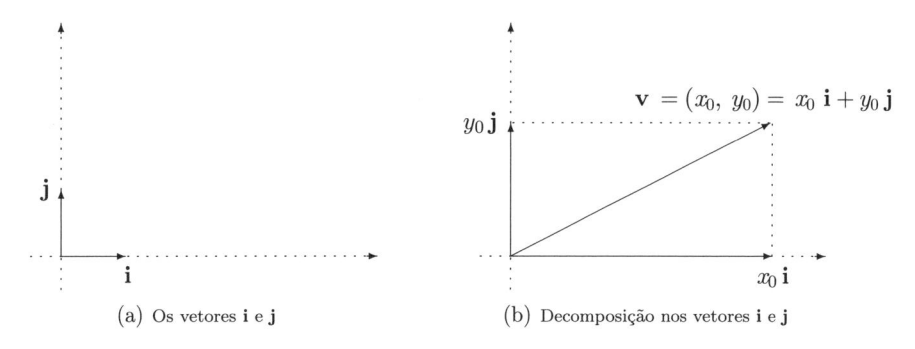

(a) Os vetores i e j

(b) Decomposição nos vetores i e j

Figura 8.8 Decomposição de um vetor nos vetores unitários i e j.

Exemplo 8.7 *O vetor* $u = (5, 3)$ *pode ser escrito como* $u = 5i + 3j$; *o vetor* $v = (3, 0)$ *pode ser escrito como* $v = 3i$ *e o vetor* $w = (0, -4)$ *pode ser escrito como* $w = -4j$.

Decomposição de um vetor em suas componentes

Conhecidos o módulo (magnitude), a direção e o sentido de um vetor, podemos determinar suas componentes da seguinte maneira: posicionamos sua origem na própria origem do sistema e determinamos o ângulo formado entre o segmento orientado que o representa e a direção positiva dos eixos das abscissas, conforme a Figura 8.9. Nesta figura é importante ressaltar que o comprimento do segmento orientado que representa o vetor é dado pelo seu módulo $|\mathbf{v}|$ e sua direção e seu sentido são indicados pelo ângulo θ formado pelo vetor (isto é, pelo segmento orientado que o representa) e pelo eixo das abscissas no sentido positivo.

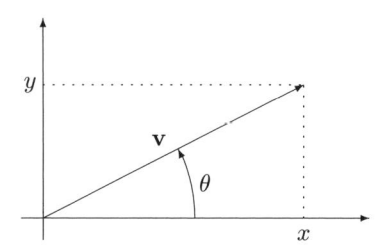

Figura 8.9 Decomposição de um vetor em suas componentes.

Ainda na Figura 8.9, observamos que:

$$cos(\theta) = \frac{x}{|\mathbf{v}|} \text{ e } sen(\theta) = \frac{y}{|\mathbf{v}|} \therefore x = |\mathbf{v}|\,cos(\theta) \text{ e } y = |\mathbf{v}|\,sen(\theta),$$

logo

$$\mathbf{v} = (x,y) = \big(|\mathbf{v}|\,cos(\theta), |\mathbf{v}|\,sen(\theta)\big). \tag{8.1}$$

Exemplo 8.8 *Determine as componentes do vetor $\mathbf{v}$ com magnitude 4 e direção $N45°O$. Conforme ilustrado na Figura 8.10(a), a direção $N45°O$ é obtida da seguinte maneira: a partir da direção norte giramos $45°$ na direção oeste.*

Na Figura 8.10(b) representamos o vetor dado posicionando sua origem na própria origem do sistema e determinamos o ângulo formado entre o segmento orientado que o representa e a direção positiva dos eixos das abscissas. Pela Equação 8.1, as componentes de $\mathbf{v}$ são:

$$\mathbf{v} = (x,y) = \left(4\cos\left(\frac{3\pi}{4}\right), 4\,sen\left(\frac{3\pi}{4}\right)\right) = (-2\sqrt{2}, 2\sqrt{2}) = -2\sqrt{2}\,\mathbf{i} + 2\sqrt{2}\,\mathbf{j}.$$

(a) A direção $N45°O$

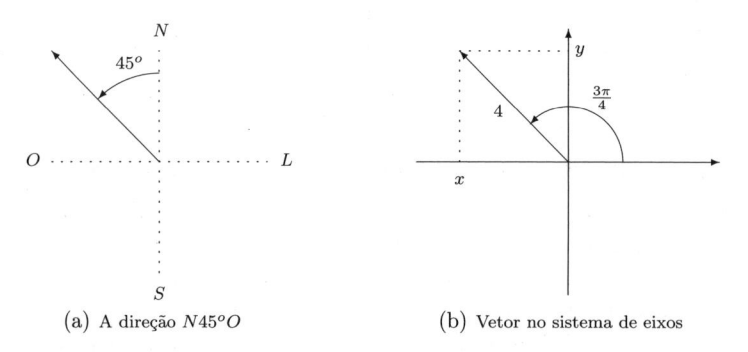

(b) Vetor no sistema de eixos

Figura 8.10 Vetor de magnitude 4 e direção $N45°O$.

Concluímos esta seção considerando a aplicação dos vetores em problemas simples envolvendo forças. Quando várias forças atuam em um ponto, a força resultante é dada pela **soma vetorial** das forças atuantes. Em particular, dizemos que o ponto está em equilíbrio quando a força resultante é nula (isto é, um vetor nulo).

Exemplo 8.9 *Na Figura 8.11(a) as forças que atuam no ponto O têm módulos*

$$|\mathbf{F_1}| = 7\sqrt{2} \ , \ |\mathbf{F_2}| = 6\sqrt{2} \ e \ |\mathbf{F_3}| = 8.$$

Determine a força resultante.

Na Figura 8.11(b) posicionamos as origens dos vetores na origem do sistema de coordenadas e determinamos os respectivos ângulos. Com o auxílio dessa Figura podemos escrever:

$$\mathbf{F_1} = (x_1, y_1) = \left(7\sqrt{2}\cos\left(\frac{\pi}{4}\right), 7\sqrt{2}\,sen\left(\frac{\pi}{4}\right)\right) = \left(7\sqrt{2}\,\frac{\sqrt{2}}{2}, 7\sqrt{2}\,\frac{\sqrt{2}}{2}\right) = (7,7),$$

$$\mathbf{F_2} = (x_2, y_2) = \left(6\sqrt{2}\cos\left(\frac{3\pi}{4}\right), 6\sqrt{2}\,sen\left(\frac{3\pi}{4}\right)\right) = \left(-6\sqrt{2}\,\frac{\sqrt{2}}{2}, 6\sqrt{2}\,\frac{\sqrt{2}}{2}\right) = (-6,6),$$

$$\mathbf{F_3} = (x_3, 0) = (-8, 0).$$

Logo, a força resultante é:

$$\mathbf{F_1} + \mathbf{F_2} + \mathbf{F_3} = (7, 7) + (-6, 6) + (-8, 0) = (-7, 13)$$

(a) Diagrama de forças

(b) Vetores no sistema de eixos

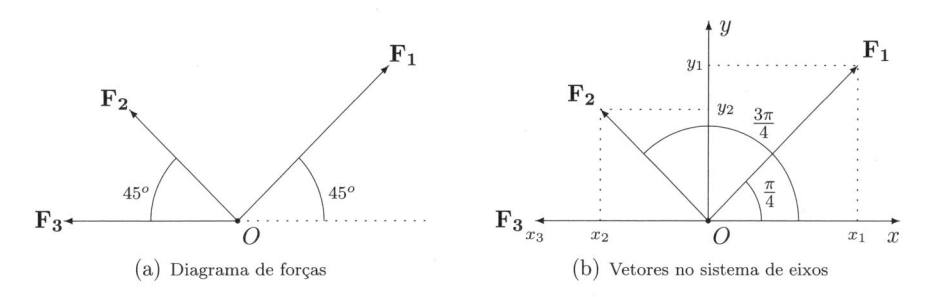

Figura 8.11 Diagrama de forças no $\mathbb{R}^2$.

Exemplo 8.10 *Uma placa de massa $m = 100$ kg está pendurada por dois cabos, conforme vemos na Figura 8.12(a). Determine a magnitude da força em cada cabo.*

No diagrama de forças da Figura 8.12(b), situamos o ponto de aplicação das forças na origem do sistema de coordenadas. Como a placa está em equilíbrio, a resultante das forças atuantes é nula, isto é

$$\mathbf{F_1} + \mathbf{F_2} + \mathbf{P} = \mathbf{0}. \tag{8.2}$$

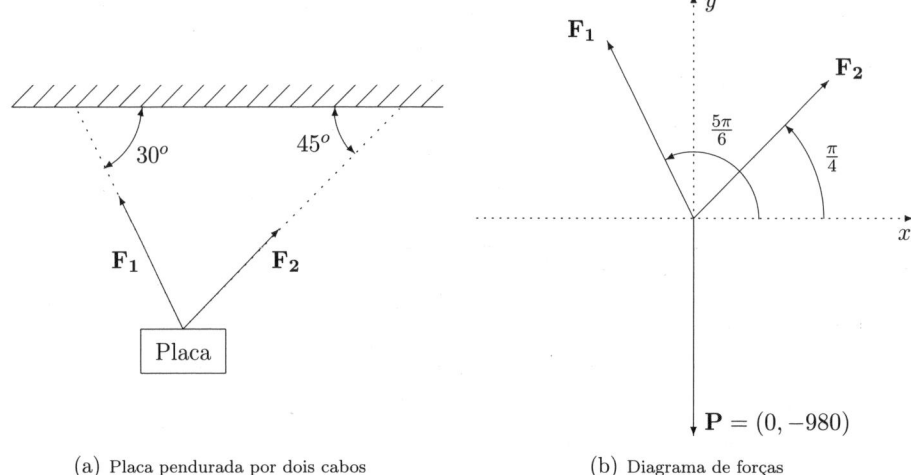

(a) Placa pendurada por dois cabos   (b) Diagrama de forças

Figura 8.12 Diagrama de forças de uma placa pendurada por dois cabos.

Usando $g = 9{,}8\ m/s^2$, a magnitude do peso é $|\mathbf{P}| = mg = 980\ N$, logo o vetor peso indicado no diagrama de forças é o vetor $\mathbf{P} = (0, -980)$. Ainda no diagrama de forças, temos que as forças nos cabos são dadas pelos vetores:

$$\mathbf{F_1} = (x_1, y_1) = \left(|\mathbf{F_1}| \cos\left(\frac{5\pi}{6}\right), |\mathbf{F_1}| sen\left(\frac{5\pi}{6}\right)\right) = \left(-\frac{\sqrt{3}}{2}|\mathbf{F_1}|, \frac{1}{2}|\mathbf{F_1}|\right) \quad (8.3)$$

e

$$\mathbf{F_2} = (x_2, y_2) = \left(|\mathbf{F_2}| \cos\left(\frac{\pi}{4}\right), |\mathbf{F_2}| sen\left(\frac{\pi}{4}\right)\right) = \left(\frac{\sqrt{2}}{2}|\mathbf{F_2}|, \frac{\sqrt{2}}{2}|\mathbf{F_2}|\right). \quad (8.4)$$

A Equação 8.2 pode ser então reescrita como:

$$\left(-\frac{\sqrt{3}}{2}|\mathbf{F_1}|, \frac{1}{2}|\mathbf{F_1}|\right) + \left(\frac{\sqrt{2}}{2}|\mathbf{F_2}|, \frac{\sqrt{2}}{2}|\mathbf{F_2}|\right) + \left(0, -980\right) = \left(0, 0\right)$$

$$\left(-\frac{\sqrt{3}}{2}|\mathbf{F_1}| + \frac{\sqrt{2}}{2}|\mathbf{F_2}|, \frac{1}{2}|\mathbf{F_1}| + \frac{\sqrt{2}}{2}|\mathbf{F_2}| - 980\right) = \left(0, 0\right)$$

onde

$$\begin{cases} -\frac{\sqrt{3}}{2}|\mathbf{F_1}| + \frac{\sqrt{2}}{2}|\mathbf{F_2}| = 0 \\ \frac{1}{2}|\mathbf{F_1}| + \frac{\sqrt{2}}{2}|\mathbf{F_2}| = 980 \end{cases} \therefore \begin{cases} -\sqrt{3}|\mathbf{F_1}| + \sqrt{2}|\mathbf{F_2}| = 0 \\ |\mathbf{F_1}| + \sqrt{2}|\mathbf{F_2}| = 1960 \end{cases},$$

e assim as magnitude das forças são:

$$|\mathbf{F_1}| = \frac{1960}{1+\sqrt{3}} = \frac{1960 \cdot (1-\sqrt{3})}{(1+\sqrt{3}) \cdot (1-\sqrt{3})} = 980 \cdot (\sqrt{3}-1)\ N$$

$$|\mathbf{F_2}| = \frac{980\sqrt{3} \cdot (\sqrt{3}-1)}{\sqrt{2}} = 490\sqrt{2} \cdot (3-\sqrt{3})\ N.$$

Substituindo as magnitudes das forças nos vetores forças dados em 8.3 e 8.4 obtemos:

$$\mathbf{F_1} = \left(490 \cdot (\sqrt{3}-3),\ 490 \cdot (\sqrt{3}-1)\right) = 490(\sqrt{3}-3,\ \sqrt{3}-1)\ N$$

e

$$\mathbf{F_2} = \left(490 \cdot (3-\sqrt{3}),\ 490 \cdot (3-\sqrt{3})\right) = 490(3-\sqrt{3},\ 3-\sqrt{3})\ N.$$

8.5 Coordenadas cartesianas no espaço

Estudamos na Seção 1.3 o sistema de coordenadas cartesianas no plano, que estabelece uma bijeção entre os pontos do plano e os pares ordenados de números reais. De modo semelhante, o sistema de coordenadas cartesianas no espaço estabelece uma bijeção entre os pontos do espaço (tridimensional) e as triplas ordenadas de números reais, isto é, uma bijeção entre os pontos do espaço e os elementos do $\mathbb{R}^3$, obtida como descrito a seguir.

Tomamos três eixos reais perpendiculares entre si cujas origens coincidem em um ponto O, denominado origem do sistema de coordenadas cartesianas no espaço e ao qual associamos a tripla ordenada (0, 0, 0), Figura 8.13(a). Os eixos serão denominados **eixo das abscissas** (ou eixo x), **eixo das ordenadas** (ou eixo y) e **eixo das cotas** (ou eixo z).

(a) Coordenadas cartesianas tridimensionais

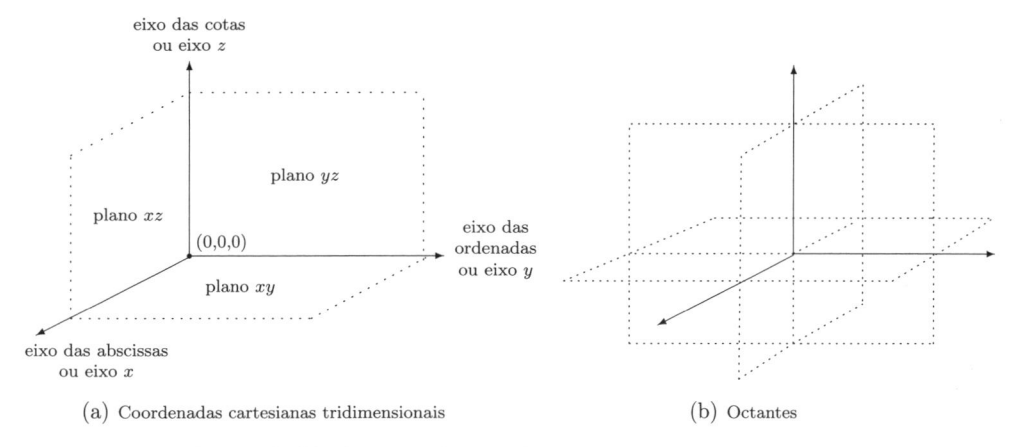

(b) Octantes

Figura 8.13 Sistema de coordenadas cartesianas ou retangulares.

Também na Figura 8.13(a) observamos que cada par de eixos define um plano coordenado: plano xy, definido pelos eixos x e y; plano xz, definido pelos eixos x e z e plano yz, definido pelos eixos y e z. Os planos coordenados dividem o espaço em 8 regiões, denominadas octantes, ilustrados na Figura 8.13(b).

Conforme ilustrado na Figura 8.14, a qualquer tripla ordenada de números reais (x, y, z) podemos associar um único ponto P do espaço, determinado da seguinte maneira: assinalamos no eixo das abscissas o ponto associado ao número real x, e, por esse ponto, traçamos o plano paralelo ao plano yz; assinalamos no eixo das ordenadas o ponto associado ao número real y, e, por esse ponto, traçamos o plano paralelo ao plano xz; assinalamos no eixo das cotas o ponto associado ao número real z, e, por esse ponto, traçamos o plano paralelo ao plano xy. O ponto de interseção desses três planos é o ponto P associado à tripla ordenada (x, y, z).

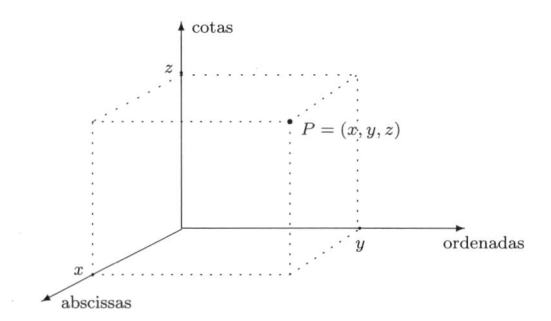

Figura 8.14 Ponto P qualquer.

Por outro lado, a um ponto P qualquer do espaço podemos associar uma única tripla ordenada de números reais, da seguinte maneira: traçamos por P o plano paralelo ao plano yz, cuja interseção com o eixos das abscissas determina um único número real x; traçamos por P o plano paralelo ao plano xz, cuja interseção com o eixos das ordenadas determina um único número real y; traçamos por P o plano paralelo ao plano xy, cuja interseção com o eixos das cotas determina um único número real z. Assim, ao ponto P associa-se uma única tripla ordenada (x, y, z).

A bijeção entre os pontos P do espaço e as triplas ordenadas (x, y, z) de números reais é indicada pela notação $P(x, y, z)$. Dizemos que o número real x é a abscissa do ponto P, que o número real y é a ordenada do ponto P e que o número real z é a cota do ponto P. Dizemos também que x, y e z são as coordenadas de P. Diferentemente do sistema de coordenadas cartesianas no plano, em que os quadrantes são ordenados, no sistema de coordenadas cartesianas tridimensionais os octantes não possuem ordenação, exceto aquele em que todas as três coordenadas são positivas, ao qual nos referimos como primeiro octante.

Distância entre dois pontos do $\mathbb{R}^3$

A distância entre os pontos $P(x_1, y_1, z_1)$ e $Q(x_2, y_2, z_2)$ do $\mathbb{R}^3$, denotada $\overline{PQ}$, pode ser imediatamente obtida pela aplicação repetida do Teorema de Pitágoras, como ilustrado na Figura 8.15.

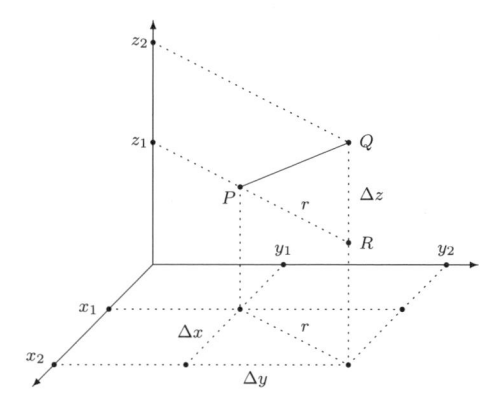

Figura 8.15 Distância entre dois pontos no $\mathbb{R}^3$.

Inicialmente, no plano xy, notamos que $r^2 = (\Delta x)^2 + (\Delta y)^2$. No triângulo retângulo PQR temos $\overline{PQ}^2 = r^2 + (\Delta z)^2$, e, substituindo o valor de r^2 nesta equação, obtemos:

$$\overline{PQ}^2 = (\Delta x)^2 + (\Delta y)^2 + (\Delta z)^2$$
$$\overline{PQ} = \sqrt{(x_2 - x_1)^2 + (y_2 - y_1)^2 + (z_2 - z_1)^2}, \quad (8.5)$$

que nos dá a distância entre os pontos $P(x_1, y_1, z_1)$ e $Q(x_2, y_2, z_2)$ do $\mathbb{R}^3$.

8.6 Vetores no $\mathbb{R}^3$

Um vetor $\mathbf{v}$ do $\mathbb{R}^3$ é definido por uma tripla (terno) ordenada (x, y, z) de números reais. Na representação desse vetor no sistema de coordenadas cartesianas fica subentendido que sua origem é a própria origem do sistema e sua extremidade é o ponto (x, y, z), Figura 8.16. Os números reais x, y e z são chamados de componentes ou coordenadas de $\mathbf{v} = (x, y, z)$.

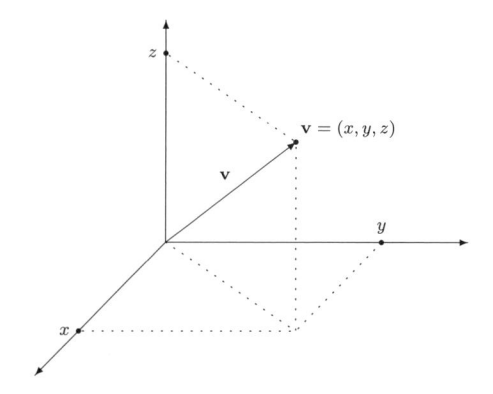

Figura 8.16 Vetor no espaço (vetor no $\mathbb{R}^3$).

Módulo

Na Figura 8.16 a magnitude ou módulo do vetor **v**, denotado $|\mathbf{v}|$, é o comprimento da segmento orientado. Logo:

$$|\mathbf{v}| = \sqrt{x^2 + y^2 + z^2}.$$

Em particular, dado o vetor $\mathbf{v} = (x, y, z)$, se $\sqrt{x^2 + y^2 + z^2} = 1$, então **v** é **unitário**.

Exemplo 8.11 *O vetor* $\mathbf{v} = \left(\frac{1}{\sqrt{3}}, \frac{1}{\sqrt{6}}, \frac{1}{\sqrt{2}}\right)$ *é unitário, pois*

$$|\mathbf{v}| = \sqrt{\left(\frac{1}{\sqrt{3}}\right)^2 + \left(\frac{1}{\sqrt{6}}\right)^2 + \left(\frac{1}{\sqrt{2}}\right)^2} = \sqrt{\frac{1}{3} + \frac{1}{6} + \frac{1}{2}} = \sqrt{\frac{2+1+3}{6}} = 1.$$

8.7 Operações com vetores no $\mathbb{R}^3$

Igualdade de vetores

De modo semelhante ao $\mathbb{R}^2$, dois vetores do $\mathbb{R}^3$ são ditos iguais se suas respectivas componentes são iguais, isto é, dados $\mathbf{v} = (x_1, y_1, z_1)$ e $\mathbf{w} = (x_2, y_2, z_2)$, temos que $\mathbf{v} = \mathbf{w}$ se e somente se $x_1 = x_2$, $y_1 = y_2$ e $z_1 = z_2$.

Adição e multiplicação por escalar

Também de modo semelhante ao $\mathbb{R}^2$, dados os vetores $\mathbf{v} = (x_1, y_1, z_1)$ e $\mathbf{w} = (x_2, y_2, z_2)$ do $\mathbb{R}^3$ e o escalar real α, são definidas:

- Adição: $\mathbf{v} + \mathbf{w} = (x_1 + x_2, y_1 + y_2, z_1 + z_1)$.

- Multiplicação por escalar: $\alpha \mathbf{v} = (\alpha x_1, \alpha y_1, \alpha z_1)$.

A adição de vetores e a multiplicação de vetor por escalar no $\mathbb{R}^3$ satisfazem às mesmas propriedades enunciadas para essas operações no $\mathbb{R}^2$, listadas na Seção 8.4 (p. 140).

Versor de um vetor

O versor de um vetor $\mathbf{v} = (x, y, x) \in \mathbb{R}^3$, denotado $\mathbf{v_u}$, é dado por

$$\mathbf{v_u} = \frac{1}{|\mathbf{v}|}\mathbf{v} = \frac{1}{\sqrt{x^2+y^2+z^2}}\mathbf{v} = \left(\frac{x}{\sqrt{x^2+y^2+z^2}}, \frac{y}{\sqrt{x^2+y^2+z^2}}, \frac{z}{\sqrt{x^2+y^2+z^2}}\right).$$

É fácil observar que $\mathbf{v_u}$ obtido desta forma é unitário, pois

$$|\mathbf{v_u}| = \sqrt{\left(\frac{x}{\sqrt{x^2+y^2+z^2}}\right)^2 + \left(\frac{y}{\sqrt{x^2+y^2+z^2}}\right)^2 + \left(\frac{z}{\sqrt{x^2+y^2+z^2}}\right)^2}$$

$$= \sqrt{\frac{x^2}{x^2+y^2+z^2} + \frac{y^2}{x^2+y^2+z^2} + \frac{z^2}{x^2+y^2+z^2}} = 1.$$

Exemplo 8.12 *Dado o vetor* $\mathbf{v} = (1, 2, 2)$, *seu módulo vale* $|\mathbf{v}| = \sqrt{1+4+4} = \sqrt{9} = 3$. *Seu versor é o vetor*

$$\mathbf{v_u} = \frac{1}{3}\left(1, 2, 2\right) = \left(\frac{1}{3}, \frac{2}{3}, \frac{2}{3}\right).$$

Vetor definido por dois pontos

Dois pontos $A(x_1, y_1, z_1)$ e $B(x_2, y_2, z_2)$ do $\mathbb{R}^3$ definem dois vetores:

- vetor $\overrightarrow{AB}$, cuja origem é o ponto A e a extremidade é o ponto B, dado por:

$$\overrightarrow{AB} = (x_2 - x_1, y_2 - y_1, z_2 - z_1).$$

- vetor $\overrightarrow{BA}$, cuja origem é o ponto B e a extremidade é o ponto A, dado por:

$$\overrightarrow{BA} = (x_1 - x_2, y_1 - y_2, y_1 - y_2).$$

Exemplo 8.13 *Os pontos* $A(2, 3, 3)$ *e* $B(4, 6, 7)$ *definem os vetores*

$$\overrightarrow{AB} = (4-2, 6-3, 7-3) = (2, 3, 4) \quad e \quad \overrightarrow{BA} = (2-4, 3-6, 3-7) = (-2, -3, -4).$$

Combinação linear de vetores

Uma combinação linear dos vetores $\mathbf{v_1}, \mathbf{v_2}, \ldots, \mathbf{v_n} \in \mathbb{R}^3$ é um vetor do $\mathbb{R}^3$ da forma:

$$\mathbf{v} = a_1 \mathbf{v_1} + a_2 \mathbf{v_2} + \ldots + a_n \mathbf{v_n},$$

em que $a_1, a_2, \ldots, a_n$ são escalares (constantes) reais.

Exemplo 8.14 *Dados* $\mathbf{v_1} = (1, 2, 3)$, $\mathbf{v_2} = (-1, 0, 4)$ *e* $\mathbf{v_3} = (0, 2, 3)$ *determine*

$$2\mathbf{v_1} + 3\mathbf{v_2} + 4\mathbf{v_3}.$$

$$2(1, 2, 3) + 3(-1, 0, 4) + 4(0, 2, 3) = (2, 4, 6) + (-3, 0, 12) + (0, 8, 12)$$
$$= (-1, 12, 30).$$

Exemplo 8.15 Dados $\mathbf{v_1} = (1, 1, -2)$, $\mathbf{v_2} = (1, 0, 1)$ e $\mathbf{v_3} = (3, 0, 1)$ determine os escalares c_1, c_2 e c_3 tais que:

$$c_1\mathbf{v_1} + c_2\mathbf{v_2} + c_3\mathbf{v_3} = (-11, 3, -4).$$

Temos

$$\begin{aligned}c_1(1, 1, -2) + c_2(1, 0, 1) + c_3(3, 0, 1) &= (c_1, c_1, -2c_1) + (c_2, 0, c_2) + (3c_3, 0, c_3)\\ &= (c_1 + c_2 + 3c_3, c_1, -2c_1 + c_2 + c_3)\\ &= (-11, 3, -4).\end{aligned}$$

A última igualdade de vetores nos leva ao sistema linear

$$\begin{cases} c_1 + c_2 + 3c_3 &= -11 \\ c_1 &= 3 \\ -2c_1 + c_2 + c_3 &= -4 \end{cases}, \text{ cuja solução é } c_1 = 3, c_2 = 4 \text{ e } c_3 = -6.$$

Os vetores unitários i, j e k

Três importantes vetores do $\mathbb{R}^3$ são os vetores unitários $\mathbf{i} = (1, 0, 0)$, $\mathbf{j} = (0, 1, 0)$ e $\mathbf{k} = (0, 0, 1)$, Figura 8.17(a). Conforme ilustrado na Figura 8.17(b), qualquer vetor $\mathbf{v} = (x_0, y_0, z_0) \in \mathbb{R}^3$ pode ser escrito como uma combinação linear de $\mathbf{i}$, $\mathbf{j}$ e $\mathbf{k}$, pois:

$$\begin{aligned}\mathbf{v} = (x_0, y_0, z_0) &= (x_0, 0, 0) + (0, y_0, 0) + (0, 0, z_0)\\ &= x_0(1, 0, 0) + y_0(0, 1, 0) + z_0(0, 0, 1)\\ &= x_0\,\mathbf{i} + y_0\,\mathbf{j} + z_0\,\mathbf{k}\end{aligned}$$

(a) Os vetores i, j e k

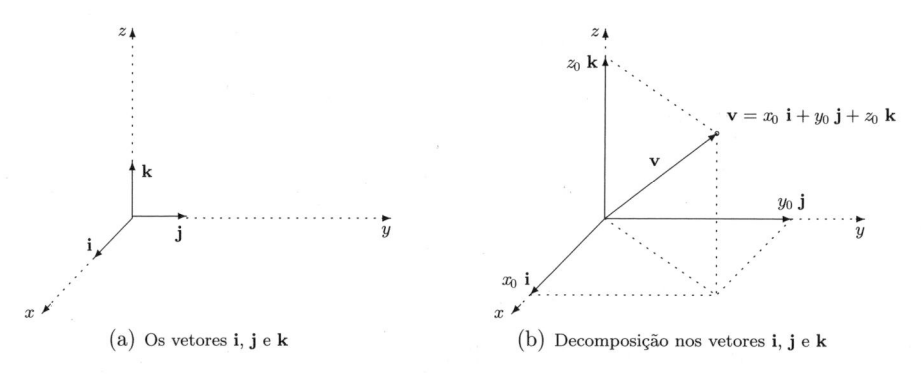

(b) Decomposição nos vetores i, j e k

Figura 8.17 Decomposição de um vetor nos vetores **i**, **j** e **k**.

Exemplo 8.16 *O vetor* $\mathbf{u} = (7, 4, 3)$ *pode ser escrito como* $\mathbf{u} = 7\mathbf{i} + 4\mathbf{j} + 3\mathbf{k}$; *o vetor* $\mathbf{v} = (3, 0, 0)$ *pode ser escrito como* $\mathbf{v} = 3\mathbf{i}$ *e o vetor* $\mathbf{w} = (0, 0, -4)$ *pode ser escrito como* $\mathbf{w} = -4\mathbf{k}$.

8.8 Vetores no $\mathbb{R}^n$

Um vetor **v** do $\mathbb{R}^n$ é definido por uma n-upla (lê-se ênupla) ordenada $(v_1, v_2, ..., v_n)$ de números reais. Vimos nas seções anteriores que, para $n = 2$ ou $n = 3$, podemos representar os vetores geometricamente no sistema de coordenadas cartesianas bidimensional ou tridimensional, respectivamente. Para $n > 3$ a representação geométrica torna-se impossível e os vetores são tratados apenas algebricamente.

Todo o tratamento algébrico definido para os vetores do $\mathbb{R}^2$ e do $\mathbb{R}^3$ pode agora ser estendido naturalmente para os vetores no $\mathbb{R}^n$, conforme resumimos a seguir.

Módulo

Dado $\mathbf{v} = (v_1, v_2, ..., v_n) \in \mathbb{R}^n$ seu módulo, denotado $|\mathbf{v}|$, é definido por:

$$|\mathbf{v}| = \sqrt{v_1^2 + v_2^2 + \ldots + v_n^2}.$$

Em particular, se $\sqrt{v_1^2 + v_2^2 + \ldots + v_n^2} = 1$, **v** é um vetor **unitário**.

8.9 Operações com vetores no $\mathbb{R}^n$

Igualdade de vetores

Dados os vetores $\mathbf{v} = (v_1, v_2, ..., v_n)$ e $\mathbf{w} = (w_1, w_2, ..., w_n)$ do $\mathbb{R}^n$, temos que: $\mathbf{v} = \mathbf{w}$ se e somente se $v_1 = w_1, v_2 = w_2, \ldots, v_n = w_n$.

Adição e multiplicação por escalar

Dados os vetores $\mathbf{v} = (v_1, v_2, ..., vn)$ e $\mathbf{w} = (w_1, w_2, ..., wn)$ do $\mathbb{R}^n$ e o escalar real α, definem-se:

- Adição: $\mathbf{v} + \mathbf{w} = (v_1 + w_1, v_2 + w_2, ..., v_n + w_n)$.

- Multiplicação por escalar: $\alpha \mathbf{v} = (\alpha v_1, \alpha v_2, ..., \alpha v_n)$.

A adição de vetores e a multiplicação de vetor por escalar no $\mathbb{R}^n$ satisfazem às mesmas propriedades enunciadas para essas operações no $\mathbb{R}^2$, listadas na Seção 8.4 (p. 140).

Vetor definido por dois pontos

Dois *pontos* $A(a_1, a_2, ..., a_n)$ e $B(b_1, b_2, ..., b_n)$ do $\mathbb{R}^n$ definem dois vetores:

- vetor $\overrightarrow{AB}$, cuja origem é o *ponto A* e a extremidade é o *ponto B*, dado por:

$$\overrightarrow{AB} = (b_1 - a_1, b_2 - a_2, \ldots, b_n - a_n);$$

- vetor $\overrightarrow{BA}$, cuja origem é o *ponto B* e a extremidade é o *ponto A*, dado por:
$$\overrightarrow{BA} = (a_1 - b_1, a_2 - b_2, \ldots, a_n - b_n).$$

Versor de um vetor

No $\mathbb{R}^n$ o versor de um vetor $\mathbf{v} = (v_1, v_2, \ldots, v_n)$ é dado por

$$\mathbf{v_u} = \frac{1}{|\mathbf{v}|}\mathbf{v} = \left(\frac{v_1}{\sqrt{v_1^2 + v_2^2 + \ldots + v_n^2}}, \frac{v_2}{\sqrt{v_1^2 + v_2^2 + \ldots + v_n^2}}, \ldots, \frac{v_n}{\sqrt{v_1^2 + v_2^2 + \ldots + v_n^2}} \right).$$

Fica a cargo do leitor mostrar que $\mathbf{v_u}$ obtido desta forma é unitário.

Combinação linear de vetores

Uma combinação linear dos vetores $\mathbf{v_1}, \mathbf{v_2}, \ldots, \mathbf{v_n} \in \mathbb{R}^n$ é um vetor do $\mathbb{R}^n$ da forma:

$$\mathbf{v} = a_1\mathbf{v_1} + a_2\mathbf{v_2} + \ldots + a_n\mathbf{v_n},$$

em que $a_1, a_2, \ldots, a_n$ são escalares (constantes) reais.

Os vetores unitários $e_1, e_2, \ldots, e_n$ do $\mathbb{R}^n$

Os vetores unitários $\mathbf{e_1}, \mathbf{e_2}, \ldots, \mathbf{e_n} \in \mathbb{R}^n$ são os vetores definidos por

$$\mathbf{e_1} = (1, 0, \ldots, 0), \quad \mathbf{e_2} = (0, 1, \ldots, 0), \quad \cdots, \quad \mathbf{e_n} = (0, 0, \ldots, 1).$$

Observe que se $n = 2$, então $\mathbf{e_1} = \mathbf{i}$ e $\mathbf{e_2} = \mathbf{j}$. Se $n = 3$, então $\mathbf{e_1} = \mathbf{i}$, $\mathbf{e_2} = \mathbf{j}$ e $\mathbf{e_3} = \mathbf{k}$. Qualquer vetor $\mathbf{v} = (v_1, v_2, \ldots, v_n) \in \mathbb{R}^n$ pode ser escrito como uma combinação linear de $\mathbf{e_1}, \mathbf{e_2}, \ldots, \mathbf{e_n}$ do $\mathbb{R}^n$, pois:

$$\begin{aligned}
\mathbf{v} = (v_1, v_2, \ldots, v_n) &= (v_1, 0, \ldots, 0) + (0, v_2, \ldots, 0) + \ldots + (0, 0, \ldots, v_n) \\
&= v_1(1, 0, \ldots, 0) + v_2(0, 1, \ldots, 0) + \ldots + v_n(0, 0, \ldots, 1) \\
&= v_1\mathbf{e_1} + v_2\mathbf{e_2} + \ldots + v_n\mathbf{e_n}.
\end{aligned}$$

8.10 Problemas propostos

8.1 *Dados os vetores* $\mathbf{a} = (1, 2)$ *e* $\mathbf{b} = (3, -1)$, *determine:*

(a) $|\mathbf{a}|$ (b) $\mathbf{a} + \mathbf{b}$ (c) $2\mathbf{a}$ (d) $3\mathbf{a} + 2\mathbf{b}$

8.2 *Determine o versor do vetor dado.*

(a) $\mathbf{a} = (2, 3)$ (b) $\mathbf{b} = (-1, -3)$

8.3 *Reescreva cada vetor* $\mathbf{v}$ *na forma* $\mathbf{v} = |\mathbf{v}|\, \mathbf{v_u}$, *em que* $\mathbf{v_u}$ *é o versor de* $\mathbf{v}$.

(a) $\mathbf{v} = (3, 4)$ (b) $\mathbf{v} = (5, -2)$

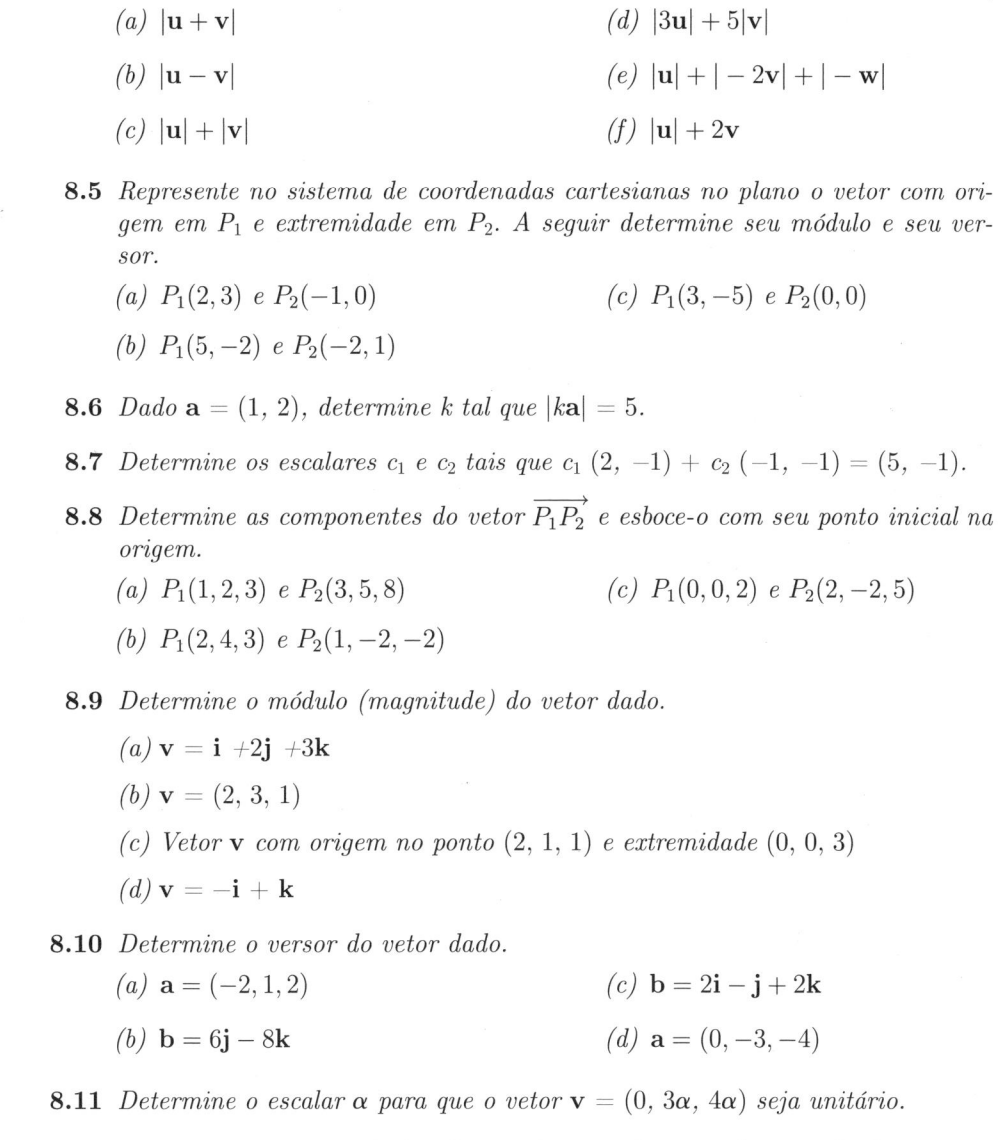

8.4 Dados $\mathbf{u} = (1, -1)$, $\mathbf{v} = (2, 0)$ e $\mathbf{w} = (3, -2)$, determine:

(a) $|\mathbf{u} + \mathbf{v}|$

(b) $|\mathbf{u} - \mathbf{v}|$

(c) $|\mathbf{u}| + |\mathbf{v}|$

(d) $|3\mathbf{u}| + 5|\mathbf{v}|$

(e) $|\mathbf{u}| + |-2\mathbf{v}| + |-\mathbf{w}|$

(f) $|\mathbf{u}| + 2\mathbf{v}$

8.5 Represente no sistema de coordenadas cartesianas no plano o vetor com origem em P_1 e extremidade em P_2. A seguir determine seu módulo e seu versor.

(a) $P_1(2,3)$ e $P_2(-1,0)$

(b) $P_1(5,-2)$ e $P_2(-2,1)$

(c) $P_1(3,-5)$ e $P_2(0,0)$

8.6 Dado $\mathbf{a} = (1, 2)$, determine k tal que $|k\mathbf{a}| = 5$.

8.7 Determine os escalares c_1 e c_2 tais que $c_1 (2, -1) + c_2 (-1, -1) = (5, -1)$.

8.8 Determine as componentes do vetor $\overrightarrow{P_1 P_2}$ e esboce-o com seu ponto inicial na origem.

(a) $P_1(1,2,3)$ e $P_2(3,5,8)$

(b) $P_1(2,4,3)$ e $P_2(1,-2,-2)$

(c) $P_1(0,0,2)$ e $P_2(2,-2,5)$

8.9 Determine o módulo (magnitude) do vetor dado.

(a) $\mathbf{v} = \mathbf{i} + 2\mathbf{j} + 3\mathbf{k}$

(b) $\mathbf{v} = (2, 3, 1)$

(c) Vetor $\mathbf{v}$ com origem no ponto $(2, 1, 1)$ e extremidade $(0, 0, 3)$

(d) $\mathbf{v} = -\mathbf{i} + \mathbf{k}$

8.10 Determine o versor do vetor dado.

(a) $\mathbf{a} = (-2, 1, 2)$

(b) $\mathbf{b} = 6\mathbf{j} - 8\mathbf{k}$

(c) $\mathbf{b} = 2\mathbf{i} - \mathbf{j} + 2\mathbf{k}$

(d) $\mathbf{a} = (0, -3, -4)$

8.11 Determine o escalar α para que o vetor $\mathbf{v} = (0, 3\alpha, 4\alpha)$ seja unitário.

8.12 Dados os vetores $\mathbf{u} = (1, 2, 3)$, $\mathbf{v} = (2, -3, 1)$ e $\mathbf{w} = (3, 2, -1)$, determine:

(a) $\mathbf{u} - \mathbf{w}$

(b) $7\mathbf{v} + 3\mathbf{w}$

(c) $-\mathbf{w} + \mathbf{v}$

(d) $3(\mathbf{u} - 7\mathbf{v})$

(e) $-3\mathbf{v} - 8\mathbf{w}$

(f) $2\mathbf{v} - (\mathbf{u} + \mathbf{w})$

8.13 Esboce o vetor $\overrightarrow{AB}$ no sistema de coordenadas cartesianas e o vetor equivalente cuja origem coincida com a origem do sistema de coordenadas.

(a) $A(1,4)$ e $B(5,1)$

(b) $A(3,2)$ e $B(-3,2)$

(c) $A(2,0,5)$ e $B(0,5,5)$

(d) $A(2,3,0)$ e $B(0,0,4)$

8.14 *Sejam* $\mathbf{u} = (1, 3, -2, 1)$ *e* $\mathbf{v} = (2, 0, -1, 4)$ *vetores do* $\mathbb{R}^4$. *Determine os escalares* c_1 *e* c_2 *tais que:*

(a) $c_1 \mathbf{u} + c_2 \mathbf{v} = (8, 6, -7, 14)$ 	(b) $c_1 \mathbf{u} + c_2 \mathbf{v} = (-3, 3, 4, -7)$

8.15 *Escreva o vetor* $\mathbf{v} = (0, 7, 6, -3)$ *como combinação linear dos vetores*
$$\mathbf{v_1} = (1, 2, -1, 0), \quad \mathbf{v_2} = (2, 3, 4, 1) \; e \; \mathbf{v_3} = (1, 3, 5, 0).$$

8.16 *Reescreva cada vetor* $\mathbf{v}$ *na forma* $\mathbf{v} = |\mathbf{v}|\, \mathbf{v_u}$, *em que* $\mathbf{v_u}$ *é o versor de* $\mathbf{v}$.

(a) $\mathbf{v} = (1, 2, -1, 0, 3)$ 	(b) $\mathbf{v} = (3, 5, 1, 1)$

8.11 Problemas suplementares

8.17 *Uma abelha se localiza em um ponto P e deseja chegar em um ponto Q, localizado 12 m ao norte de P, em 4 s. No local existe um vento para oeste cuja rapidez (módulo da velocidade) é de $\sqrt{27}$ m/s. Em que direção e com que rapidez a abelha deve voar para atingir Q no tempo desejado?*

8.18 *Um projétil deve atingir um alvo na direção N60L, distante $24\sqrt{3}$ m, em 4 s. Sabemos que o vento na região tem rapidez $3\sqrt{3}$ m/s e aponta na direção N. Determine com que direção e rapidez deve ser lançado o projétil para que o lançamento tenha sucesso.*

9 Produtos de Vetores

9.1 Introdução

No capítulo anterior definimos duas operações com vetores: a multiplicação de escalar por vetor e a adição de vetores. Abordaremos agora os produtos de vetores: o produto escalar, o produto vetorial e o produto misto*.

O produto escalar ocorre em problemas envolvendo projeções, ângulos, trabalho realizado por uma força, fluxo de campos vetoriais, entre outros. O produto vetorial ocorre em problemas geométricos tridimensionais, torque, campos de forças conservativos, entre outros.

9.2 Produto escalar

Definição 7 (Produto escalar) *O produto escalar (também denominado produto interno euclidiano) dos vetores* $\mathbf{u} = (u_1, u_2, ..., u_n)$ *e* $\mathbf{v} = (v_1, v_2, ..., v_n)$ *do* $\mathbb{R}^n$, *denotado* $\mathbf{u} \cdot \mathbf{v}$ *(lê-se* $\mathbf{u}$ *escalar* $\mathbf{v}$*), é definido como*

$$\mathbf{u} \cdot \mathbf{v} = (u_1, u_2, \ldots, u_n) \cdot (v_1, v_2, \ldots, v_n) = u_1 v_1 + u_2 v_2 + \ldots + u_n v_n. \quad (9.1)$$

A denominação produto escalar deve-se ao fato de se tratar de um produto entre dois vetores que resulta em um escalar (nesse caso, um número real).

Exemplo 9.1 *O produto escalar de* $\mathbf{u} = (1, -3, 5)$ *e* $\mathbf{v} = (7, 2, 1)$ *é:*

$$\mathbf{u} \cdot \mathbf{v} = (1, -3, 5) \cdot (7, 2, 1) = 7 - 6 + 5 = 6.$$

Exemplo 9.2 (Cálculo dos dígitos verificadores do CPF) *No Brasil, cada pessoa física possui um único e definitivo número de inscrição no CPF (Cadastro de Pessoas Físicas), que o identifica perante a secretaria da Receita Federal. Tal número de inscrição é constituído de nove dígitos,*

---

* O duplo produto vetorial será abordado de modo breve no Problema 9.20.

agrupados de três em três, mais dois dígitos verificadores. Por exemplo, 313.402.809 − 30.

Os dígitos verificadores têm por finalidade comprovar a validade do número do CPF informado. Tais dígitos são obtidos por meio das seguintes operações envolvendo produtos escalares:

- **Cálculo do primeiro dígito verificador:** *tomamos um vetor* $\mathbf{a} \in \mathbb{R}^9$ *cujos componentes são os dígitos que compõem o número do CPF na ordem dada. Para o CPF anterior temos o vetor:*

$$\mathbf{a} = (3, 1, 3, 4, 0, 2, 8, 0, 9).$$

Determinamos o produto escalar desse vetor com o vetor (padrão)

$$\mathbf{b} = (10, 9, 8, 7, 6, 5, 4, 3, 2),$$

isto é,

$$[\mathbf{a} \cdot \mathbf{b} = (3, 1, 3, 4, 0, 2, 8, 0, 9) \cdot (10, 9, 8, 7, 6, 5, 4, 3, 2)$$
$$= 30 + 9 + 24 + 28 + 0 + 10 + 32 + 0 + 18 = 151$$

A seguir tomamos o resto da divisão inteira desse produto escalar por 11. *Se o resto desta divisão inteira é* 0 *ou* 1, *então o primeiro dígito verificador é* 0. *Caso contrário (resto entre 2 e 10), o primeiro dígito verificador é dado por* 11 − *resto.*

Para o exemplo em questão, a divisão inteira de 151 *por* 11 *resulta em quociente* 13 *e resto* 8. *Sendo assim, o primeiro dígito verificador é* 11 − 8 = 3.

- **Cálculo do segundo dígito verificador:** *tomamos um vetor* $\mathbf{c} \in \mathbb{R}^{10}$ *cujos nove primeiros componentes são os dígitos que compõem o número do CPF na ordem dada, e o último componente é o primeiro dígito verificador encontrado. Para o exemplo em questão temos:*

$$\mathbf{c} = (3, 1, 3, 4, 0, 2, 8, 0, 9, 3).$$

Determinamos o produto escalar desse vetor com o vetor (padrão)

$$\mathbf{d} = (11, 10, 9, 8, 7, 6, 5, 4, 3, 2),$$

isto é,

$$\mathbf{c} \cdot \mathbf{d} = (3, 1, 3, 4, 0, 2, 8, 0, 9, 3) \cdot (11, 10, 9, 8, 7, 6, 5, 4, 3, 2)$$
$$= 33 + 10 + 27 + 32 + 0 + 12 + 40 + 0 + 27 + 6 = 187$$

A seguir tomamos o resto da divisão inteira desse produto escalar por 11. *Se o resto desta divisão inteira é* 0 *ou* 1, *então o segundo dígito verificador é* 0. *Caso contrário (resto entre 2 e 10), o segundo dígito verificador é dado por* 11 − *resto.*

Para o exemplo em questão, a divisão inteira de 187 *por* 11 *resulta em quociente* 17 *e resto* 0. *Sendo assim, o segundo dígito verificador é* 0.

Propriedades do produto escalar

Dados quaisquer vetores $\mathbf{u}$, $\mathbf{v}$, $\mathbf{w} \in \mathbb{R}^n$ e qualquer escalar $\alpha \in \mathbb{R}$, o produto escalar possui as seguintes propriedades:

(1) positividade: $\mathbf{v} \cdot \mathbf{v} \geq 0$. Além disto, $\mathbf{v} \cdot \mathbf{v} = 0$ se e somente se $\mathbf{v} = \mathbf{0}$;

(2) simetria (comutatividade): $\mathbf{u} \cdot \mathbf{v} = \mathbf{v} \cdot \mathbf{u}$;

(3) distributividade: $\mathbf{u} \cdot (\mathbf{v} + \mathbf{w}) = \mathbf{u} \cdot \mathbf{v} + \mathbf{u} \cdot \mathbf{w}$;

(4) homogeneidade: $\alpha(\mathbf{u} \cdot \mathbf{v}) = (\alpha\,\mathbf{u}) \cdot \mathbf{v} = \mathbf{u} \cdot (\alpha\,\mathbf{v})$.

Provamos aqui a Propriedade (1) e deixamos as demais a cargo do leitor. Dado $\mathbf{v} = (v_1, v_2, \ldots, v_n) \in \mathbb{R}^n$, temos:

$$\mathbf{v} \cdot \mathbf{v} = (v_1, v_2, \ldots, v_n) \cdot (v_1, v_2, \ldots, v_n) = v_1^2 + v_2^2 + \ldots + v_n^2 \geq 0,$$

sendo que $\mathbf{v} \cdot \mathbf{v} = v_1^2 + v_2^2 + \ldots + v_n^2 = 0$ se e somente se $v_1 = v_2 = \ldots = v_n = 0$, isto é, se $\mathbf{v} = \mathbf{0}$. Como consequência imediata da Propriedade (1) temos o importante resultado:

$$\mathbf{v} \cdot \mathbf{v} = v_1^2 + v_2^2 + \ldots + v_n^2 = |\mathbf{v}|^2 \quad \therefore \quad |\mathbf{v}| = \sqrt{\mathbf{v} \cdot \mathbf{v}}.$$

Exemplo 9.3 *Usando as propriedades do produto escalar, demonstre a seguinte identidade:*

$$|\mathbf{u} - \mathbf{v}|^2 = |\mathbf{u}|^2 - 2\,\mathbf{u} \cdot \mathbf{v} + |\mathbf{v}|^2$$

Temos:

$$\begin{aligned}
|\mathbf{u} - \mathbf{v}|^2 &= (\mathbf{u} - \mathbf{v}) \cdot (\mathbf{u} - \mathbf{v}) && \text{Pela Equação 9.2} \\
&= (\mathbf{u} - \mathbf{v}) \cdot \mathbf{u} - (\mathbf{u} - \mathbf{v}) \cdot \mathbf{v} && \text{Pela distributividade e homogeneidade} \\
&= \mathbf{u} \cdot (\mathbf{u} - \mathbf{v}) - \mathbf{v} \cdot (\mathbf{u} - \mathbf{v}) && \text{Pela simetria} \\
&= \mathbf{u} \cdot \mathbf{u} - \mathbf{u} \cdot \mathbf{v} - \mathbf{v} \cdot \mathbf{u} + \mathbf{v} \cdot \mathbf{v} && \text{Pela distributividade e homogeneidade} \\
&= |\mathbf{u}|^2 - 2\,\mathbf{u} \cdot \mathbf{v} + |\mathbf{v}|^2 && \text{Pela simetria e Equação 9.2}
\end{aligned}$$

No $\mathbb{R}^2$ e no $\mathbb{R}^3$ os conceitos de distância e comprimento são formulados do ponto de vista geométrico. Podemos utilizar o produto escalar para estender tais conceitos ao $\mathbb{R}^n$ (não passível de visualização geométrica para $n \geq 4$) da seguinte maneira: consideremos o vetor $\overrightarrow{AB}$ definido pelos pontos $A(a_1, a_2, \ldots, a_n)$ e $B(b_1, b_2, \ldots, b_n)$ do $\mathbb{R}^n$, isto é,

$$\overrightarrow{AB} = (b_1 - a_1, b_2 - a_2, \ldots, b_n - a_n).$$

Pela Equação 9.2, o módulo (ou comprimento) do vetor $\overrightarrow{AB}$, que nos dá a distância entre os pontos A e B, é dado por

$$|\overrightarrow{AB}|^2 = \overrightarrow{AB} \cdot \overrightarrow{AB} \quad \therefore \quad |\overrightarrow{AB}| = \sqrt{(b_1 - a_1)^2 + (b_2 - a_2)^2 + \cdots + (b_n - a_n)^2}. \quad (9.3)$$

O leitor pode observar que a Equação 9.3 é uma generalização das fórmulas da distância entre dois pontos do $\mathbb{R}^2$ e do $\mathbb{R}^3$, dadas, respectivamente, pelas Equações 1.1 da página 33 e 8.5 da página 148.

Exemplo 9.4 *Os pontos $A(1, 2, 3, 1)$, $B(2, 0, 4, 5)$ e $C(1, 3, -1, 2)$ formam um* triângulo *no $\mathbb{R}^4$. Determine seu perímetro.*

Os comprimentos dos lados do triângulo são dados pelos módulos dos vetores $\overrightarrow{AB}$, $\overrightarrow{AC}$ e $\overrightarrow{CB}$; logo,

$$\overrightarrow{AB} = (2,0,4,5) - (1,2,3,1) = (1,-2,1,4) \quad \therefore \quad |\overrightarrow{AB}| = \sqrt{1+4+1+16} = \sqrt{22};$$

$$\overrightarrow{AC} = (1,3,-1,2) - (1,2,3,1) = (0,1,-4,1) \quad \therefore \quad |\overrightarrow{AC}| = \sqrt{0+1+16+1} = \sqrt{18} = 3\sqrt{2};$$

$$\overrightarrow{CB} = (2,0,4,5) - (1,3,-1,2) = (1,-3,5,3) \quad \therefore \quad |\overrightarrow{CB}| = \sqrt{1+9+25+9} = \sqrt{44} = 2\sqrt{11}.$$

O perímetro do triângulo vale $|\overrightarrow{AB}| + |\overrightarrow{AC}| + |\overrightarrow{CB}| = \sqrt{22} + 3\sqrt{2} + 2\sqrt{11}$. Cabe ainda ressaltar que a representação geométrica de tal triângulo não é possível.

Ângulo entre vetores

Consideremos os vetores **u** e **v**, ambos do $\mathbb{R}^2$ ou do $\mathbb{R}^3$, com origem comum e que o ângulo por eles determinado seja θ conforme a Figura 9.1(a).

Aplicando a lei dos cossenos no triângulo formado pelos vetores **u**, **v** e **u**−**v** da Figura 9.1(b) temos:

$$|\mathbf{u} - \mathbf{v}|^2 = |\mathbf{u}|^2 + |\mathbf{v}|^2 - 2|\mathbf{u}||\mathbf{v}|\cos(\theta).$$

Usando a identidade obtida no Exemplo 9.3 podemos escrever:

$$|\mathbf{u}|^2 - 2\,\mathbf{u} \cdot \mathbf{v} + |\mathbf{v}|^2 = |\mathbf{u}|^2 + |\mathbf{v}|^2 - 2|\mathbf{u}||\mathbf{v}|\cos(\theta),$$

que, após os cancelamentos e simplificação, se reduz a:

$$\mathbf{u} \cdot \mathbf{v} = |\mathbf{u}||\mathbf{v}|\cos(\theta). \tag{9.4}$$

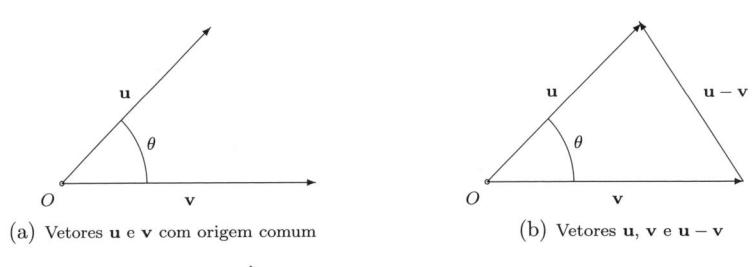

(a) Vetores **u** e **v** com origem comum

(b) Vetores **u**, **v** e **u** − **v**

Figura 9.1 Ângulo entre dois vetores não nulos.

Usando a Equação 9.4, se **u** e **v** são vetores não nulos, podemos determinar o ângulo entre eles, isto é,

$$cos(\theta) = \frac{\mathbf{u} \cdot \mathbf{v}}{|\mathbf{u}||\mathbf{v}|} \quad \therefore \quad \theta = arccos\left(\frac{\mathbf{u} \cdot \mathbf{v}}{|\mathbf{u}||\mathbf{v}|}\right). \tag{9.5}$$

Exemplo 9.5 *Determine o ângulo entre os vetores* $\mathbf{u} = (1, 3, 3)$ *e* $\mathbf{v} = (5, -3, 2)$. *Temos*

$$cos(\theta) = \frac{(1,3,3) \cdot (5,-3,2)}{\sqrt{1+9+9}\sqrt{25+9+4}} = \frac{5-9+6}{\sqrt{19}\sqrt{38}} = \frac{2}{19\sqrt{2}}.$$

Assim,

$$\theta = arccos\left(\frac{2}{19\sqrt{2}}\right) \approx 1,5 \text{ radianos} \approx 86°.$$

Exemplo 9.6 *Determine o ângulo entre a aresta e a diagonal de um quadrado.*

Na Figura 9.2(a) posicionamos um quadrado com aresta de medida a no sistema de coordenadas. **Note que qualquer posição poderia ser tomada para esse quadrado, por isso, escolhemos a mais conveniente.** Uma aresta é representada pelo vetor $\mathbf{v_1} = (a, 0)$ e a diagonal pelo vetor $\mathbf{v_2} = (a, a)$. Temos:

$$cos(\theta) = \frac{\mathbf{v_1} \cdot \mathbf{v_2}}{|\mathbf{v_1}||\mathbf{v_2}|} = \frac{(a,0) \cdot (a,a)}{\sqrt{a^2+0}\sqrt{a^2+a^2}} = \frac{a^2}{\sqrt{a^2}\sqrt{2a^2}} = \frac{1}{\sqrt{2}} = \frac{\sqrt{2}}{2}.$$

Assim,

$$\theta = arccos\left(\frac{\sqrt{2}}{2}\right) = \frac{\pi}{4}.$$

(a) Quadrado no sistema de coordenadas

(b) Cubo no sistema de coordenadas

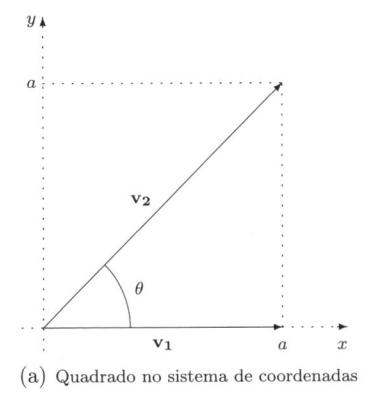

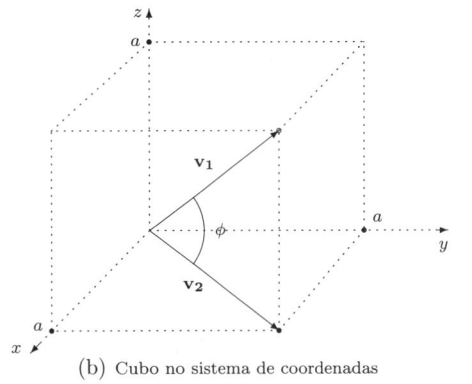

Figura 9.2 Quadrado e cubo localizados no sistema de coordenadas.

Exemplo 9.7 *Determine o ângulo entre a diagonal de um cubo e a diagonal da face.*

Na Figura 9.2(b) posicionamos um cubo com aresta de medida a no sistema de coordenadas. Novamente observamos que qualquer posição poderia ser tomada para esse cubo, e escolhemos a mais conveniente. A diagonal do cubo é representada pelo vetor $\mathbf{v_1} = (a, a, a)$ e a diagonal da face pelo vetor $\mathbf{v_2} = (a, a, 0)$. Temos:

$$cos(\phi) = \frac{(a,a,a) \cdot (a,a,0)}{\sqrt{a^2+a^2+a^2}\sqrt{a^2+a^2+0}} = \frac{2a^2}{\sqrt{3a^2}\sqrt{2a^2}} = \frac{2}{\sqrt{6}}.$$

Assim

$$\phi = arccos\left(\frac{2}{\sqrt{6}}\right) \approx 0,6155 \approx 35,3^o.$$

Exemplo 9.8 *Utilize o produto escalar para demonstrar a identidade trigonométrica (cosseno da diferença):*

$$cos(\alpha - \beta) = cos(\alpha)cos(\beta) + sen(\alpha)sen(\beta)$$

No semicírculo trigonométrico mostrado na Figura 9.3 os vetores $\overrightarrow{OA}$ e $\overrightarrow{OB}$ são unitários, logo suas componentes são:

$$\overrightarrow{OA} = \big(cos(\alpha), sen(\alpha)\big) \quad e \quad \overrightarrow{OB} = \big(cos(\beta), sen(\beta)\big).$$

Observando que o ângulo entre os vetores é $\alpha - \beta$ e utilizando a Equação 9.5, temos:

$$cos(\alpha - \beta) = \frac{\overrightarrow{OA} \cdot \overrightarrow{OB}}{|\overrightarrow{OA}||\overrightarrow{OB}|}$$
$$= \big(cos(\alpha), sen(\alpha)\big) \cdot \big(cos(\beta), sen(\beta)\big)$$
$$= cos(\alpha)cos(\beta) + sen(\alpha)sen(\beta).$$

O conceito de ângulo também pode ser estendido ao $\mathbb{R}^n$ por meio do produto escalar: dados $\mathbf{u}$ e $\mathbf{v}$ vetores quaisquer não nulos do $\mathbb{R}^n$, então a Equação 9.5,

$$\theta = arccos\left(\frac{\mathbf{u} \cdot \mathbf{v}}{|\mathbf{u}|\,|\mathbf{v}|}\right),$$

define o *ângulo* formado por tais vetores.

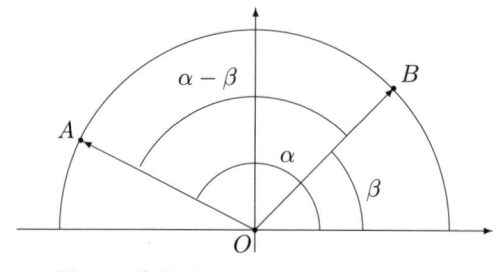

Figura 9.3 O cosseno da diferença.

Exemplo 9.9 *Os pontos $A(1, 2, 3, 1)$, $B(2, 0, 4, 5)$ e $C(1, 3, -1, 2)$ formam um triângulo no $\mathbb{R}^4$. Determine o ângulo entre os lados AB e AC. O ângulo formado pelos lados AB e AC é dado pelo ângulo entre os vetores:*

$$\overrightarrow{AB} = (2,0,4,5) - (1,2,3,1) = (1,-2,1,4)$$
$$\overrightarrow{AC} = (1,3,-1,2) - (1,2,3,1) = (0,1,-4,1).$$

Assim,

$$cos(\theta) = \frac{\overrightarrow{AB} \cdot \overrightarrow{AC}}{|\overrightarrow{AB}||\overrightarrow{AC}|} = \frac{(1,-2,1,4) \cdot (0,1,-4,1)}{\sqrt{22}\,3\sqrt{2}} = -\frac{2}{6\sqrt{11}} = -\frac{1}{3\sqrt{11}},$$

e, finalmente,

$$\theta = arccos\left(-\frac{1}{3\sqrt{11}}\right) \approx 96^o.$$

Ressaltamos novamente que a representação geométrica de tal triângulo não é possível.

Ortogonalidade

Definimos agora a ortogonalidade, que estende o conceito de perpendicularismo ao $\mathbb{R}^n$.

Definição 8 (Ortogonalidade) *Dizemos que os vetores $\mathbf{u}$ e $\mathbf{v}$ do $\mathbb{R}^n$ são ortogonais se*

$$\mathbf{u} \cdot \mathbf{v} = 0.$$

Indicamos a ortogonalidade entre os vetores $\mathbf{u}$ e $\mathbf{v}$ pela notação $\mathbf{u} \perp \mathbf{v}$ (lê-se: $\mathbf{u}$ ortogonal a $\mathbf{v}$).

Pela Definição 8 observamos que o vetor nulo é sempre ortogonal a qualquer vetor, uma vez que

$$\mathbf{0} \cdot \mathbf{v} = (0, 0,..., 0) \cdot (v_1, v_2, ..., v_n) = 0.$$

Além disso, o conceito de ortogonalidade generaliza o conceito de perpendicularismo: dados os vetores ortogonais não nulos $\mathbf{u}$ e $\mathbf{v}$, como $\mathbf{u} \cdot \mathbf{v} = 0$, então

$$cos(\theta) = \frac{\mathbf{u} \cdot \mathbf{v}}{|\mathbf{u}||\mathbf{v}|} = 0 \quad \therefore \quad \theta = \frac{\pi}{2},$$

isto é, $\mathbf{u}$ e $\mathbf{v}$ são vetores perpendiculares.

Exemplo 9.10 *Determine as constantes α e β para que o vetor $\mathbf{v} = (1, \alpha, \beta)$ seja simultaneamente ortogonal aos vetores $\mathbf{u} = (0, 1, 2)$ e $\mathbf{w} = (1, 1, 1)$.*

(i) $\mathbf{v} \perp \mathbf{u}$ implica que $\mathbf{v} \cdot \mathbf{u} = 0$, logo

$$(1, \alpha, \beta) \cdot (0, 1, 2) = 0 \quad \therefore \quad \alpha + 2\beta = 0$$

(ii) $\mathbf{v} \perp \mathbf{w}$ *implica que* $\mathbf{v} \cdot \mathbf{w} = 0$, *logo*

$$(1, \alpha, \beta) \cdot (1, 1, 1) = 0 \quad \therefore \quad \alpha + \beta = -1$$

Obtemos assim o sistema linear

$$\begin{cases} \alpha + 2\beta = 0 \\ \alpha + \beta = -1 \end{cases},$$

cuja solução é $\alpha = -2$ *e* $\beta = 1$, *e o vetor procurado é* $\mathbf{v} = (1, -2, 1)$.

Projeção ortogonal

Na Figura 9.4(a) o vetor $\mathbf{p}$ é a projeção ortogonal do vetor $\mathbf{u}$ na direção do vetor $\mathbf{v}$. Como $\mathbf{p}$ é um múltiplo escalar de $\mathbf{v}$, temos que $\mathbf{p} = k\mathbf{v}$. Para obtermos $\mathbf{p}$ basta determinarmos o valor da constante k.

Na Figura 9.4(b) observamos que os vetores $\mathbf{v}$ e $\mathbf{u} - k\mathbf{v}$ são ortogonais, logo:

$$\mathbf{v} \cdot (\mathbf{u} - k\mathbf{v}) = 0 \quad \therefore \quad \mathbf{v} \cdot \mathbf{u} - k(\mathbf{v} \cdot \mathbf{v}) = 0 \quad \therefore \quad \mathbf{v} \cdot \mathbf{u} - k|\mathbf{v}|^2 = 0,$$

e assim:

$$k = \frac{\mathbf{v} \cdot \mathbf{u}}{|\mathbf{v}|^2}.$$

Finalmente, como $\mathbf{p} = k\mathbf{v}$, obtemos:

$$\mathbf{p} = \left(\frac{\mathbf{v} \cdot \mathbf{u}}{|\mathbf{v}|^2}\right) \mathbf{v}. \tag{9.6}$$

(a) Projeção ortogonal de $\mathbf{u}$ em $\mathbf{v}$ (b) Vetores $\mathbf{u}$, $\mathbf{v}$, $\mathbf{p}$ e $\mathbf{u} - k\mathbf{v}$

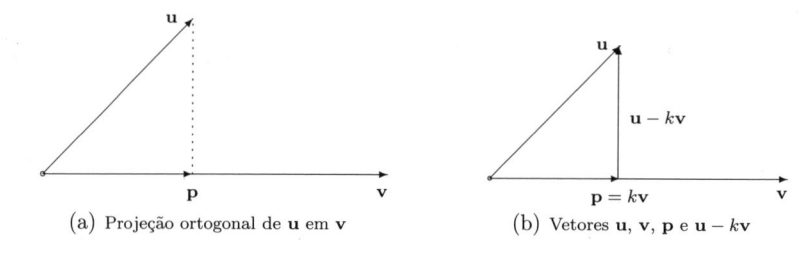

Figura 9.4 Projeção ortogonal de $\mathbf{u}$ em $\mathbf{v}$.

Exemplo 9.11 *Determine a projeção ortogonal do vetor* $\mathbf{u} = (1, 1, 1)$ *na direção do vetor* $\mathbf{v} = (2, 2, 0)$.

Usando a Equação 9.6 obtemos o vetor projeção:

$$\mathbf{p} = \frac{(2,2,0) \cdot (1,1,1)}{(\sqrt{4+4+0})^2}(2,2,0) = \frac{4}{8}(2,2,0) = (1,1,0),$$

ilustrado na Figura 9.5(a).

(a) Projeção ortogonal **p** de **u** sobre **v**

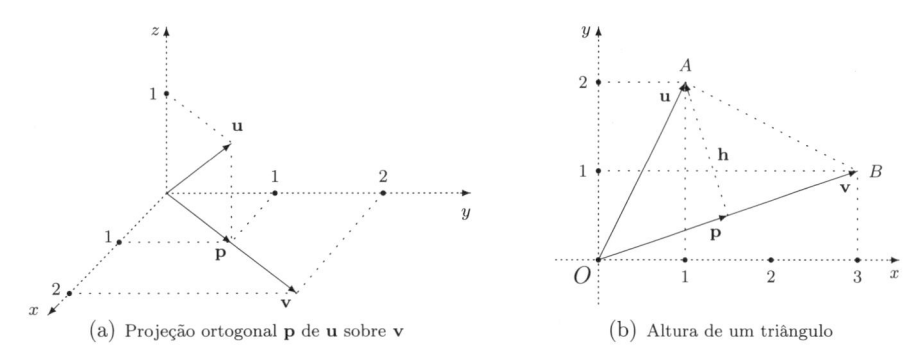

(b) Altura de um triângulo

Figura 9.5 Projeções ortogonais.

Exemplo 9.12 *Dado o triângulo de vértices $O(0, 0)$, $A(1, 2)$ e $B(3, 1)$, determine a medida da altura relativa ao lado OB.*

Com o auxílio da Figura 9.5(b) observamos que a altura pedida é o módulo do vetor $\mathbf{h} = \mathbf{u} - \mathbf{p}$, em que $\mathbf{p}$ é a projeção ortogonal do vetor $\mathbf{u}$ na direção do vetor $\mathbf{v}$. Assim:

$$\mathbf{p} = \frac{(1,2) \cdot (3,1)}{(\sqrt{9+1})^2}(3,1) = \frac{5}{10}(3,1) = \left(\frac{3}{2}, \frac{1}{2}\right),$$

em que

$$\mathbf{h} = \mathbf{u} - \mathbf{p} = (1,2) - \left(\frac{3}{2}, \frac{1}{2}\right) = \left(-\frac{1}{2}, \frac{3}{2}\right),$$

e finalmente a medida da altura pedida vale:

$$|\mathbf{h}| = \sqrt{\frac{1}{4} + \frac{9}{4}} = \frac{\sqrt{10}}{2}.$$

Trabalho

Uma aplicação importante do produto escalar é o cálculo do trabalho realizado por uma força **F** sobre uma partícula em movimento. O caso mais simples ocorre quando a força **F** é constante* e atua sobre uma partícula que se desloca em uma trajetória retilínea, representada por um vetor deslocamento **d**, como mostrado na Figura 9.6.

---

* Lembre-se que a força é uma grandeza vetorial. Força constante significa que a força é constante em módulo, direção e sentido.

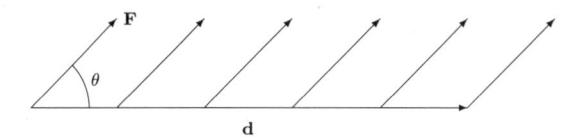

Figura 9.6 Força constante **F** atuando em um deslocamento retilíneo **d**.

Em tal situação, define-se o trabalho w realizado pela força **F** sobre a partícula com deslocamento dado pelo vetor **d** através do produto escalar:

$$w = \mathbf{F} \cdot \mathbf{d} = |\mathbf{F}||\mathbf{d}|\ cos(\theta). \tag{9.7}$$

Observe que o trabalho é uma grandeza escalar (obtida a partir de duas grandezas vetoriais) e nos dá a variação da energia da partícula ao longo do deslocamento **d**. No Sistema Internacional de Medidas (Sistema SI) a unidade padrão de força é o Newton (N) e a de deslocamento é o metro (m), assim a unidade SI de trabalho é 1 Newton· metro (Nm) ou 1 Joule ($1\ J = 1\ Nm$).

Exemplo 9.13 *Uma força de magnitude 6 N e direção $N45^oL$, Figura 9.7(a), atua sobre uma partícula que se move do ponto (2, 0) ao ponto (5, 2) (o deslocamento é medido em metros). Determine o trabalho realizado pela força.*

Conforme ilustrado na Figura 9.7(b), o vetor força é dado por:

$$\mathbf{F} = \left(6\cos\left(\frac{\pi}{4}\right), 6\,sen\left(\frac{\pi}{4}\right) \right) = \left(3\sqrt{2}, 3\sqrt{2}\right)\ N.$$

O vetor deslocamento é dado por:

$$\mathbf{d} = (5, 2) - (2, 0) = (3, 2)\ m.$$

Finalmente, Figura 9.7(c), o trabalho é dado por:

$$w = \mathbf{F} \cdot \mathbf{d} = \left(3\sqrt{2}, 3\sqrt{2}\right) \cdot (3, 2) = 9\sqrt{2} + 6\sqrt{2} = 15\sqrt{2}\ J.$$

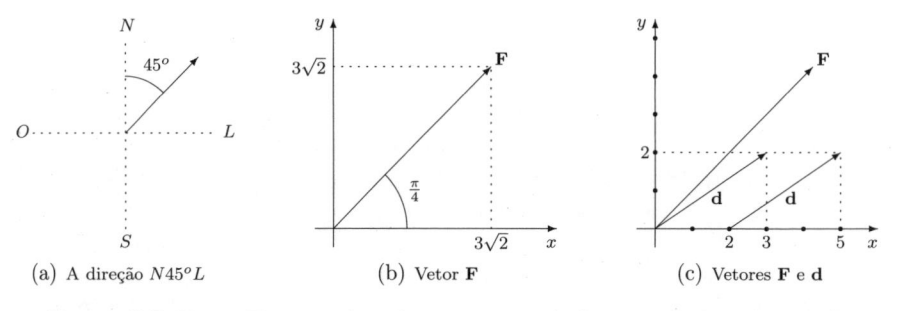

(a) A direção $N45^oL$ (b) Vetor **F**   (c) Vetores **F** e **d**

Figura 9.7 Força **F** atuando sobre uma partícula com deslocamento **d**.

9.3 Produto vetorial

Na seção anterior definimos o produto escalar, um produto entre vetores do $\mathbb{R}^n$ que resulta em um número real. Abordamos agora o produto vetorial, um produto definido apenas para vetores do $\mathbb{R}^3$ que resulta em um vetor do próprio $\mathbb{R}^3$.

Definição 9 (Produto vetorial) *O produto vetorial dos vetores*

$$\mathbf{u} = (x_1, y_1, z_1) \quad e \quad \mathbf{v} = (x_2, y_2, z_2)$$

do $\mathbb{R}^3$, denotado $\mathbf{u} \times \mathbf{v}$ (lê-se $\mathbf{u}$ vetorial $\mathbf{v}$), é definido como:

$$\mathbf{u} \times \mathbf{v} = (y_1 z_2 - y_2 z_1)\mathbf{i} + (x_2 z_1 - x_1 z_2)\mathbf{j} + (x_1 y_2 - x_2 y_1)\mathbf{k}. \qquad (9.8)$$

Pela dificuldade de memorização e manipulação, geralmente não utilizamos a Equação 9.8 para o cálculo do produto vetorial. Um modo mais conveniente é reescrevê-la na notação de determinante*:

$$\mathbf{u} \times \mathbf{v} = \begin{vmatrix} \mathbf{i} & \mathbf{j} & \mathbf{k} \\ x_1 & y_1 & z_1 \\ x_2 & y_2 & z_2 \end{vmatrix}. \qquad (9.9)$$

Para mostrar que a Equação 9.9 é equivalente à 9.8, desenvolvemos o determinante**, isto é,

$$\begin{aligned}
\mathbf{u} \times \mathbf{v} &= \begin{vmatrix} y_1 & z_1 \\ y_2 & z_2 \end{vmatrix} \mathbf{i} - \begin{vmatrix} x_1 & z_1 \\ x_2 & z_2 \end{vmatrix} \mathbf{j} + \begin{vmatrix} x_1 & y_1 \\ x_2 & y_2 \end{vmatrix} \mathbf{k} \\
&= (y_1 z_2 - y_2 z_1)\mathbf{i} - (x_1 z_2 - x_2 z_1)\mathbf{j} + (x_1 y_2 - x_2 y_1)\mathbf{k} \\
&= (y_1 z_2 - y_2 z_1)\mathbf{i} + (x_2 z_1 - x_1 z_2)\mathbf{j} + (x_1 y_2 - x_2 y_1)\mathbf{k}.
\end{aligned}$$

Exemplo 9.14 *O produto vetorial dos vetores $\mathbf{u} = (1; 2; 1)$ e $\mathbf{v} = (-2; 3; 1)$ é dado por:*

$$\mathbf{u} \times \mathbf{v} = \begin{vmatrix} \mathbf{i} & \mathbf{j} & \mathbf{k} \\ 1 & 2 & 1 \\ -2 & 3 & 1 \end{vmatrix} = \begin{vmatrix} 2 & 1 \\ 3 & 1 \end{vmatrix} \mathbf{i} - \begin{vmatrix} 1 & 1 \\ -2 & 1 \end{vmatrix} \mathbf{j} + \begin{vmatrix} 1 & 2 \\ -2 & 3 \end{vmatrix} \mathbf{k} = -\mathbf{i} - 3\mathbf{j} + 7\mathbf{k} = (-1, -3, 7).$$

Propriedades do produto vetorial

(1) O sentido do vetor $\mathbf{u} \times \mathbf{v}$ pode ser obtido pela chamada **regra da mão direita**: suponha que $\mathbf{u}$ sofra uma rotação no sentido de $\mathbf{v}$; se os dedos

---

* A Equação 9.9 não é um determinante propriamente dito, uma vez que apresenta componentes vetoriais. Trata-se porém de um processo mnemônico conveniente para o cálculo do produto vetorial.
** Utilizamos a expansão em cofatores. Outra possibilidade seria utilizar a Regra de Sarrus.

da mão direita se fecham na mesma direção dessa rotação, então o vetor $\mathbf{u} \times \mathbf{v}$ tem direção dada pelo dedo polegar, conforme ilustrado na Figura 9.8(a).

Uma outra visualização geométrica da regra da mão direita é dada do seguinte modo: apontando-se o dedo indicador na direção do vetor $\mathbf{u}$ e o dedo médio na direção do vetor $\mathbf{v}$, o vetor $\mathbf{u} \times \mathbf{v}$ tem direção dada pelo dedo polegar, Figura 9.8(b).

(a) Regra da mão direita (b) Regra da mão direita

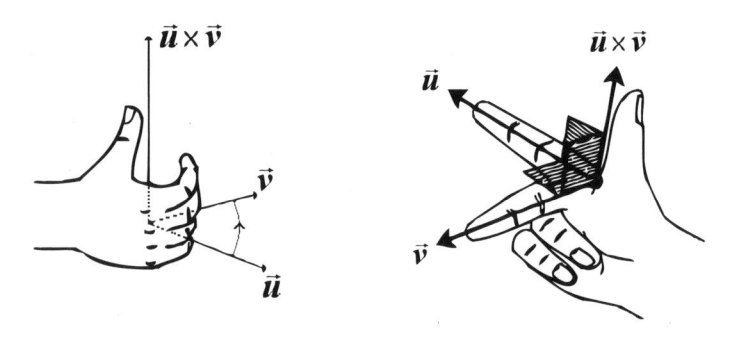

Figura 9.8 Interpretações da regra da mão direita.

(2) $\mathbf{u} \times \mathbf{v} = -(\mathbf{v} \times \mathbf{u})$

Esta propriedade (muitas vezes denominada propriedade anticomutativa) nos diz que se trocarmos a ordem dos vetores no produto vetorial o vetor resultante terá sentido invertido. A prova pode ser obtida aplicando-se a definição: dados $\mathbf{u} = (x_1, y_1, z_1)$ e $\mathbf{v} = (x_2, y_2, z_2)$, temos:

$$\mathbf{v} \times \mathbf{u} = \begin{vmatrix} \mathbf{i} & \mathbf{j} & \mathbf{k} \\ x_2 & y_2 & z_2 \\ x_1 & y_1 & z_1 \end{vmatrix} = \begin{vmatrix} y_2 & z_2 \\ y_1 & z_1 \end{vmatrix} \mathbf{i} - \begin{vmatrix} x_2 & z_2 \\ x_1 & z_1 \end{vmatrix} \mathbf{j} + \begin{vmatrix} x_2 & y_2 \\ x_1 & y_1 \end{vmatrix} \mathbf{k}$$

$$= (y_2 z_1 - y_1 z_2)\mathbf{i} - (x_2 z_1 - x_1 z_2)\mathbf{j} + (x_2 y_1 - x_1 y_2)\mathbf{k}$$

$$= -(y_1 z_2 - y_2 z_1)\mathbf{i} - (x_2 z_1 - x_1 z_2)\mathbf{j} - (x_1 y_2 - x_2 y_1)\mathbf{k}.$$

Comparando-se esse resultado com a Equação 9.8 observamos que $\mathbf{u} \times \mathbf{v} = -(\mathbf{v} \times \mathbf{u})$. A Figura 9.9 ilustra os sentidos invertidos de $\mathbf{u} \times \mathbf{v}$ e $\mathbf{v} \times \mathbf{u}$.

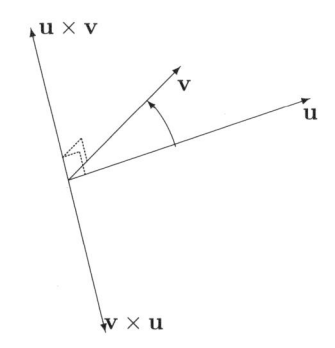

Figura 9.9 Os vetores $\mathbf{u} \times \mathbf{v}$ e $\mathbf{v} \times \mathbf{u}$.

(3) Se $\mathbf{v} = \alpha \mathbf{u}$, então $\mathbf{u} \times \mathbf{v} = \mathbf{u} \times (\alpha\, \mathbf{u}) = \mathbf{0}$.

Esta propriedade nos diz que o produto vetorial de dois vetores múltiplos escalares resulta no vetor nulo $\mathbf{0}$. A prova também é obtida aplicando-se a definição: dado $\mathbf{u} = (x,\, y,\, z)$, temos:

$$\mathbf{u} \times (\alpha\,\mathbf{u}) = \begin{vmatrix} \mathbf{i} & \mathbf{j} & \mathbf{k} \\ x & y & z \\ \alpha x & \alpha y & \alpha z \end{vmatrix} = \begin{vmatrix} y & z \\ \alpha y & \alpha z \end{vmatrix} \mathbf{i} - \begin{vmatrix} x & z \\ \alpha x & \alpha z \end{vmatrix} \mathbf{j} + \begin{vmatrix} x & y \\ \alpha x & \alpha y \end{vmatrix} \mathbf{k}$$
$$= (\alpha\, yz - \alpha\, yz)\mathbf{i} - (\alpha\, xz - \alpha\, xz)\mathbf{j} + (\alpha\, xy - \alpha\, xy)\mathbf{k}$$
$$= 0\mathbf{i} + 0\mathbf{j} + 0\mathbf{k} = (0, 0, 0) = \mathbf{0}.$$

Em particular, se $\alpha = 0$, temos $\mathbf{u} \times \mathbf{0} = \mathbf{0}$.

(4) $(\mathbf{u} \times \mathbf{v}) \cdot \mathbf{u} = 0$ e $(\mathbf{u} \times \mathbf{v}) \cdot \mathbf{v} = 0$

Esta propriedade nos diz que o vetor $\mathbf{u} \times \mathbf{v}$ é sempre simultaneamente ortogonal a $\mathbf{u}$ e a $\mathbf{v}$. Como consequência, se $\mathbf{u}$ e $\mathbf{v}$ são não nulos, o vetor $\mathbf{u} \times \mathbf{v}$ é ortogonal ao plano definido por esses vetores, conforme ilustrado na Figura 9.9. A prova é imediata: dados $\mathbf{u} = (x_1, y_1, z_1)$ e $\mathbf{v} = (x_2, y_2, z_2)$, temos:

$$(\mathbf{u} \times \mathbf{v}) \cdot \mathbf{u} = (y_1 z_2 - y_2 z_1, x_2 z_1 - x_1 z_2, x_1 y_2 - x_2 y_1) \cdot (x_1, y_1, z_1)$$
$$= x_1 y_1 z_2 - x_1 y_2 z_1 + x_2 y_1 z_1 - x_1 y_1 z_2 + x_1 y_2 z_1 - x_2 y_1 z_1 = 0$$

De modo análogo:

$$(\mathbf{u} \times \mathbf{v}) \cdot \mathbf{v} = (y_1 z_2 - y_2 z_1, x_2 z_1 - x_1 z_2, x_1 y_2 - x_2 y_1) \cdot (x_2, y_2, z_2)$$
$$= x_2 y_1 z_2 - x_2 y_2 z_1 + x_2 y_2 z_1 - x_1 y_2 z_2 + x_1 y_2 z_2 - x_2 y_1 z_2 = 0$$

(5) Distributividade: $\mathbf{u} \times (\mathbf{v} + \mathbf{w}) = \mathbf{u} \times \mathbf{v} + \mathbf{u} \times \mathbf{w}$

(6) Distributividade: $(\mathbf{u} + \mathbf{v}) \times \mathbf{w} = \mathbf{u} \times \mathbf{w} + \mathbf{v} \times \mathbf{w}$

(7) Associatividade: $\alpha\,(\mathbf{u} \times \mathbf{v}) = (\alpha\,\mathbf{u}) \times \mathbf{v}$

(8) Identidade de Lagrange: $|\mathbf{u} \times \mathbf{v}|^2 = |\mathbf{u}|^2 |\mathbf{v}|^2 - (\mathbf{u} \cdot \mathbf{v})^2$

A verificação das propriedades 5, 6, 7 e 8 fica a cargo do leitor.

Área de um paralelogramo

Considere o paralelogramo formado pelos vetores $\mathbf{u},\,\mathbf{v} \in \mathbb{R}^3$, Figura 9.10. Denotando por A a área desse palalelogramo, temos:

$$A = |\mathbf{v}|\,H = |\mathbf{v}|\,|\mathbf{u}|\,sen(\theta). \tag{9.10}$$

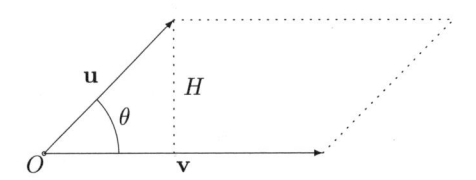

Figura 9.10 Paralelogramo formado pelos vetores $\mathbf{u}$ e $\mathbf{v}$.

Por outro lado, substituindo o resultado da Equação 9.4 na Identidade de Lagrange, temos:

$$\begin{aligned}|\mathbf{u} \times \mathbf{v}|^2 &= |\mathbf{u}|^2\,|\mathbf{v}|^2 - \bigl[\,|\mathbf{u}|\,|\mathbf{v}|\,cos(\theta)\,\bigr]^2 \\ &= |\mathbf{u}|^2\,|\mathbf{v}|^2 - |\mathbf{u}|^2\,|\mathbf{v}|^2 cos^2(\theta) \\ &= |\mathbf{u}|^2\,|\mathbf{v}|^2\bigl[\,1 - cos^2(\theta)\,\bigr] \\ &= |\mathbf{u}|^2\,|\mathbf{v}|^2\,sen^2(\theta)\,,\end{aligned}$$

e como $0 \leq \theta \leq \pi$, temos que $0 \leq sen(\theta) \leq 1$, logo:

$$|\mathbf{u} \times \mathbf{v}| = |\mathbf{u}|\,|\mathbf{v}|\,sen(\theta)\,. \tag{9.11}$$

Finalmente, comparando as Equações 9.10 e 9.11, concluímos que:

$$|\mathbf{u} \times \mathbf{v}| = |\mathbf{u}|\,|\mathbf{v}|\,sen(\theta)\,, \tag{9.12}$$

isto é, o módulo do produto vetorial $|\mathbf{u} \times \mathbf{v}|$ nos dá a área do paralelogramo formado pelos vetores $\mathbf{u}$ e $\mathbf{v}$. Na Equação 9.12 observamos que:

(i) se $\mathbf{u} = \mathbf{0}$ ou $\mathbf{v} = \mathbf{0}$, então o paralelogramo não existe; nesse caso $\mathbf{u} \times \mathbf{v} = \mathbf{0}$ e assim $|\mathbf{u} \times \mathbf{v}| = 0$;

(ii) se $\mathbf{u}$ e $\mathbf{v}$ são múltiplos escalares, então o paralelogramo também não existe; nesse caso também temos $\mathbf{u} \times \mathbf{v} = \mathbf{0}$ e assim $|\mathbf{u} \times \mathbf{v}| = 0$;

Exemplo 9.15 *Calcule a área do paralelogramo determinado pelos vetores* $\mathbf{u} = (1, 2, 3)$ *e* $\mathbf{v} = (2, 1, 1)$.

$$\mathbf{u} \times \mathbf{v} = \begin{vmatrix} \mathbf{i} & \mathbf{j} & \mathbf{k} \\ 1 & 2 & 3 \\ 2 & 1 & 1 \end{vmatrix} = \begin{vmatrix} 2 & 3 \\ 1 & 1 \end{vmatrix} \mathbf{i} - \begin{vmatrix} 1 & 3 \\ 2 & 1 \end{vmatrix} \mathbf{j} + \begin{vmatrix} 1 & 2 \\ 2 & 1 \end{vmatrix} \mathbf{k} = -\mathbf{i} + 5\mathbf{j} - 3\mathbf{k} = (-1, 5, -3).$$

Logo:

$$A = |\mathbf{u} \times \mathbf{v}| = \sqrt{1 + 25 + 9} = \sqrt{35}.$$

Exemplo 9.16 *Determine a área do triângulo de vértices $A(0, 0, 1)$, $B(2, 5, 0)$ e $C(0, 4, 3)$. Observando que a área procurada é a metade da área do paralelogramo determinado pelos vetores $\overrightarrow{AB}$ e $\overrightarrow{AC}$, temos:*

$$\overrightarrow{AB} = (2, 5, 0) - (0, 0, 1) = (2, 5, -1) \quad e \quad \overrightarrow{AC} = (0, 4, 3) - (0, 0, 1) = (0, 4, 2),$$

onde

$$\mathbf{u} \times \mathbf{v} = \begin{vmatrix} \mathbf{i} & \mathbf{j} & \mathbf{k} \\ 2 & 5 & -1 \\ 0 & 4 & 2 \end{vmatrix} = \begin{vmatrix} 5 & -1 \\ 4 & 2 \end{vmatrix} \mathbf{i} - \begin{vmatrix} 2 & -1 \\ 0 & 2 \end{vmatrix} \mathbf{j} + \begin{vmatrix} 2 & 5 \\ 0 & 4 \end{vmatrix} \mathbf{k} = 14\mathbf{i} - 4\mathbf{j} + 8\mathbf{k} = (14, -4, +8).$$

Logo,

$$A = \frac{|\overrightarrow{AB} \times \overrightarrow{AC}|}{2} = \frac{\sqrt{196 + 16 + 62}}{2} = \sqrt{69}.$$

9.4 Produto misto

A combinação dos produtos escalar e vetorial define um novo produto de vetores, denominado produto misto.

Definição 10 (Produto misto) *O produto misto dos vetores $\mathbf{u}$, $\mathbf{v}$ e $\mathbf{w}$ do $\mathbb{R}^3$ é definido como**:

$$\mathbf{u} \cdot (\mathbf{v} \times \mathbf{w}) \tag{9.13}$$

Na definição de produto misto observamos que:

- esse produto envolve um produto vetorial e um produto escalar; necessariamente, o produto vetorial deve ser efetuado primeiro;

- pela comutatividade do produto escalar temos $\mathbf{u} \cdot (\mathbf{v} \times \mathbf{w}) = (\mathbf{v} \times \mathbf{w}) \cdot \mathbf{u}$;

- pela anticomutatividade do produto vetorial temos $\mathbf{u} \cdot (\mathbf{v} \times \mathbf{w}) = -\mathbf{u} \cdot (\mathbf{w} \times \mathbf{v})$.

---

* Observe que o produto misto é um produto ternário, pois envolve três vetores, diferentemente dos produtos escalar e vetorial que são binários, envolvendo apenas dois vetores.

Dados $\mathbf{u} = (x_1, y_1, z_1)$, $\mathbf{v} = (x_2, y_2, z_2)$ e $\mathbf{w} = (x_3, y_3, z_3)$, o desenvolvimento do produto misto resulta:

$$\mathbf{u} \cdot (\mathbf{v} \times \mathbf{w}) = (x_1, y_1, z_1) \cdot (y_2 z_3 - y_3 z_2, x_3 z_2 - x_2 z_3, x_2 y_3 - x_3 y_2)$$
$$= x_1(y_2 z_3 - y_3 z_2) + y_1(x_3 z_2 - x_2 z_3) + z_1(x_2 y_3 - x_3 y_2) \qquad (9.14)$$

Pela dificuldade de memorização e manipulação, é mais conveniente reescrever a Equação 9.14 na notação de determinante, isto é,

$$\mathbf{u} \cdot (\mathbf{v} \times \mathbf{w}) = \begin{vmatrix} x_1 & y_1 & z_1 \\ x_2 & y_2 & z_2 \\ x_3 & y_3 & z_3 \end{vmatrix}. \qquad (9.15)$$

Para mostrar que a Equação 9.15 é equivalente à 9.14 desenvolvemos o determinante, isto é,

$$\mathbf{u} \cdot (\mathbf{v} \times \mathbf{w}) = \begin{vmatrix} x_1 & y_1 & z_1 \\ x_2 & y_2 & z_2 \\ x_3 & y_3 & z_3 \end{vmatrix} = x_1 \begin{vmatrix} y_2 & z_2 \\ y_3 & z_3 \end{vmatrix} - y_1 \begin{vmatrix} x_2 & z_2 \\ x_3 & z_3 \end{vmatrix} + z_1 \begin{vmatrix} x_2 & y_2 \\ x_3 & y_3 \end{vmatrix}$$
$$= x_1(y_2 z_3 - y_3 z_2) - y_1(x_2 z_3 - x_3 z_2) + z_1(x_2 y_3 - x_3 y_2)$$
$$= x_1(y_2 z_3 - y_3 z_2) + y_1(x_3 z_2 - x_2 z_3) + z_1(x_2 y_3 - x_3 y_2).$$

Exemplo 9.17 *Dados $\mathbf{u} = (1, -1, 3)$, $\mathbf{v} = (2, 1, -2)$ e $\mathbf{w} = (1, 0, -1)$, determine $\mathbf{u} \cdot (\mathbf{v} \times \mathbf{w})$.*

Utilizando a notação de determinante, temos:

$$\mathbf{u} \cdot (\mathbf{v} \times \mathbf{w}) = \begin{vmatrix} 1 & -1 & 3 \\ 2 & 1 & -2 \\ 1 & 0 & -1 \end{vmatrix} = 1 \begin{vmatrix} 1 & -2 \\ 0 & -1 \end{vmatrix} - (-1) \begin{vmatrix} 2 & -2 \\ 1 & -1 \end{vmatrix} + 3 \begin{vmatrix} 2 & 1 \\ 1 & 0 \end{vmatrix} = -2$$

Fica a cargo do leitor mostrar as seguintes identidades do produto misto

(1) $\mathbf{u} \cdot (\mathbf{v} \times \mathbf{w}) = \mathbf{v} \cdot (\mathbf{w} \times \mathbf{u}) = \mathbf{w} \cdot (\mathbf{u} \times \mathbf{v})$;

(2) $\mathbf{u} \cdot (\mathbf{w} \times \mathbf{v}) = \mathbf{w} \cdot (\mathbf{v} \times \mathbf{u}) = \mathbf{v} \cdot (\mathbf{u} \times \mathbf{w})$;

(3) $\mathbf{u} \cdot (\mathbf{v} \times \mathbf{w}) = -\mathbf{u} \cdot (\mathbf{w} \times \mathbf{v})$;

que podem ser prontamente obtidas a partir da Figura 9.11. O valor do produto misto não se altera quando calculado com os vetores tomados na ordem indicada pelas setas (ou na ordem inversa). Além disto, os valores dos produtos mistos na ordem indicada pelas setas e na ordem inversa são opostos.

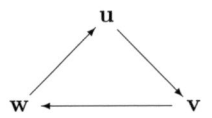

Figura 9.11 Ordenação dos vetores no produto misto.

Volume de um paralelepípedo

No paralelepípedo formado pelos vetores $\mathbf{u}, \mathbf{v}, \mathbf{w} \in \mathbb{R}^3$, Figura 9.12, a área da base é dada por $A = |\mathbf{u} \times \mathbf{v}|$ e a altura por $H = |\mathbf{w}||cos(\theta)|$. Assim, seu volume é

$$V = AH = |\mathbf{u} \times \mathbf{v}||\mathbf{w}||cos(\theta)| = |(\mathbf{u} \times \mathbf{v}) \cdot \mathbf{w}|,$$

isto é, o módulo do produto misto de $\mathbf{u}$, $\mathbf{v}$ e $\mathbf{w}$ nos dá o volume do paralelepípedo formado por esses vetores. Em particular, se $(\mathbf{u} \times \mathbf{v}) \cdot \mathbf{w} = 0$, temos que $\mathbf{u}$, $\mathbf{v}$ e $\mathbf{w}$ são vetores coplanares, pois não formam um paralelepípedo.

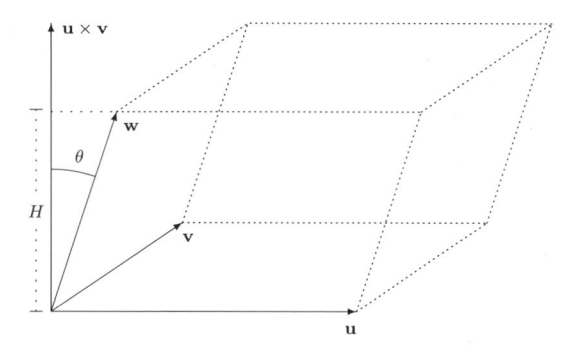

Figura 9.12 Paralelepípedo formado pelos vetores $\mathbf{u}$, $\mathbf{v}$ e $\mathbf{w}$.

Exemplo 9.18 *Determine o volume do tetraedro de vértices $O(0, 0, 0)$, $A(2, 0, 0)$, $B(0, 4, 0)$ e $C(2, 1, 4)$, ilustrado na Figura 9.13.*

Da geometria elementar sabemos que o volume do tetraedro é $\frac{1}{6}$ do volume do paralelepípedo circunscrito. O volume do paralelepípedo formado pelos vetores $\overrightarrow{OA}$, $\overrightarrow{OB}$ e $\overrightarrow{OC}$ é dado pelo módulo do produto misto:

$$|\overrightarrow{OA} \cdot (\overrightarrow{OB} \times \overrightarrow{OC})| = \begin{vmatrix} 2 & 0 & 0 \\ 0 & 4 & 0 \\ 2 & 1 & 4 \end{vmatrix} = 32.$$

Assim, o volume do tetraedro é $\frac{32}{6} = \frac{16}{3}$.

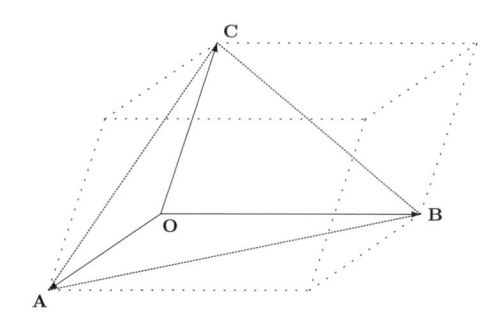

Figura 9.13 Tetraedro $OABC$.

9.5 Problemas propostos

9.1 Determine $\mathbf{a} \cdot \mathbf{b}$.
(a) $\mathbf{a} = (1,2)$ e $\mathbf{b} = (-1,3)$ (b) $\mathbf{a} = (-7,-3)$ e $\mathbf{b} = (0,1)$

9.2 Determine os vetores unitários ortogonais ao vetor $\mathbf{v} = (3, 2)$.

9.3 Dados os vetores $\mathbf{u} = (1, 2)$, $\mathbf{v} = (4, -2)$ e $\mathbf{w} = (6, 0)$, determine:
(a) $\mathbf{u} \cdot (7\mathbf{v} + \mathbf{w})$ (c) $|\mathbf{u}|(\mathbf{v} \cdot \mathbf{w})$
(b) $|(\mathbf{u} \cdot \mathbf{w})\mathbf{w}|$ (d) $(|\mathbf{u}|\mathbf{v}) \cdot \mathbf{w}$

9.4 Determine a projeção ortogonal de $\mathbf{u}$ na direção de $\mathbf{v}$.
(a) $\mathbf{u} = (2,1)$ e $\mathbf{v} = (-3,2)$ (b) $\mathbf{u} = (2,6)$ e $\mathbf{v} = (-9,3)$

9.5 O que se pode afirmar sobre o ângulo formado entre os vetores $\mathbf{u}$ e $\mathbf{v}$ quando:
(a) $\mathbf{u} \cdot \mathbf{v} > 0$ (b) $\mathbf{u} \cdot \mathbf{v} < 0$

9.6 Determine se o ângulo formado entre os vetores $\mathbf{u}$ e $\mathbf{v}$ é agudo, obtuso ou se os vetores são ortogonais.
(a) $\mathbf{u} = (0,0,1)$ e $\mathbf{v} = (8,3,4)$ (c) $\mathbf{u} = (2,6,0)$ e $\mathbf{v} = (-9,3,0)$
(b) $\mathbf{u} = (-7,1,3)$ e $\mathbf{v} = (5,0,1)$ (d) $\mathbf{u} = (-1,3,3)$ e $\mathbf{v} = (9,1,2)$

9.7 Para cada número de CPF a seguir determine os dígitos verificadores.
(a) 300.001.201   (b) 005.211.271   (c) 411.567.913

9.8 Determine o ângulo formado pelas medianas traçadas pelos vértices dos ângulos agudos de um triângulo retângulo isóceles.

9.9 Determine um vetor simultaneamente ortogonal a $\mathbf{u}$ e $\mathbf{v}$.
(a) $\mathbf{u} = (-1,-1,-1)$ e $\mathbf{v} = (2,0,2)$ (b) $\mathbf{u} = (-7,3,1)$ e $\mathbf{v} = (2,0,4)$

9.10 Determine a área do paralelogramo de vértices.
(a) $A(0,1)$, $B(3,0)$, $C(5,-2)$ e $D(2,-1)$
(b) $A(1,1,0)$, $B(3,1,0)$, $C(1,4,2)$ e $D(3,4,2)$

9.11 Determine a área do paralelogramo formado pelos vetores $\mathbf{u}$ e $\mathbf{v}$ nos seguintes casos:
(a) ângulo entre $\mathbf{u}$ e $\mathbf{v}$ de $\frac{\pi}{3}$, $|\mathbf{u}| = 3$ e $|\mathbf{v}| = 4$
(b) $\mathbf{u} \cdot \mathbf{v} = 3\sqrt{2}$, $|\mathbf{u}| = 2$ e $|\mathbf{v}| = 3$

(c) $\mathbf{u} \perp \mathbf{v}$, $\mathbf{u}$ e $\mathbf{v}$ *unitários*

(d) $\mathbf{u} \cdot \mathbf{v} = -1$, $\mathbf{u}$ *é unitário e* $|\mathbf{v}| = 2|\mathbf{u}|$

9.12 *Determine a área do triângulo de vértices:*

(a) $A(2, 6, -1)$, $B(1, 1, 1)$ e $C(4, 6, 2)$ (c) $A(1, 2)$, $B(3, 5)$ e $C(2, -4)$

(b) $A(2, 2, 0)$, $B(-1, 0, 2)$ e $C(0, 4, 3)$

9.13 *Determine a área do paralelogramo ABCD cujas diagonais são* $\overrightarrow{AC} = (-1, 3, -3)$, $\overrightarrow{BD} = (-3, -3, 1)$.

9.14 *Determine um vetor não nulo ortogonal ao plano que contém os pontos* $A(0, -2, 1)$, $B(1, -1, -2)$ e $C(-1, 1, 0)$

9.15 *Determine k para que o triângulo de vértices* $A(1, 2, 3)$, $B(0, -1, -1)$ e $C(k, 1, 1)$ *seja retângulo em A.*

9.16 *Resolva o sistema de equações vetoriais:*

$$\begin{cases} \mathbf{v} \times (-\mathbf{i} + 2\mathbf{j} + \mathbf{k}) = 8\mathbf{i} + 8\mathbf{k} \\ \mathbf{v} \cdot (2\mathbf{i} + \mathbf{k}) = 2 \end{cases}$$

9.17 *Determine o volume do tetraedro ABCD de arestas AB, AC e AD e vértices* $A(1, 1, 1)$, $B(2, 0, 3)$, $C(4, 1, 7)$ e $D(3, -1, -2)$.

9.18 *Verifique se os vetores dados são coplanares:*

(a) $\mathbf{u} = (2, -1, 0)$, $\mathbf{v} = (3, 1, 2)$ e $\mathbf{w} = (7, -1, 2)$

(b) $\mathbf{u} = (3, -1, 2)$, $\mathbf{v} = (1, 2, 1)$ e $\mathbf{w} = (-2, 3, 4)$

9.19 *Verifique se os pontos* $A(4, 0, -1)$, $B(1, 1, 1)$, $C(-1, 1, -4)$ e $D(2, 1, 3)$ *são coplanares.*

9.20 *Calcule* $\mathbf{v}_1 \times (\mathbf{v}_2 \times \mathbf{v}_3)$ *(chamado duplo produto vetorial) para os vetores* $\mathbf{v}_1$, $\mathbf{v}_2$ e $\mathbf{v}_3$ *dados.*

(a) $\mathbf{v}_1 = (1, -1, 0)$, $\mathbf{v}_2 = (2, 2, -2)$ e $\mathbf{v}_3 = (1, -3, 1)$

(b) $\mathbf{v}_1 = (1, -1, 1)$, $\mathbf{v}_2 = (0, 0, -1)$ e $\mathbf{v}_3 = (1, 0, 1)$

9.6 Problemas suplementares

9.21 *Mostre, por meio de um contraexemplo, que o produto vetorial não é associativo, isto é, mostre que:*

$$\mathbf{u} \times (\mathbf{v} \times \mathbf{w}) \neq (\mathbf{u} \times \mathbf{v}) \times \mathbf{w}.$$

9.22 Mostre, por meio de um contraexemplo, que $\mathbf{u} \times \mathbf{v} = \mathbf{u} \times \mathbf{w}$ ($\mathbf{u}$ não nulo) não necessariamente implica que $\mathbf{v} = \mathbf{w}$ (em outras palavras, no produto vetorial não vale a regra do cancelamento).

9.23 Usando as propriedades do produto escalar e da álgebra vetorial, verifique as identidades.

(a) $|\mathbf{u} + \mathbf{v}|^2 + |\mathbf{u} - \mathbf{v}|^2 = 2|\mathbf{u}|^2 + 2|\mathbf{v}|^2$

(b) $\mathbf{u} \cdot \mathbf{v} = \frac{1}{4}|\mathbf{u} + \mathbf{v}|^2 - \frac{1}{4}|\mathbf{u} - \mathbf{v}|^2$

9.24 Dados $\mathbf{u}$ e $\mathbf{v}$ vetores quaisquer do $\mathbb{R}^3$, mostre que:

$$(\mathbf{u} \times \mathbf{v}) \cdot (\mathbf{u} \times \mathbf{v}) + (\mathbf{u} \cdot \mathbf{v})^2 = |\mathbf{u}|^2 |\mathbf{v}|^2$$

9.25 Sejam $\mathbf{u}$ e $\mathbf{v}$ vetores quaisquer não nulos. Mostre que o vetor

$$\mathbf{w} = \frac{1}{|\mathbf{u}||\mathbf{v}|}\left(|\mathbf{u}|\mathbf{v} + |\mathbf{v}|\mathbf{u}\right)$$

encontra-se na direção da bissetriz do ângulo formado pelos vetores $\mathbf{u}$ e $\mathbf{v}$*.

9.26 Se $\mathbf{v} \cdot \mathbf{w}_1 = 0$ e $\mathbf{v} \cdot \mathbf{w}_2 = 0$, mostre que $\mathbf{v}$ é ortogonal a qualquer combinação linear dos vetores $\mathbf{w}_1$ e $\mathbf{w}_2$.

9.27 Mostre que se $\mathbf{u} + \mathbf{v}$ é ortogonal a $\mathbf{u} - \mathbf{v}$ então $|\mathbf{u}| = |\mathbf{v}|$.

9.28 Em um triângulo ABC, mostre que a altura h relativa ao lado AB é dada por:

$$\frac{|\overrightarrow{AB} \times \overrightarrow{AC}|}{|\overrightarrow{AB}|}$$

9.29 Em um tetraedro $ABCD$, mostre que a altura relativa à face ABC é dada por:

$$\frac{|\overrightarrow{AB} \cdot (\overrightarrow{AC} \times \overrightarrow{AD})|}{|\overrightarrow{AB} \times \overrightarrow{AC}|}$$

9.30 Mostre que $|\mathbf{v}_1 \cdot (\mathbf{v}_2 \times \mathbf{v}_3)| \leq |\mathbf{v}_1||\mathbf{v}_2||\mathbf{v}_3|$.

9.31 Escreva um programa de computador que receba um número de CPF e verifique a validade dos dígitos verificadores. O algoritmo para esse programa está ilustrado no Exemplo 9.2.

---

* Sugestão: tome os versores de $\mathbf{u}$ e $\mathbf{v}$.

10 Retas e Planos

10.1 Retas no $\mathbb{R}^3$

No Capítulo 2 vimos que uma reta no $\mathbb{R}^2$ pode ser representada por uma equação linear nas variáveis x e y. Para abordarmos o estudo da reta no $\mathbb{R}^3$, consideremos uma reta r que passa pelo ponto $Q(x_0,\ y_0,\ z_0)$ e que tenha a direção do vetor $\mathbf{v} = (a,\ b,\ c)$, Figura 10.1(a).

(a) Reta pelo ponto Q na direção do vetor $\mathbf{v}$ (b) Ponto P qualquer da reta

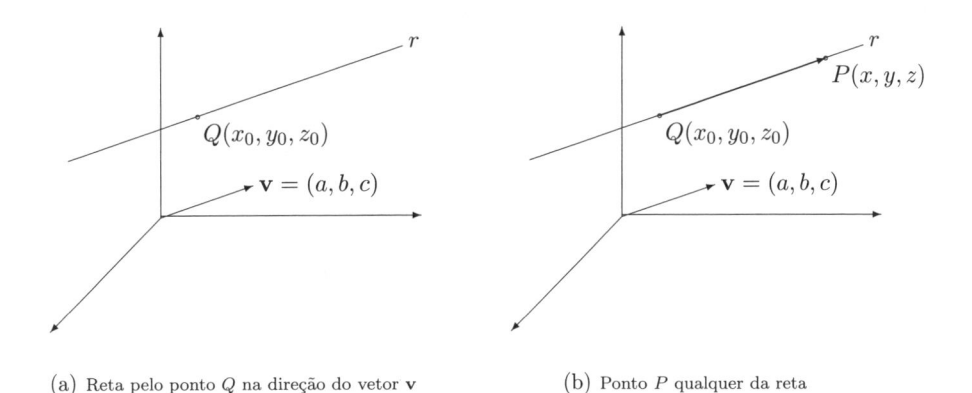

Figura 10.1 Reta no $\mathbb{R}^3$.

Para que um ponto $P\ (x,\ y,\ z)$ qualquer pertença à reta, os vetores $\overrightarrow{PQ}$ e $\mathbf{v}$ devem ser múltiplos escalares, Figura 10.1(b). Podemos então escrever:

$$\overrightarrow{PQ} = t\,\mathbf{v}, \tag{10.1}$$

em que t é qualquer número real. A Equação 10.1 é denominada **equação vetorial** da reta que passa pelo ponto Q e tem direção dada pelo vetor $\mathbf{v}$. Também é usual denominarmos o vetor $\mathbf{v}$ como **vetor diretor** da reta.

Reescrevendo a Equação 10.1 em termos das coordenadas dos pontos P e Q e do vetor $\mathbf{v}$, temos:
$$(x - x_0, y - y_0, z - z_0) = t(a, b, c), \quad -\infty < t < \infty,$$
e, pela igualdade dos vetores, obtemos:
$$r : \begin{cases} x - x_0 = at \\ y - y_0 = bt \\ z - z_0 = ct \end{cases} \therefore \quad r : \begin{cases} x = x_0 + at \\ y = y_0 + bt \\ z = z_0 + ct \end{cases}, \quad -\infty < t < \infty, \quad (10.2)$$

denominadas **equações paramétricas** da reta r, que passam pelo ponto $Q(x_0, y_0, z_0)$ e tem direção dada pelo vetor $\mathbf{v} = (a, b, c)$. São denominadas equações paramétricas porque as coordenadas (x, y, z) de cada ponto da reta são dadas em função da variável t, denominada **parâmetro**.

Exemplo 10.1 *Determine as equações paramétricas da reta r que passa por $Q(1, -3, 2)$ e tem direção dada pelo vetor $\mathbf{v} = (-4, 3, 2)$.*

Substituindo as coordenadas do ponto e do vetor na Equação 10.2 obtemos:
$$r : \begin{cases} x = 1 - 4t \\ y = -3 + 3t \\ z = 2 + 2t \end{cases}, \quad -\infty < t < \infty.$$

Dadas as equações paramétricas de uma reta, para cada valor do parâmetro t obtemos um ponto da reta, e, reciprocamente, cada ponto da reta corresponde a um valor do parâmetro t. Assim, quando o parâmetro t varia no intervalo real $-\infty < t < \infty$, as equações paramétricas nos fornecem as coordenadas de todos os pontos da reta. Deste ponto em diante, omitiremos o intervalo de variação do parâmetro ao escrevermos a equação de uma reta*.

Para verificarmos se um dado ponto pertence a uma reta, substituímos suas coordenadas nas equações paramétricas da reta: se o valor do parâmetro for o mesmo nas três equações, o ponto pertence à reta, caso contrário, o ponto não pertence à reta.

Exemplo 10.2 *Consideremos a reta r de equações paramétricas* $\begin{cases} x = 2 + t \\ y = 1 + 2t \\ z = -2 + t \end{cases}$.

- *Fazendo $t = 1$, temos* $\begin{cases} x = 3 \\ y = 3 \\ z = -1 \end{cases}$, *assim $(3, 3, -1)$ é um ponto da reta.*

- *O ponto $(6, 9, 2)$ pertence à reta, pois substituindo suas coordenadas nas equações paramétricas obtemos, nas três equações, o mesmo valor $t = 4$ para o parâmetro.*

---

* A menos que se especifique o contrário, o parâmetro sempre varia em $\mathbb{R}$.

- *O ponto (3, 3, 1) não pertence à reta, pois substituindo suas coordenadas nas equações paramétricas não obtemos o mesmo valor para o parâmetro nas três equações.*

Se $a \neq 0$, $b \neq 0$ e $c \neq 0$ nas Equações paramétricas 10.2, podemos isolar o parâmetro t em cada uma dessas equações, obtendo:

$$t = \frac{x - x_0}{a}, \quad t = \frac{y - y_0}{b}, \quad t = \frac{z - z_0}{c}. \tag{10.3}$$

A partir de 10.3, pela igualdade do parâmetro nas três equações, podemos escrever:

$$\frac{x - x_0}{a} = \frac{y - y_0}{b} = \frac{z - z_0}{c}, \tag{10.4}$$

denominadas **equações simétricas** da reta. Também a partir de 10.3, podemos substituir o valor do parâmetro encontrado em uma das equações nas demais, obtendo equações da forma:

$$r : \begin{cases} x = x(z) \\ y = y(z) \end{cases} \quad \text{ou} \quad r : \begin{cases} x = x(y) \\ z = z(y) \end{cases} \quad \text{ou} \quad r : \begin{cases} y = y(x) \\ z = z(x) \end{cases}, \tag{10.5}$$

denominadas **equações reduzidas** da reta.

Exemplo 10.3 *Consideremos a reta r que passa pelo ponto $Q(1, -3, 2)$ na direção do vetor $\mathbf{v} = (2, 3, 2)$.*

- *Por 10.1 sua equação vetorial é $r : (x - 1, y + 3, z - 2) = t(2, 3, 2)$.*

- *Por 10.2 sua equações paramétricas são $r : \begin{cases} x = 1 + 2t \\ y = -3 + 3t \\ z = 2 + 2t \end{cases}$*

- *Por 10.4 sua equações simétricas são $r : \frac{x-1}{2} = \frac{y+3}{3} = \frac{z-2}{2}$.*

- *Isolando o parâmetro t na primeira equação paramétrica e substituindo nas demais, obtemos as equações reduzidas em função de x, isto é, r : $\begin{cases} y = \frac{3}{2}x - \frac{9}{2} \\ z = x + 1 \end{cases}$.*

- *Isolando o parâmetro t na segunda equação paramétrica e substituindo nas demais, obtemos as equações reduzidas em função de y, isto é, r : $\begin{cases} x = \frac{2}{3}y + 3 \\ z = \frac{2}{3}y + 4 \end{cases}$.*

- *Isolando o parâmetro t na terceira equação paramétrica e substituindo nas demais, obtemos as equações reduzidas em função de z, isto é, r : $\begin{cases} x = z - 1 \\ y = \frac{3}{2}z - 6 \end{cases}$.*

Finalmente, observamos que as equações de uma reta (vetorial, paramétricas, simétricas ou reduzidas) não são únicas, uma vez que existem infinitas escolhas para (x_0, y_0, z_0) (podemos utilizar qualquer um dos infinitos pontos da reta) e também infinitas escolhas para (a, b, c) (podemos utilizar qualquer múltiplo escalar não nulo de um vetor diretor*). Evidentemente tais equações são equivalentes, pois se referem à mesma reta.

Reta determinada por dois pontos dados

Consideremos a reta r que passa pelos pontos $A(x_1, y_1, z_1)$ e $B(x_2, y_2, z_2)$. Nesse caso, o vetor diretor da reta é o vetor $\overrightarrow{AB}$ ou $\overrightarrow{BA}$ (ou qualquer múltiplo escalar não nulo destes).

Exemplo 10.4 *Determine as equações paramétricas da reta r que passa pelos pontos $A(1, 2, 2)$ e $B(4, 3, 3)$.*

- *Utilizando o vetor diretor $\overrightarrow{AB} = (3, 1, 1)$ e as coordenadas do ponto A, temos:*

$$r : \begin{cases} x = 1 + 3t \\ y = 2 + t \\ z = 2 + t \end{cases}.$$

- *Utilizando o vetor diretor $\overrightarrow{AB} = (3, 1, 1)$ e as coordenadas do ponto B, temos:*

$$r : \begin{cases} x = 4 + 3s \\ y = 3 + s \\ z = 3 + s \end{cases}.$$

- *Utilizando o vetor diretor $\overrightarrow{BA} = (-3, -1, -1)$ e as coordenadas do ponto A, temos:*

$$r : \begin{cases} x = 1 - 3w \\ y = 2 - w \\ z = 2 - w \end{cases}.$$

Interseção de retas

Para obtermos o ponto de interseção de duas retas (distintas), resolvemos o sistema linear obtido igualando-se as componentes de suas respectivas equações paramétricas. Se o sistema linear apresentar uma única solução,

---

* Se **v** é vetor diretor da reta r, então qualquer múltiplo escalar não nulo de **v** também é vetor diretor dessa reta, uma vez que os vetores **v** e $k\mathbf{v}$ ($k \neq 0$) têm a mesma direção.

a interseção existe; se o sistema linear não apresentar solução, não existe interseção.

Exemplo 10.5 *Determine, se existir, a interseção das retas*

$$r_1 : \begin{cases} x = 1 + t \\ y = 3 - 2t \\ z = 1 - 3t \end{cases} \quad e \quad r_2 : \begin{cases} x = 3 + 2s \\ y = 4 + 6s \\ z = 4s \end{cases}.$$

Igualando as respectivas componentes de r_1 e r_2, obtemos um sistema linear cujas incógnitas t e s são os parâmetros das retas dadas:

$$\begin{cases} 1 + t = 3 + 2s \\ 3 - 2t = 4 + 6s \\ 1 - 3t = 4s \end{cases} \therefore \begin{cases} t - 2s = 2 \\ -2t - 6s = 1 \\ -3t - 4s = -1 \end{cases}. \quad (10.6)$$

Como o sistema linear obtido possui 3 equações e 2 incógnitas, obtemos sua solução (ou verificamos que não existe solução) do seguinte modo:

- *Inicialmente determinamos a solução de um subsistema formado por apenas duas equações. Tomando a primeira e a segunda equações, temos:*

$$\begin{cases} t - 2s = 2 \\ -2t - 6s = 1 \end{cases}$$

- *cuja solução é $t = 1$ e $s = -\frac{1}{2}$.*

- *A seguir verificamos se a solução obtida também satisfaz a equação restante. Se isto ocorrer, o sistema possui uma única solução, caso contrário, o sistema não apresenta solução. Para o sistema em análise, observamos que $t = 1$ e $s = -\frac{1}{2}$ também satisfazem a equação $-3t - 4s = -1$. Logo o Sistema linear 10.6 apresenta solução única $t = 1$ e $s = -\frac{1}{2}$ e o ponto de interseção é $(2, 1, -2)$, obtido substituindo $t = 1$ nas equações paramétricas de r_1 ou $s = -\frac{1}{2}$ nas equações paramétricas de r_2.*

Exemplo 10.6 *Determine, se existir, a interseção das retas*

$$r_1 : \begin{cases} x = 1 + t \\ y = -3 + 2t \\ z = t \end{cases} \quad e \quad r_2 : \begin{cases} x = 5 + s \\ y = 5 - s \\ z = 3 + 2s \end{cases}. \quad (10.7)$$

- *Igualando as respectivas componentes de r_1 e r_2 obtemos:*

$$\begin{cases} 1 + t = 5 + s \\ -3 + 2t = 5 - s \\ t = 3 + 2s \end{cases} \therefore \begin{cases} t - s = 4 \\ 2t + s = 8 \\ t - 2s = 3 \end{cases}.$$

- Tomando-se o subsistema formado pela primeira e pela segunda equações, temos:

$$\begin{cases} t - s = 4 \\ 2t + 6s = 8 \end{cases}$$

cuja solução é $t = 4$ e $s = 0$. Substituindo tal solução na terceira equação, $t - 2s = 3$, observamos que esta não é satisfeita. Assim, concluímos que o Sistema linear 10.7 não possui solução e consequentemente não existe interseção entre as retas.

Posição relativa de duas retas

Dizemos que duas retas do $\mathbb{R}^3$ são coplanares quando ambas estão contidas em um mesmo plano. Retas coplanares podem ser coincidentes, paralelas ou concorrentes. Por outro lado, dizemos que duas retas são reversas quando não existe um plano que as contém.

Para determinarmos a posição relativa de duas retas do $\mathbb{R}^3$, devemos comparar suas direções (através dos respectivos vetores diretores) e verificar a existência de interseção. Para isto consideremos as retas r_1 e r_2 com respectivos vetores diretores $\mathbf{v}_1$ e $\mathbf{v}_2$.

- Se $\mathbf{v}_1$ e $\mathbf{v}_2$ são múltiplos escalares (isto é, se existe uma constante k tal que $\mathbf{v}_1 = k\mathbf{v}_2$), então as retas estão na mesma direção. Nesse caso serão paralelas (caso não possuam interseção) ou coincidentes (caso possuam interseção).

- Se $\mathbf{v}_1$ e $\mathbf{v}_2$ não são múltiplos escalares, então as retas não estão na mesma direção. Nesse caso serão reversas (caso não possuam interseção) ou concorrentes (caso possuam interseção).

Exemplo 10.7 Discuta a posição relativa das retas

$$r_1 : \begin{cases} x = 1 + 2t \\ y = -2 + t \\ z = t \end{cases} \quad e \quad r_2 : \begin{cases} x = 2 + 6s \\ y = -2 + 3s \\ z = 3s \end{cases}$$

- Como os respectivos vetores diretores, $\mathbf{v}_1 = (2, 1, 1)$ e $\mathbf{v}_2 = (6, 3, 3)$, são múltiplos escalares, $\mathbf{v}_2 = 3\mathbf{v}_1$, concluímos que as retas têm a mesma direção.

- Verificamos a existência de interseção pelo sistema linear

$$\begin{cases} 1 + 2t = 2 + 6s \\ -2 + t = -2 + 3s \\ t = 3s \end{cases} \quad \therefore \quad \begin{cases} 2t - 6s = 1 \\ t - 3s = 0 \\ t - 3s = 0 \end{cases}$$

Como tal sistema não possui solução (verificação a cargo do leitor) concluímos que tais retas não possuem interseção. Tratam-se então de retas paralelas.

Exemplo 10.8 *Discuta a posição relativa das retas*

$$r_1 : \begin{cases} x = 1 + 2t \\ y = 3 - t \\ z = 4t \end{cases} \quad e \quad r_2 : \begin{cases} x = 3 - 5s \\ y = 2 + 2s \\ z = 4 - 3s \end{cases}.$$

- *Como os respectivos vetores diretores, $\mathbf{v_1} = (2, -1, 4)$ e $\mathbf{v_2} = (-5, 2, -3)$, não são múltiplos escalares (isto é, não existe uma constante $k \in \mathbb{R}$ tal que $\mathbf{v_1} = k\,\mathbf{v_2}$), concluímos que as retas não têm a mesma direção.*

- *A seguir verificamos a existência de interseção pelo sistema linear*

$$\begin{cases} 1 + 2t = 3 - 5s \\ 3 - t = 2 + 2s \\ 4t = 4 - 3s \end{cases} \therefore \begin{cases} 2t + 5s = 2 \\ t + 2s = 1 \\ 4t + 3s = 4 \end{cases},$$

cuja solução é $t = 1$ e $s = 0$ (verificação a cargo do leitor). Logo, o ponto de interseção é $(3, 2, 4)$, que é obtido substituindo-se $t = 1$ nas equações paramétricas de r_1 ou $s = 0$ nas equações paramétricas de r_2. Tratam-se então de retas concorrentes.

Exemplo 10.9 *Discuta a posição relativa das retas*

$$r_1 : \begin{cases} x = 1 + t \\ y = 2 + t \\ z = -3t \end{cases} \quad e \quad r_2 : \begin{cases} x = 2s \\ y = -s \\ z = 1 + s \end{cases}.$$

- *Como os respectivos vetores diretores, $\mathbf{v_1} = (1, 1, -3)$ e $\mathbf{v_2} = (2, -1, 1)$, não são múltiplos escalares, concluímos que as retas não têm a mesma direção.*

- *Verificamos a existência de interseção pelo sistema linear:*

$$\begin{cases} 1 + t = 2s \\ 2 + t = -s \\ -3t = 1 + s \end{cases} \therefore \begin{cases} t - 2s = -1 \\ t + s = -2 \\ 3t + s = -1 \end{cases}.$$

Como tal sistema não possui solução (verificação a cargo do leitor) concluímos que tais retas não possuem interseção. Tratam-se então de retas reversas.

Distância de um ponto a uma reta

Para determinarmos a distância D do ponto $P(x_0, y_0, z_0)$ à reta r, ilustrada na Figura 10.2, tomamos um ponto Q qualquer e um vetor diretor $\mathbf{v}$ da reta

r. Conforme Seção 9.3, a área A do paralelogramo formado pelos vetores $\overrightarrow{QP}$ e $\mathbf{v}$ é dada por:

$$A = |\overrightarrow{QP} \times \mathbf{v}|. \tag{10.8}$$

Por outro lado, temos também que $A = |\mathbf{v}|\, D$. Assim, substituindo 10.8 na equação

$$|\mathbf{v}|\, D = |\overrightarrow{QP} \times \mathbf{v}| \quad \therefore \quad D = \frac{|\overrightarrow{QP} \times \mathbf{v}|}{|\mathbf{v}|}$$

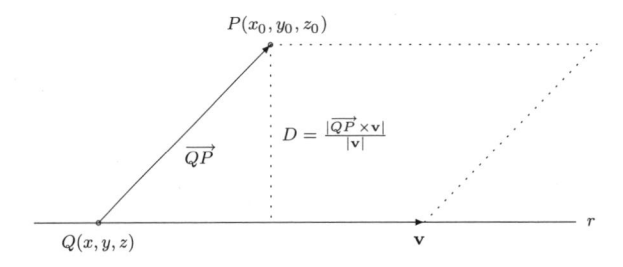

Figura 10.2 Distância do ponto P $(x_0,\ y_0,\ z_0)$ à reta r.

Exemplo 10.10 *Determine a distância do ponto P (1, 2, 3) à reta*

$$r : \begin{cases} x = 2t \\ y = 1 + 3t \\ z = 3 + 6t \end{cases}$$

Fazendo $t = 0$ nas equações paramétricas obtemos o ponto $Q(0,\ 1,\ 3) \in r$. A seguir, substituímos $\overrightarrow{QP} = (1,\ 1,\ 0)$ e o vetor diretor da reta $\mathbf{v} = (2,\ 3,\ 6)$ na Equação 10.9:

$$D = \frac{|(1,1,0) \times (2,3,6)|}{|(2,3,6)|} = \frac{|(6,-6,1)|}{\sqrt{4+9+36}} = \frac{\sqrt{73}}{\sqrt{49}} = \frac{\sqrt{73}}{7}.$$

10.2 Planos

Sejam $Q(x_0,\ y_0,\ z_0)$ um ponto e $\mathbf{n} = (a,\ b,\ c)$ um vetor ortogonal* a um plano π, Figura 10.3(a). Conforme ilustrado na Figura 10.3(b), um ponto P$(x,\ y,\ z)$ qualquer pertencerá ao plano se e somente se os vetores $\overrightarrow{QP}$ e $\mathbf{n}$ forem ortogonais, isto é, se e somente se:

$$\overrightarrow{QP} \cdot \mathbf{n} = 0. \tag{10.10}$$

---

* Um vetor ortogonal a um plano é usualmente denominado vetor **normal** ao plano.

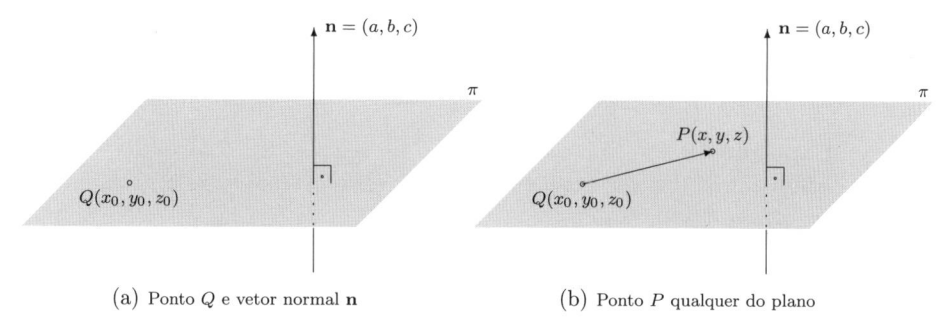

(a) Ponto Q e vetor normal **n** (b) Ponto P qualquer do plano

Figura 10.3 Ponto Q do plano e vetor **n** normal ao plano.

Reescrevendo a Equação 10.10 em termos das coordenadas dos pontos P e Q e das componentes do vetor normal **n**, temos:

$$(x - x_0, y - y_0, z - z_0) \cdot (a, b, c) = 0,$$

ou ainda:

$$a(x - x_0) + b(y - y_0) + c(z - z_0) = 0, \tag{10.11}$$

denominada **equação geral** do plano que passa pelo ponto $Q(x_0, y_0, z_0)$ e com vetor normal **n** $= (a, b, c)$.

A partir da Equação 10.11, temos:

$$ax - ax_0 + by - by_0 + cz - cz_0 = 0 \quad \therefore \quad ax + by + cz - (ax_0 + by_0 + cz_0),$$

e, observando que $-(ax_0 + by_0 + cz_0) = d$ é uma constante, podemos reescrevê-la na forma:

$$ax + by + cz + d = 0, \tag{10.12}$$

denominada **equação reduzida** do plano. É interessante observar que, para quaisquer valores de a, b e c, se $d = 0$, o plano passa pela origem, uma vez que as coordenadas $(0, 0, 0)$ necessariamente satisfazem sua equação.

Exemplo 10.11 *Determine a equação do plano que passa pelo ponto $Q(1, 3, -2)$ e tem vetor normal* **n** $= (2, -3, 2)$.

Substituindo as coordenadas do ponto e do vetor normal na Equação 10.11, obtemos:

$$2(x - 1) - 3(y - 3) + 2(z + 2) = 0 \quad \therefore \quad 2x - 3y + 2z + 11 = 0.$$

Se as coordenadas de um dado ponto satisfazem a equação do plano, o ponto pertence ao plano. Caso contrário, o ponto não pertence ao plano.

Exemplo 10.12 *Considere o plano de equação $x - y + 3z + 7 = 0$. O ponto $(-5, 5, 1)$ pertence ao plano, uma vez que $-5 - 5 + 3 + 7 = 0$. O ponto $(3, 2, 1)$ não pertence ao plano, uma vez que $3 - 2 + 3 + 7 = 11 \neq 0$.*

Para determinarmos alguns pontos de um plano, atribuímos valores arbitrários para duas das variáveis e determinamos o valor da terceira variável usando a equação do plano.

Exemplo 10.13 *Considere o plano de equação $2x - 3y + z - 6 = 0$. Substituindo $x = 0$ e $y = 0$ na equação do plano obtemos $z = 6$; assim, $(0, 0, 6)$ é um ponto desse plano.*

Plano determinado por três pontos não colineares

Três pontos não colineares (não alinhados) determinam um único plano. A Figura 10.4(a) ilustra o plano π determinado pelos pontos A, B e C. Um vetor **n** normal ao plano pode ser obtido pelo produto vetorial de dois vetores determinados por tais pontos, digamos $\mathbf{n} = \overrightarrow{AB} \times \overrightarrow{AC}$, como ilustrado na Figura 10.4(b).

(a) Plano determinado pelos pontos A, B e C (b) Vetor normal ao plano

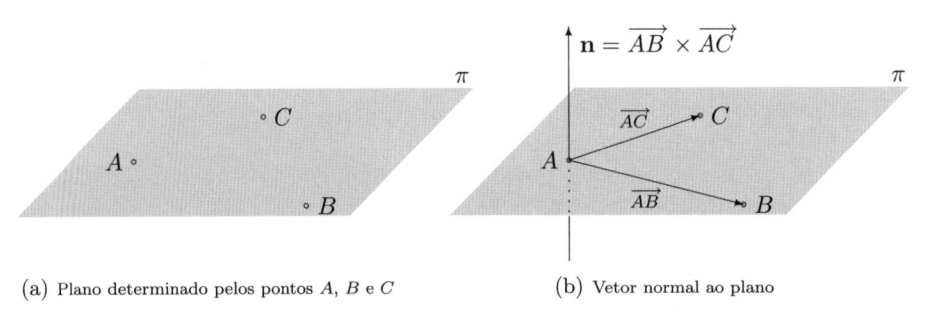

Figura 10.4 Plano determinado por três pontos não colineares.

Exemplo 10.14 *Determine a equação do plano determinado pelos pontos*

$$A(1,3,2), \quad B(-1,0,1) \quad e \quad C(3,-2,2).$$

- *Determinamos um vetor normal ao plano:*

$$\mathbf{n} = \overrightarrow{AB} \times \overrightarrow{AC} = (-2,-3,-1) \times (2,-5,0) = \begin{vmatrix} \mathbf{i} & \mathbf{j} & \mathbf{k} \\ -2 & -3 & -1 \\ 2 & -5 & 0 \end{vmatrix} = (-5,-2,16).$$

- *Substituímos na Equação 10.11 as coordenadas de um ponto qualquer do plano, digamos, do ponto B, e as componentes do vetor normal. Assim:*

$$-5(x+1) - 2(y-0) + 16(z-1) = 0 \quad \therefore \quad 5x + 2y - 16z + 21 = 0.$$

Plano determinado por uma reta e um ponto

Uma reta e um ponto (que não pertença à reta dada) determinam um único plano. A Figura 10.5(a) ilustra o plano π determinado pela reta r

e pelo ponto P. Um vetor $\mathbf{n}$ normal ao plano pode ser obtido pelo produto vetorial dos vetores $\mathbf{v}$ (um vetor diretor da reta r) e $\overrightarrow{QP}$ (em que Q é um ponto da reta r), isto é, $\mathbf{n} = \mathbf{v} \times \overrightarrow{QP}$, conforme ilustrado na Figura 10.5(b).

(a) Plano determinado por reta e ponto

(b) Vetor normal ao plano

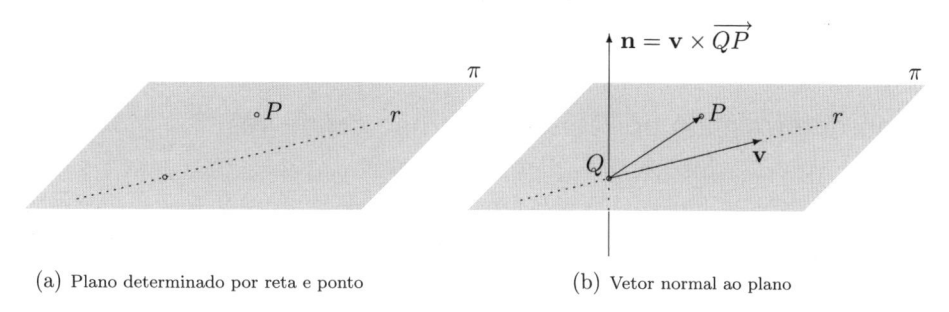

Figura 10.5 Plano determinado por uma reta e por um ponto.

Exemplo 10.15 *Determine a equação do plano determinado pelo ponto $P(2, -1, 3)$ e pela reta*

$$r : \begin{cases} x = -1 + t \\ y = 2 - 2t \\ z = -t \end{cases}.$$

- *Observando que $Q(-1, 2, 0)$ é um ponto e $\mathbf{v} = (1, -2, -1)$ um vetor diretor da reta r, um vetor normal ao plano é dado por:*

$$\mathbf{n} = \mathbf{v} \times \overrightarrow{QP} = (1, -2, -1) \times (3, -3, 3) = \begin{vmatrix} \mathbf{i} & \mathbf{j} & \mathbf{k} \\ 1 & -2 & -1 \\ 3 & -3 & 3 \end{vmatrix} = (-9, -6, 3).$$

- *Como qualquer múltiplo escalar (não nulo) de $\mathbf{n}$ também é normal ao plano, tomamos como vetor normal $\mathbf{m} = (3, 2, -1)$. Assim, a equação do plano fica:*

$$3(x+1) + 2(y-2) - 1(z-0) = 0 \quad \therefore \quad 3x + 2y - z - 1 = 0.$$

Plano determinado por duas retas paralelas

Duas retas paralelas determinam um único plano. A Figura 10.6(a) ilustra o plano π determinado pelas retas paralelas r_1 e r_2. Um vetor $\mathbf{n}$ normal ao plano pode ser obtido pelo produto vetorial dos vetores $\mathbf{v}$, um vetor diretor da reta r_1 (poderíamos evidentemente tomar um vetor diretor da reta r_2) e $\overrightarrow{QP}$, em que Q é um ponto da reta r_1 e P um ponto da reta r_2, isto é, $\mathbf{n} = \mathbf{v} \times \overrightarrow{QP}$, conforme ilustrado na Figura 10.6(b).

(a) Plano determinado por retas paralelas

(b) Vetor normal ao plano

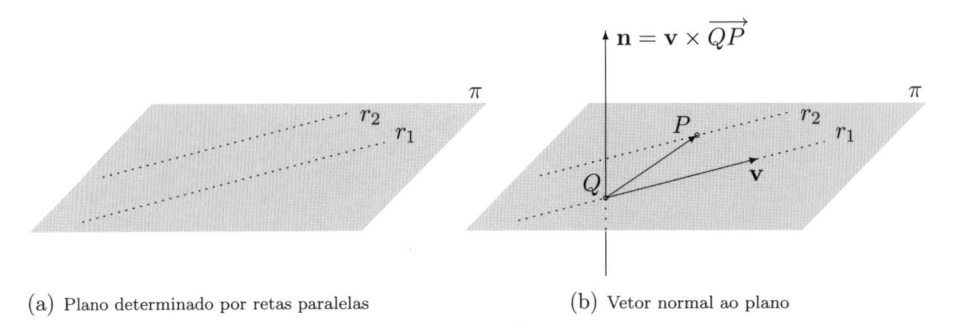

Figura 10.6 Plano determinado por duas retas paralelas.

Exemplo 10.16 *Encontre a equação do plano determinado pelas retas*

$$r_1 : \begin{cases} x = 1 + t \\ y = -1 + 2t \\ z = -3 - 3t \end{cases} \quad e \quad r_2 : \begin{cases} x = -1 + 2s \\ y = 3 + 4s \\ z = -2 - 6s \end{cases}.$$

- *Os respectivos vetores diretores das retas r_1 e r_2, $\mathbf{v} = (1, 2, -3)$ e $\mathbf{w} = (2, 4, -6)$, são múltiplos escalares, $\mathbf{w} = 2\mathbf{v}$. Logo, as retas são paralelas e definem um único plano.*

- *Um ponto da reta r_1, obtido substituindo $t = 0$ em suas equações paramétricas, é $Q(1, -1, -3)$, e, um ponto da reta r_2, obtido substituindo $s = 0$ em suas equações paramétricas, é $P(-1, 3, -2)$. Assim, um vetor normal ao plano é:*

$$\mathbf{n} = \mathbf{v} \times \overrightarrow{QP} = (1, 2, -3) \times (-2, 4, 1) = \begin{vmatrix} \mathbf{i} & \mathbf{j} & \mathbf{k} \\ 1 & 2 & -3 \\ -2 & 4 & 1 \end{vmatrix} = (-14, -5, -8)$$

- *Como qualquer múltiplo escalar (não nulo) de $\mathbf{n}$ também é normal ao plano, tomamos o vetor normal $\mathbf{m} = (14, 5, 8)$. Assim, a equação do plano, utilizando as coordenadas do ponto Q, fica:*

$$14(x - 1) + 5(y + 1) + 8(z + 3) = 0 \quad \therefore \quad 14x + 5y + 8z + 15 = 0$$

Plano determinado por duas retas concorrentes

Duas retas concorrentes determinam um único plano. A Figura 10.7(a) ilustra o plano π determinado pelas retas concorrentes r_1 e r_2. Nesse caso um vetor $\mathbf{n}$ normal ao plano pode ser obtido pelo produto vetorial dos vetores $\mathbf{v_1}$, um vetor diretor da reta r_1, e $\mathbf{v_2}$, um vetor diretor da reta r_2, isto é, $\mathbf{n} = \mathbf{v_1} \times \mathbf{v_2}$, conforme ilustrado na Figura 10.7(b).

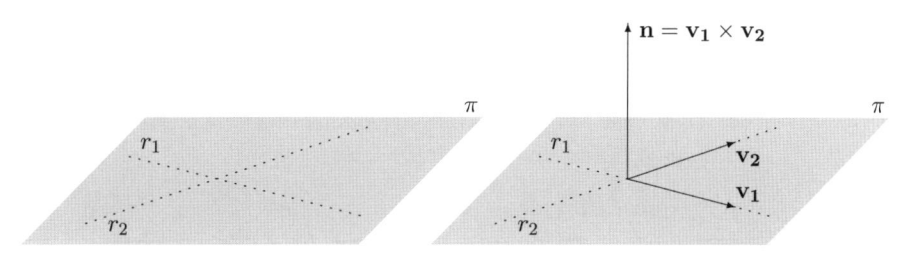

Figura 10.7 Plano determinado por duas retas concorrentes.

Exemplo 10.17 *Encontre a equação do plano determinado pelas retas*

$$r_1 : \begin{cases} x = 1 + t \\ y = 2 - t \\ z = 1 + 2t \end{cases} \quad e \quad r_2 : \begin{cases} x = 4 + s \\ y = -1 + 2s. \\ z = 7 - s \end{cases}$$

- *Os respectivos vetores diretores das retas r_1 e r_2, $\mathbf{v_1} = (1, -1, 2)$ e $\mathbf{v_2} = (1, 2, -1)$, não são múltiplos escalares. Logo, tais retas podem ser concorrentes (caso haja interseção) ou reversas (caso não haja interseção). Para determinarmos a interseção de r_1 e r_2, resolvemos o sistema linear:*

$$\begin{cases} 1 + t = 4 + s \\ 2 - t = -1 + 2s \\ 1 + 2t = 7 - s \end{cases} \therefore \begin{cases} t - s = 3 \\ t + 2s = 3, \\ 2t + s = 6 \end{cases}$$

cuja (única) solução é $t = 3$ e $s = 0$ (verificação a cargo do leitor). Desse modo as retas são concorrentes no ponto $P(4, -1, 7)$.

- *Um vetor normal ao plano é obtido pelo produto vetorial dos respectivos vetores diretores das retas. Assim:*

$$\mathbf{n} = \mathbf{v_1} \times \mathbf{v_2} = (1, -1, 2) \times (1, 2, -1) = \begin{vmatrix} \mathbf{i} & \mathbf{j} & \mathbf{k} \\ 1 & -1 & 2 \\ 1 & 2 & -1 \end{vmatrix} = (-3, 3, 3).$$

- *Como qualquer múltiplo escalar (não nulo) de $\mathbf{n}$ também é normal ao plano, tomamos o vetor normal $\mathbf{m} = (-1, 1, 1)$. Assim, a equação do plano, utilizando as coordenadas do ponto de interseção, fica:*

$$-(x - 4) + (y + 1) + (z - 7) = 0 \quad \therefore \quad x - y - z + 2 = 0.$$

Esboço de planos

Discutimos a seguir o esboço de um plano dada a sua equação. Devemos considerar três casos:

- A equação do plano contém as três variáveis. O plano intercepta os três eixos coordenados.

- A equação do plano contém apenas duas váriaveis. O plano é paralelo ao eixo da variável ausente.

- A equação do plano contém uma única variável. O plano é paralelo ao plano coordenado formado pelos eixos das variáveis ausentes.

Exemplo 10.18 *Esboce o plano de equação $4x + 3y + 6z = 12$. Determinamos os interceptos do plano com os eixos coordenados:*

- *fazendo $y = z = 0$, obtemos $x = 3$, logo o plano intercepta o eixo x no ponto $(3, 0, 0)$;*

- *fazendo $x = z = 0$, obtemos $y = 4$, logo o plano intercepta o eixo y no ponto $(0, 4, 0)$;*

- *fazendo $x = y = 0$, obtemos $z = 2$, logo o plano intercepta o eixo z no ponto $(0, 0, 2)$.*

Em seguida marcamos os pontos encontrados no sistema de coordenadas cartesianas e os unimos por segmentos de reta, conforme ilustrado na **Figura** *10.8. Observe que esse processo fornece uma parte do plano em apenas um octante.*

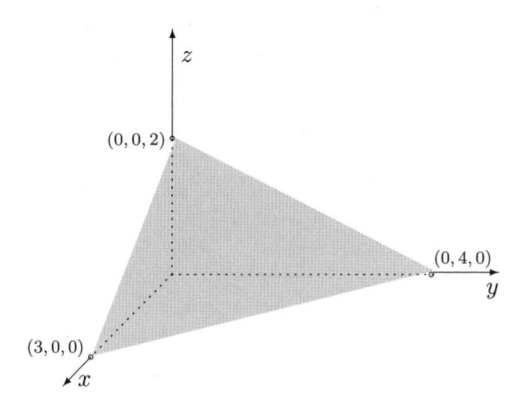

Figura 10.8 Plano $4x + 3y + 6z = 12$.

Exemplo 10.19 *Esboce o plano de equação $5x + 2y = 10$. Determinamos os interceptos do plano com os eixos coordenados:*

- *fazendo $x = 0$, obtemos $y = 5$, logo o plano intercepta o eixo y no ponto $(0, 5, 0)$;*

- *fazendo $y = 0$, obtemos $x = 2$, logo o plano intercepta o eixo x no ponto $(2, 0, 0)$;*

- *fazendo $x = y = 0$, temos uma equação impossível: $0 = 10$. Observamos assim que o plano não possui intercepto com o eixo z, logo, trata-se de um plano paralelo a esse eixo.*

Marcamos os pontos encontrados no sistema de coordenadas cartesianas e traçamos uma parte do plano, conforme ilustrado na Figura 10.9(a).

(a) Plano paralelo ao eixo z

(b) Plano paralelo ao eixo x

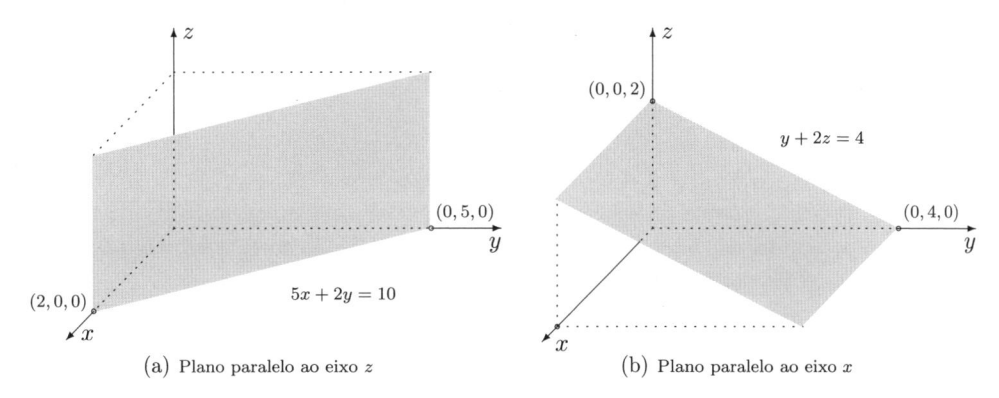

Figura 10.9 Planos paralelos aos eixos coordenados.

Exemplo 10.20 *Esboce o plano de equação $y + 2z = 4$. Determinamos os interceptos do plano com os eixos coordenados:*

- *fazendo $y = 0$, obtemos $z = 2$, logo o plano intercepta o eixo z no ponto $(0, 0, 2)$;*

- *fazendo $z = 0$, obtemos $y = 4$, logo o plano intercepta o eixo y no ponto $(0, 4, 0)$;*

- *fazendo $y = z = 0$, temos uma equação impossível: $0 = 4$. Observamos assim que o plano não possui intercepto com o eixo x, logo, trata-se de um plano paralelo a esse eixo.*

Marcamos os pontos encontrados no sistema de coordenadas cartesianas e traçamos uma parte do plano, conforme ilustrado na Figura 10.9(b).

Exemplo 10.21 *Esboce o plano de equação $x = 5$.*

Evidentemente tal plano intercepta o eixo x no ponto $(5, 0, 0)$, não intercepta o eixo y nem o eixo z. Logo, trata-se de um plano paralelo ao plano yz, conforme ilustrado na Figura 10.10(a).

(a) Plano paralelo ao plano yz

(b) Plano paralelo ao plano xy

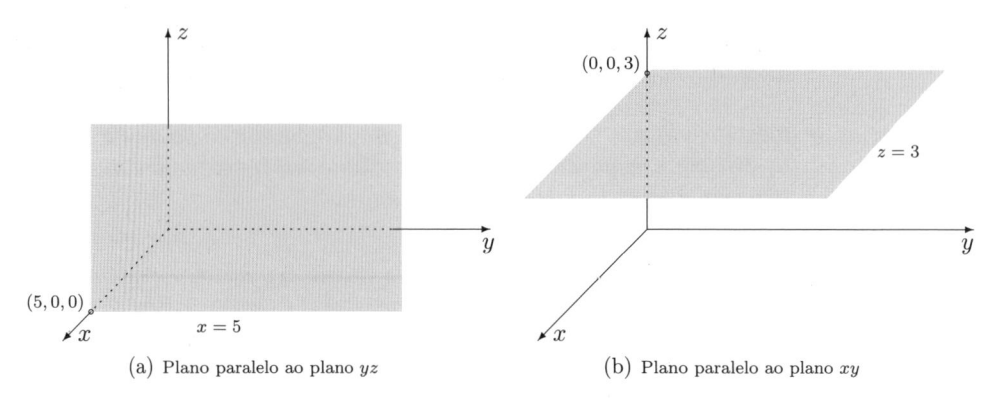

Figura 10.10 Planos paralelos aos planos coordenados.

Exemplo 10.22 *Esboce o plano de equação $z = 3$.*

Evidentemente tal plano intercepta o eixo z no ponto $(0, 0, 3)$, não intercepta o eixo x nem o eixo y. Logo, trata-se de um plano paralelo ao plano xy, conforme ilustrado na Figura 10.10(b).

Posição relativa de dois planos

Dois planos podem ser coincidentes, paralelos ou concorrentes. Para determinarmos a posição relativa de dois planos comparamos seus vetores normais e verificamos a existência de interseção. Para isto consideremos os planos π_1 e π_2 com respectivos vetores normais $\mathbf{n_1}$ e $\mathbf{n_2}$.

- Se $\mathbf{n_1}$ e $\mathbf{n_2}$ são múltiplos escalares (isto é, se existe uma constante k tal que $\mathbf{n_1} = k\mathbf{n_2}$), então os planos serão paralelos (caso não possuam interseção) ou coincidentes (caso possuam interseção).

- Se $\mathbf{n_1}$ e $\mathbf{n_2}$ não são múltiplos escalares, então os planos são concorrentes (que se interceptam em uma reta).

Exemplo 10.23 *Determine a posição relativa dos planos*

$$\pi_1 : x + 3y + z - 2 = 0 \quad e \quad \pi_2 : 2x + 6y + 2z - 4 = 0.$$

- *Como os respectivos vetores normais, $\mathbf{n_1} = (1, 3, 1)$ e $\mathbf{n_2} = (2, 6, 2)$, são múltiplos escalares, $\mathbf{n_2} = 2\mathbf{n_1}$, os planos são paralelos ou coincidentes.*

- *Para verificarmos se tais planos são paralelos ou coincidentes, procedemos da seguinte forma: tomamos um ponto qualquer em um plano e verificamos se tal ponto pertence ao outro plano. Caso pertença, os planos são coincidentes, caso contrário, os planos são paralelos.*

- *Substituindo $x = 0$ e $y = 0$ na equação do plano π_1, obtemos $z = 2$, logo $(0, 0, 2)$ é um ponto do plano π_1. Como as coordenadas desse ponto também satisfazem a equação do plano π_2,*

$$2(0) + 6(0) + 2(2) - 4 = 0,$$

concluímos que tal ponto também pertence ao plano π_2. Logo os planos são coincidentes.

Exemplo 10.24 *Determine a posição relativa dos planos*

$$\pi_1 : x - 2y + 3z + 12 = 0 \quad e \quad \pi_2 : -3x + 6y - 9z + 5 = 0.$$

- *Como os respectivos vetores normais, $\mathbf{n_1} = (1, -2, 3)$ e $\mathbf{n_2} = (-3, 6, -9)$, são múltiplos escalares, $\mathbf{n_2} = -3\mathbf{n_1}$, os planos são paralelos ou coincidentes.*

- *Substituindo $x = 0$ e $y = 0$ na equação do plano π_1, obtemos $z = -4$, logo $(0, 0, -4)$ é um ponto do plano π_1. Como as coordenadas desse ponto não satisfazem a equação do plano π_2,*

$$-3(0) + 6(0) - 9(-4) + 5 \neq 0,$$

concluímos que tal ponto não pertence ao plano π_2. Logo os planos são paralelos.

Exemplo 10.25 *Determine a posição relativa dos planos*

$$\pi_1 : x + y + 3z = 0 \quad e \quad \pi_2 : x + 2y - z + 3 = 0.$$

- *Como os respectivos vetores normais, $\mathbf{n_1} = (1, 1, 3)$ e $\mathbf{n_2} = (1, 2, -1)$, não são múltiplos escalares, os planos são concorrentes.*

Reta de interseção de planos

Uma vez estabelecido que dois planos são concorrentes, devemos determinar a reta de interseção, como ilustrado no exemplo a seguir.

Exemplo 10.26 *Determine, se existir, a reta de interseção dos planos*

$$\pi_1 : -x - y + 2z - 4 = 0 \quad e \quad \pi_2 : 2x + y - 3z = 0.$$

Como os respectivos vetores normais $\mathbf{n_1} = (-1, -1, 2)$ e $\mathbf{n_2} = (2, 1, -3)$, não são múltiplos escalares, os planos são concorrentes. A reta de interseção *desses planos consiste de todos os pontos que satisfazem as equações de ambos, isto é, que satisfazem o sistema linear*

$$\begin{cases} -x - y + 2z - 4 = 0 \\ 2x + y - 3z = 0 \end{cases} \therefore \begin{cases} -x - y + 2z = 4 \\ 2x + y - 3z = 0 \end{cases}$$

Como se trata de um sistema com maior número de incógnitas que equações, procedemos do seguinte modo:

- *adicionamos as equações membro a membro de modo a eliminar a variável y, obtendo $x - z = 4$;*

- *escolhemos uma das variáveis como parâmetro, por exemplo, fazendo $z = t$, obtemos $x = 4 + t$;*

- *substituindo $x = 4 + t$ e $z = t$ em uma das equações do sistema linear, por exemplo, na primeira equação, obtemos $y = -8 + t$.*

Assim as equações paramétricas da reta de interseção dos planos π_1 e π_2 são:

$$\begin{cases} x = 4 + t \\ y = -8 + t \\ z = t \end{cases}$$

Distância de um ponto a um plano

Para determinarmos a distância do ponto $P(x_0, y_0, z_0)$ ao plano $\pi : ax + by + cz + d = 0$, tomamos um ponto $Q(x, y, z)$ qualquer do plano e um vetor $\mathbf{n} = (a, b, c)$ normal ao plano, conforme ilustrado na Figura 10.11.

Conforme ilustrado nessa Figura, a distância D é o módulo do vetor $\mathbf{p}$, projeção do vetor $\overrightarrow{QP}$ na direção do vetor $\mathbf{n}$ normal ao plano. Assim, usando a Equação 9.6 (p. 164), temos:

$$D = |\mathbf{p}| = \left| \frac{\overrightarrow{QP} \cdot \mathbf{n}}{|\mathbf{n}|^2} \mathbf{n} \right| = \frac{|\overrightarrow{QP} \cdot \mathbf{n}|}{|\mathbf{n}|^2} |\mathbf{n}| = \frac{|\overrightarrow{QP} \cdot \mathbf{n}|}{|\mathbf{n}|}$$

$$= \frac{|(x_0 - x, y_0 - y, z_0 - z) \cdot (a, b, c)|}{|\mathbf{n}|}$$

$$= \frac{|ax_0 + by_0 + cz_0 - ax - by - cz|}{|\mathbf{n}|}$$

como $ax + by + cz + d = 0$, temos que $d = -ax - by - cz$, logo

$$D = \frac{|ax_0 + by_0 + cz_0 + d|}{|\mathbf{n}|} \therefore D = \frac{|ax_0 + by_0 + cz_0 + d|}{\sqrt{a^2 + b^2 + c^2}}. \quad (10.13)$$

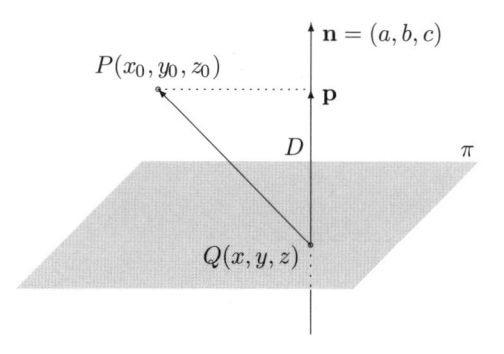

Figura 10.11 Distância do ponto P(x_0, y_0, z_0) ao plano π.

Exemplo 10.27 *Determine a distância do ponto P (1, 2, 3) ao plano π : $x - y + 2z - 4 = 0$.*

Substituindo $(x_0, y_0, z_0) = (1, 2, 3)$, $(a, b, c) = (1, -1, 2)$ *e* $d = -4$ *na Equação 10.13, temos:*

$$D = \frac{|1 - 2 + 6 - 4|}{\sqrt{6}} = \frac{1}{\sqrt{6}} = \frac{\sqrt{6}}{6}.$$

10.3 Problemas propostos

10.1 *Em cada caso, determine se o ponto dado pertence à reta* $\begin{cases} x = -1 + t \\ y = 2 + 5t \\ z = -2 + 3t \end{cases}$;

(a) $(2, 17, 7)$ (c) $(-1, 2, -2)$

(b) $(5, 18, 11)$ (d) $(1, -2, 2)$

10.2 *Estabeleça as equações paramétricas das retas nos seguintes casos:*

(a) *passa pelo ponto* $(-1, 5, 3)$ *na direção do vetor* $\mathbf{v} = (-1, 2, -7)$;

(b) *passa pelos pontos* $(1, -2, 3)$ *e* $(0, 3, -1)$;

(c) *passa pelo ponto* $(1, -2, 3)$ *e é paralela à reta* $\begin{cases} x = 1 + 2t \\ y = -t \\ z = -3 + 3t \end{cases}$

(d) *passa pelo ponto* $(-1, 2, -5)$ *e é paralela à reta que passa pelos pontos* $(1, 0, 2)$ *e* $(5, -3, -1)$;

(e) *passa pelo ponto* $(-1, -3, 7)$ *e é paralela à reta* $\frac{x-1}{3} = \frac{y+3}{-1} = \frac{z-7}{4}$;

(f) *passa pelo ponto* $(-5, 3, 2)$ *e é paralela ao eixo x.*

10.3 *Estabeleça as equações paramétricas das retas nos seguintes casos:*

(a) *passa pelo ponto* $(1, 3, 4)$ *na direção do vetor* $v = 2i - j + k$;

(b) passa pelo ponto $(2, 1, 3)$ e é perpendicular ao plano xz;

(c) passa pelo ponto $(3, 5, 7)$ e é simultaneamente ortogonal aos eixos x e y.

10.4 Determine, se existir, o ponto de interseção das retas dadas.

(a) $\begin{cases} x = t \\ y = -1 + 3t \\ z = 1 + 2t \end{cases}$ e $\begin{cases} x = s \\ y = -2 + 4s \\ z = 3s \end{cases}$ (b) $\begin{cases} x = 2 + 2t \\ y = 3t \\ z = 5 + 4t \end{cases}$ e $\begin{cases} x = 5 + s \\ y = 2 - s \\ z = 7 - 2s \end{cases}$

(c) $\begin{cases} x = 4 + t \\ y = 1 + 3t \\ z = 7 - 5t \end{cases}$ e $\begin{cases} x = 1 - s \\ y = 2 - 7s \\ z = -s \end{cases}$ (d) $\begin{cases} x = t \\ y = 2t \\ z = -3 + t \end{cases}$ e $\begin{cases} x = 3 + s \\ y = 1 - 3s \\ z = s \end{cases}$

(e) $x - 2 = \frac{-1-y}{3} = \frac{-z-1}{2}$ e $r_2 : \frac{x-3}{2} = 1 - y = \frac{z-3}{2}$

10.5 Determine, se existirem, os pontos de interseção da reta que passa pelos pontos $(-1, 1, 3)$ e $(4, -2, 1)$ com os planos coordenados.

10.6 Estabeleça as equações paramétricas das retas nos seguintes casos:

(a) passa pelo ponto $(2, 3, 1)$ e é simultaneamente ortogonal às retas

$\begin{cases} x = 3 \\ y = 1 \\ z = t \end{cases}$ e $\begin{cases} x = s \\ y = 1 - 2s \\ z = -3 - s \end{cases}$;

(b) passa pela origem e é simultaneamente ortogonal às retas

$\begin{cases} x = 2t \\ y = -t \\ z = 3 - 2t \end{cases}$ e $\begin{cases} x = s \\ y = -1 + 3s \\ z = 4 - s \end{cases}$;

(c) passa pela ponto $(-1, 4, 5)$ e é perpendicular à reta $\begin{cases} x = -2 + t \\ y = 1 - t \\ z = 1 + 2t \end{cases}$.

10.7 Determine a projeção ortogonal do ponto $A(2, -1, 3)$ sobre a reta

$\begin{cases} x = 3t \\ y = -7 + 5t \\ z = 2 + 2t \end{cases}$

10.8 Determine o ponto simétrico de $P(1, 2, 1)$ em relação à reta $\begin{cases} x = -2t \\ y = t \\ z = -t \end{cases}$;

10.9 Considere o triângulo de vértices $A(1, 0, -2)$, $B(2, -1, -6)$ e $C(-4, 5, 2)$. Determine as equações paramétricas da reta suporte da mediana relativa ao lado BC.

10.10 Considere o triângulo de vértices $A(3, 3, 3)$, $B(0, 1, 3)$ e $C(6, 15, -3)$. Determine as equações paramétricas da reta suporte da altura relativa ao lado BC.

10.11 Determine a posição relativa dos pares de retas:

(a) $\begin{cases} x = 2 - t \\ y = 3 + 2t \\ z = 1 + t \end{cases}$ e $\begin{cases} x = 5 - 2s \\ y = 2 + 4s; \\ z = 1 + 2s \end{cases}$

(b) $\begin{cases} x = 1 + 2t \\ y = -3 - t \\ z = t \end{cases}$ e $\frac{2x-1}{3} = y + 1 = 3z$

(c) $\begin{cases} x = 2 + t \\ y = 4 - 2t \\ z = 1 + 3t \end{cases}$ e $\begin{cases} x = -1 + 4s \\ y = 3 - s \\ z = 2 + 2s \end{cases}$.

10.12 Determine a distância do ponto $P(-2, 1, 2)$ à reta determinada pelos pontos $A(1, 2, 1)$ e $B(0, -1, 3)$.

10.13 Determine a medida da projeção ortogonal de $\mathbf{v} = (1, 2, 2)$ sobre a reta
$$\begin{cases} x = 1 - 2t \\ y = t \\ z = -1 - 2t \end{cases}.$$

10.14 Estabeleça a equação reduzida dos planos nos seguintes casos:

(a) determinado pelos pontos $A(-2, 1, 0)$, $B(-1, 4, 2)$ e $C(0, -2, 2)$;

(b) determinado pelos pontos $A(2, 1, 3)$, $B(-3, -1, 3)$ e $C(4, 2, 3)$;

(c) paralelo ao plano $\pi : 2x - 3y - z + 5 = 0$ e que passa pelo ponto $(4, -1, 2)$;

(d) perpendicular à reta $r : \begin{cases} x = 1 - 3t \\ y = 5 + 2t \\ z = -t \end{cases}$ e que passa pelo ponto $(-1, 0, 2)$;

(e) determinado pelas retas $\begin{cases} x = 1 + 2t \\ y = 4t \\ z = -1 + 6t \end{cases}$ e $\begin{cases} x = s \\ y = 1 + 2s \\ z = -2 + 3s \end{cases}$;

(f) perpendicular ao eixo y e que passa pelo ponto $(2, 7, -1)$;

(g) determinado pelas retas $\begin{cases} x = 1 + 2t \\ y = -2 + 3t \\ z = 3 - t \end{cases}$ e $\frac{x-1}{-2} = \frac{y+2}{-1} = \frac{z-3}{2}$;

(h) determinado pelo ponto $(3, -1, 2)$ e pela reta $\begin{cases} x = t \\ y = 2 - t \\ z = 3 + 2t \end{cases}$;

(i) determinado pelo ponto $(3, -2, -1)$ e pela reta de interseção dos planos
$$\pi_1 : x + 2y + z - 1 = 0 \quad e \quad \pi_2 : 2x + y - z + 7 = 0;$$

(j) determinado pelo ponto $P(1, 2, 1)$ e pela reta de interseção dos planos
$$\pi_1 : x - 2y + z - 3 = 0 \quad e \quad \pi_2 : x = 0;$$

(k) determinado pelo ponto $(1, -2, 3)$ e pela reta $\begin{cases} x = 1 - 2t \\ y = -2 + 3t \\ z = 1 + t \end{cases}$.

10.15 Determine um vetor unitário ortogonal ao plano determinado pelos pontos $A(2, -1, 2)$, $B(1, 0, -1)$ e $C(3, 2, 1)$.

10.16 Considere os vetores $\mathbf{a} = \mathbf{i} + 3\mathbf{j} + 2\mathbf{k}$, $\mathbf{b} = 2\mathbf{i} - \mathbf{j} + \mathbf{k}$ e $\mathbf{c} = \mathbf{i} - 2\mathbf{j}$. Seja π um plano paralelo aos vetores $\mathbf{b}$ e $\mathbf{c}$ e r uma reta ortogonal ao plano π. Determine o comprimento da projeção ortogonal do vetor $\mathbf{a}$ sobre a reta r.

10.17 Determine as equações paramétricas da reta r que passa pelo ponto dado e é paralela à reta de interseção dos planos π_1 e π_2.

(a) $(1, 2, 0)$, $\pi_1 : 2x - y - z + 1 = 0 \quad e \quad \pi_2 : x + 3y + 2z - 4 = 0;$

(b) $(4, -1, 3)$, $\pi_1 : 2x - y - z + 3 = 0 \quad e \quad \pi_2 : 17x + 9y + 3z + 3 = 0;$

10.18 Determine o ponto simétrico de $P(4, -7, 4)$ em relação ao plano $x - 3y + z + 4 = 0$.

10.19 Determine, se existir, o ponto de interseção e o plano determinado pelas retas
$$\begin{cases} x = 1 + 2t \\ y = 2 + 3t \\ z = 3 + 4t \end{cases} \quad e \quad \begin{cases} x = 2 + s \\ y = 4 + 2s \\ z = -1 - 4s \end{cases}.$$

10.20 Para o plano de equação reduzida

(a) $\pi_1 : 5x + 4y + 10z - 20 = 0$ \quad (b) $\pi_2 : 3x + 2z - 12 = 0$

determine:

(i) o ponto de interseção com o eixo x;

(ii) o ponto de interseção com o eixo y;

(iii) o ponto de interseção com o eixo z;

(iv) a reta de interseção com o plano xy;

(v) a reta de interseção com o plano xz;

(vi) a reta de interseção com o plano yz;

(vii) o esboço do plano.

10.4 Problemas suplementares

10.21 *Determine as equações paramétricas da reta que passa pelo ponto $(1, -2, -1)$ e que intercepta as retas reversas*

$$r_1 : \begin{cases} x = 1 + t \\ y = 1 + 2t \\ z = 2 + t \end{cases} \quad e \quad r_2 : \begin{cases} x = -4 + s \\ y = 3 - s \\ z = -2 + s \end{cases}.$$

10.22 *Determine as equações paramétricas da reta r paralela à reta $r_1 : \begin{cases} x = 1 + 8t \\ y = -7 - 3t \\ z = -2 - 4t \end{cases}$ e que intercepta as retas reversas*

$$r_2 : \begin{cases} x = -5 + 2\alpha \\ y = 3 - 4\alpha \\ z = -1 + 3\alpha \end{cases} \quad e \quad r_3 : \begin{cases} x = 3 - 2\beta \\ y = -1 + 3\beta \\ z = 2 + 4\beta \end{cases}.$$

10.23 *Determine a equação reduzida do plano que contém os pontos $A(2, -1, 6)$ e $B(1, -2, 4)$ e é perpendicular ao plano $\pi : x - 2y - 2z + 9 = 0$.*

Respostas dos Problemas

Capítulo 1

Problema 1.1 (p. 37)
- (a) $|AB| = 16$
- (b) $|BA| = 16$
- (c) $\overline{AB} = 11 - (-5) = 16$
- (d) $\overline{BA} = -5 - 11 = -16$

Problema 1.2 (p. 38) (-7) e (11)

Problema 1.3 (p. 38) $B(-17)$

Problema 1.4 (p. 38)

Ponto médio (13). Pontos de triseção (11) e (15).

Problema 1.5 (p. 38) $P(2a+1)$

Problema 1.6 (p. 38) $P\left(\frac{5}{2}\right)$

Problema 1.7 (p. 38)
- (a) $x(0) = 4\ m$.
- (b) $x(10) = 34\ m$.
- (c) $x(8) - x(2) = 28 - 10 = 18\ m$.

Problema 1.8 (p. 38)
- (a) $2\sqrt{5} + \sqrt{26} + \sqrt{34}$
- (b) $6\sqrt{5} + 2\sqrt{37}$
- (c) $5 + 2\sqrt{5} + \sqrt{41} + 4\sqrt{2}$
- (d) $2\sqrt{5} + \sqrt{37} + \sqrt{41} + 2\sqrt{13} + 6\sqrt{2}$

Problema 1.9 (p. 38)
$(a,\ a),\ (-a,\ a),\ (-a,\ -a)$ e $(a,\ -a)$

Problema 1.10 (p. 38)
$(a\sqrt{2}, 0),\ (0, a\sqrt{2}),\ (-a\sqrt{2}, 0)$ e $(0, -a\sqrt{2})$

Problema 1.11 (p. 38)
- (a) $\overline{AB} = \sqrt{2}$, $\overline{AC} = 2\sqrt{2}$, $\overline{BC} = 3\sqrt{2}$
- (b) $\overline{AB} = 5\sqrt{5}$, $\overline{AC} = 2\sqrt{5}$, $\overline{BC} = 7\sqrt{5}$
- (c) $\overline{AB} = 4\sqrt{5}$, $\overline{AC} = 6\sqrt{5}$, $\overline{BC} = 2\sqrt{5}$

Problema 1.12 (p. 38) $(2, 3)$

Problema 1.13 (p. 38) $(1, 1)$ e $(1, -1)$

Problema 1.14 (p. 39)
- (a) Perímetro: $8 + 2\sqrt{10}$. Área: 6
- (b) Perímetro: $6 + 3\sqrt{2}$. Área: $\frac{9}{2}$

Problema 1.15 (p. 39)
- (a) Escaleno
- (b) Isósceles
- (c) Escaleno
- (d) Isósceles

Problema 1.16 (p. 39)
- (a) Ponto $(4, 3)$
- (b) Ponto $(3, -2)$

Problema 1.17 (p. 39) $(3, -2)$ e $(3, 14)$

Problema 1.18 (p. 39) Centro $(3, -2)$ e raio $\sqrt{5}$

Problema 1.20 (p. 39)
- (a) $\left(2, \frac{5}{3}\right)$
- (b) $\left(3, \frac{3}{2}\right)$
- (c) $(10, 7)$

Respostas dos Problemas

Problema 1.21 (p. 39) $r = 2$

Problema 1.22 (p. 39) $(-18, -26)$ ou $(22, 38)$

Problema 1.23 (p. 39) $B(4, 5)$

Problema 1.24 (p. 39) $C(-8, 3)$

Problema 1.25 (p. 39) $(\frac{11}{6}, 0)$ $(\frac{7}{6}, -2)$

Problema 1.26 (p. 40)

(a) $(3, \frac{5}{2})$, $(4, \frac{3}{2})$ e $(6, 4)$

(b) $(0, 0)$, $(-\frac{3}{2}, \frac{5}{2})$ e $(\frac{3}{2}, \frac{5}{2})$

(c) $(-1, -2)$, $(\frac{3}{2}, \frac{11}{2})$ e $(-\frac{1}{2}, -\frac{1}{2})$

(d) $(-4, \frac{11}{2})$ e $(-\frac{5}{2}, 3)$ e $(-\frac{19}{2}, \frac{1}{2})$

Problema 1.27 (p. 40)
$A(-1, 1)$, $B(7, 3)$ e $C(-1, 5)$

Problema 1.28 (p. 40)

(a) $\frac{\sqrt{58}}{2}$, $\frac{\sqrt{58}}{2}$ e 7

(b) $\frac{\sqrt{685}}{2}$, $\frac{\sqrt{565}}{2}$ e $\sqrt{13}$

Problema 1.29 (p. 40)

(a) simétricos em relação ao eixo x

(b) simétricos em relação ao eixo y

(c) simétricos em relação à origem

(d) simétricos em relação à bissetriz dos quadrantes ímpares

Problema 1.30 (p. 40) $\left(\frac{x_1+x_2+x_3}{3}, \frac{y_1+y_2+y_3}{3}\right)$

Problema 1.31 (p. 40)

(a) $\left(\frac{1}{3}, \frac{5}{3}\right)$ (b) $\left(\frac{4}{3}, 1\right)$

Capítulo 2

Problema 2.1 (p. 51)

(a) $y = -x + 5$
(b) $y = x + 3$
(c) $y = 2x + 7$
(d) $y = 2x + 3$
(e) $y = 5x + 6$
(f) $y = -3x + 2$
(g) $y = -3x - 2$
(h) $y = 9x - 14$
(i) $y = -9x - 14$
(j) $y = -x - 6$
(k) $y = 3$
(l) $y = 1$
(m) $x = 1$
(n) $x = 3$

- Se $a > 0$, reta ascendente
- se $a < 0$, reta descendente
- se $a = 0$, reta horizontal
- se $a \not\exists$, reta vertical

Problema 2.2 (p. 51)

(a) $y = x + 2$
(b) $y = \sqrt{3}x - 2\sqrt{3} + 4$
(c) $y = -x + 8$
(d) $y = x - 5$
(e) $y = 3x - 1$
(f) $y = -\frac{1}{3}x + \frac{7}{3}$

Problema 2.3 (p. 51)

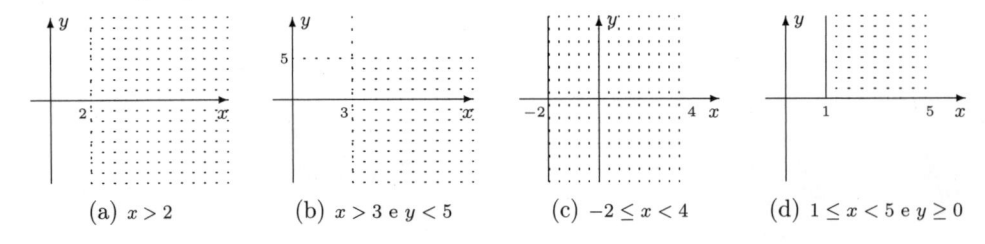

(a) $x > 2$
(b) $x > 3$ e $y < 5$
(c) $-2 \leq x < 4$
(d) $1 \leq x < 5$ e $y \geq 0$

Problema 2.4 (p. 51)

(a) sim (b) não (c) sim

Problema 2.5 (p. 51)

(a) não (b) sim (c) sim

Problema 2.6 (p. 52)

(a) $(2, 0)$
(b) $(2, -3)$
(c) $(\frac{3}{8}, \frac{1}{8})$
(d) $\nexists$

Problema 2.7 (p. 52) $(\frac{1}{2}, 0)$

Problema 2.8 (p. 52)
$3x - 6y + 36 = 0$ e $3x + 2y + 4 = 0$

Problema 2.9 (p. 52)

(a) $k = -4$
(b) $k = \pm 3$
(c) $k = 6$

Problema 2.10 (p. 52)

(a) $k \neq -1$ e $k \neq 2$
(b) $k = -1$ ou $k = 2$
(c) $\nexists k \in \mathbb{R}$

Problema 2.11 (p. 52)

(a) $p = -7$
(b) $p = 17$

Problema 2.12 (p. 52) $P'(5, -2)$

Problema 2.13 (p. 52)

(a) $y = -3x + 4$
(b) $4x + 3y + 5 = 0$
(c) $2y - 3 = 0$
(d) $2y - 5 = 0$

Problema 2.14 (p. 52)

(a) 4
(b) 1
(c) $\frac{6\sqrt{5}}{5}$
(d) $\frac{23}{\sqrt{26}}$

Problema 2.15 (p. 53) Resposta $(-\frac{8}{5}, -\frac{1}{5})$

Problema 2.16 (p. 53) $\frac{4}{3}$

Problema 2.17 (p. 53) 20

Problema 2.18 (p. 53) $C(2, 8)$

Problema 2.19 (p. 53) $P = 5 + 4\sqrt{2}$ e $A = \frac{7\sqrt{2}}{16}$

Problema 2.20 (p. 53) $-\frac{6+5\sqrt{3}}{3}$

Problema 2.21 (p. 53)

(a) $x - y + 1 = 0$ ou $x + y - 3 = 0$
(b) $7y - 3x - 4 = 0$ ou $7x + 3y + 2 = 0$

Problema 2.22 (p. 53) $x - y + 1 = 0$

Problema 2.23 (p. 53)

(a) $(5, 0)$
(b) $(0, -10)$

Problema 2.24 (p. 53)

(a) $\frac{atm}{m}$. Para cada aumento de $1\,m$ na profundidade há um aumento de $\frac{1}{10}\,atm$ na pressão.
(b) $1\,atm$. Na superfície a pressão é de $1\,atm$.

Problema 2.25 (p. 53)

(a) $\frac{°F}{°C}$. Para cada aumento de $1\,°C$ há um aumento de $\frac{9}{5}\,°F$ na temperatura.
(b) $32\,°F$. Quando a temperatura for $0\,°C$ na escala Celsius vale $32\,°F$ na escala Farenheit.

Problema 2.26 (p. 54) $a = b = 4$

Problema 2.27 (p. 54) $f(x) = \frac{2}{3}x$

Problema 2.28 (p. 54) $f(3) = -\frac{5}{2}$

Problema 2.29 (p. 54)

(a) $d = 450t$.
(b) Omitida!
(c) a velocidade do avião.

Problema 2.34 (p. 54)

(a) $\frac{5}{\sqrt{13}}$
(b) $\frac{14}{\sqrt{10}}$
(c) $\frac{4}{3\sqrt{2}}$
(d) $\frac{10}{\sqrt{26}}$

Problema 2.35 (p. 54) $3x + 4y + 30 = 0$ ou $3x + 4y = 0$

Problema 2.36 (p. 55) $3x + y - 7 = 0$

Problema 2.30 (p. 54) Omitida! Pense um pouco mais!

Capítulo 3

Problema 3.1 (p. 59) $5x + 2y = 16$

Problema 3.2 (p. 59) $x^2 + y^2 - 4x + 2y = 20$

Problema 3.3 (p. 59) $y = x$ e $y = -x$

Problema 3.4 (p. 59) $x^2 + y^2 - 2x + 4y = 0$

Problema 3.5 (p. 59) $x + y^2 = 36$

Problema 3.6 (p. 59) $x^2 + 3y = 16$

Problema 3.7 (p. 59) $x^2 - 6x - 8y = -33$

Problema 3.8 (p. 59) $y^2 - 2y + 10x = 4$

Problema 3.9 (p. 59) $x^2 + y^2 - 2xy + -4x - 4y = -4$

Problema 3.10 (p. 60) $11x^2 + 36y^2 = 396$

Problema 3.11 (p. 60) $y = 2$ para $0 \le x \le 6$

Problema 3.12 (p. 60) $9x^2 - 16y^2 = 144$

Problema 3.13 (p. 60) $4x+6y = 21$ ou $4x + 6y = -3$

Capítulo 4

Problema 4.1 (p. 84) $16\pi - 8$

Problema 4.2 (p. 84) $x - y + 4\sqrt{2} = 0$

Problema 4.3 (p. 84)

(a) $16x^2 + 36y^2 = 576$; $(\pm 2\sqrt{5}, 0)$

(b) $16x^2 + y^2 = 16$; $(0, \pm\sqrt{15})$

Problema 4.4 (p. 84)

(a) $a = 13$
(b) $b = 12$
(c) $(\pm 5, 0)$
(d) $(\pm 13, 0)$

Problema 4.5 (p. 84)

(a) $a = 17$
(b) $b = 15$
(c) $(\pm 8, 0)$
(d) $(\pm 17, 0)$

Problema 4.6 (p. 84)

(a) $a = 3$
(b) $b = 2$
(c) $(0, \pm\sqrt{5})$
(d) $(0, \pm 3)$

Problema 4.7 (p. 84) $16x^2 + 25y^2 = 400$

Problema 4.8 (p. 84) $25x^2 + 16y^2 = 400$

Problema 4.9 (p. 84) $169x^2 + 144y^2 = 24336$

Problema 4.10 (p. 85) $(0, 5)$ e $(1, 0)$

Problema 4.11 (p. 85) $(2,2)$ e $(4,1)$

Problema 4.12 (p. 85)

(a) $(0, \frac{1}{32})$; $y = -\frac{1}{32}$
(b) $(0, \frac{1}{8})$; $y = -\frac{1}{8}$
(c) $(0, -\frac{1}{16})$; $y = \frac{1}{16}$
(d) $(0, 2)$; $y = -2$
(e) $(\frac{1}{24}, 0)$; $x = -\frac{1}{24}$
(f) $(-\frac{1}{32}, 0)$; $x = \frac{1}{32}$
(g) $(0, \frac{1}{2})$; $y = -\frac{1}{2}$
(h) $(\frac{3}{4}, 0)$; $x = -\frac{3}{4}$

Problema 4.13 (p. 85) $k = \frac{1}{12}$

Problema 4.14 (p. 85)

(a) $y^2 = \frac{5}{2}x$
(b) $y^2 = -12x$
(c) $y^2 = 28x$

Problema 4.15 (p. 85)

$\left(\frac{-1+\sqrt{5}}{2}, \frac{3-\sqrt{5}}{2}\right)$ e $\left(\frac{-1-\sqrt{5}}{2}, \frac{3+\sqrt{5}}{2}\right)$

Problema 4.16 (p. 85) $20\ cm$

Problema 4.17 (p. 85) $\frac{256}{3} \approx 85,33\ cm$

Problema 4.18 (p. 85)

$\frac{x^2}{62500} + \frac{y^2}{22500} = 1$ (em milhões de Km)

Problema 4.19 (p. 85)

(a) $y = \pm 3x$
(b) $y = \pm \frac{2}{\sqrt{7}}x$
(c) $x = \pm \frac{2}{3}y$

Problema 4.20 (p. 85)

(a) $(\pm 3, 0)$, $(\pm\sqrt{13}, 0)$, $y = \pm\frac{2}{3}x$
(b) $(0, \pm 4)$, $(0, \pm 2\sqrt{5})$, $y = \pm 2x$
(c) $(\pm 1, 0)$, $(\pm\sqrt{2}, 0)$, $y = \pm x$
(d) $(0, \pm 3)$, $(0, \pm\sqrt{13})$, $y = \pm\frac{3}{2}x$

Problema 4.21 (p. 86)

(a) $15y^2 - x^2 = 15$
(b) $16x^2 - 9y^2 = 144$
(c) $36x^2 - 9y^2 = 324$

Problema 4.22 (p. 86) $5y^2 - 9x^2 = 36$

Problema 4.23 (p. 86)

(a) $9y^2 - 49x^2 = 441$
(b) $x^2 = -40y$
(c) $4x^2 + 3y^2 = 300$
(d) $y^2 - 81x^2 = 36$

Problema 4.24 (p. 86) $7x^2 - 4y^2 = 28$

Problema 4.25 (p. 86) $\frac{8+3\sqrt{3}}{2}$ m

Problema 4.26 (p. 86) $\frac{42}{5}$ m

Problema 4.27 (p. 86) $\frac{4}{5}\sqrt{319}$ m

Problema 4.28 (p. 86) $m = \pm\frac{48}{25}$

Capítulo 5

Problema 5.1 (p. 105) $y = 0$ e $4x - 3y = 28$

Problema 5.2 (p. 105) $2\sqrt{23}$

Problema 5.3 (p. 105) $-10 < k < 10$ são secantes; $k = -10$ ou $k = 10$ são tangentes e $k < -10$ ou $k > 10$ são exteriores.

Problema 5.4 (p. 105) $x^2 + (y-8)^2 = 36$

Problema 5.5 (p. 105) $P(-2, 3)$

Problema 5.6 (p. 105) 6

Problema 5.7 (p. 105) $x^2 + y^2 - 2x + 8y - 17 = 0$

Problema 5.8 (p. 105)
mais próximo (1, 4); mais distante (5, 12)

Problema 5.9 (p. 105) $(x-7)^2 + (y-3)^2 = 20$

Problema 5.10 (p. 105) $x + y^2 - 7x - 3y + 2 = 0$

Problema 5.11 (p. 105)

 (a) $16x^2 + 25y^2 = 100$
 (b) $3x^2 + 2y^2 = 54$
 (c) $x^2 + 4y^2 = 4$
 (d) $9(x-4)^2 + 25(y+2)^2 = 225$

Problema 5.12 (p. 106)

 (a) $9x^2 - 4y^2 = 36$
 (b) $32y^2 - 33x^2 = 380$
 (c) $25x^2 - 144y^2 = 14.400$
 (d) $81(y+1)^2 + 144(x+2)^2 = 11.664$

Problema 5.13 (p. 106)

 (a) $y^2 = 20x$
 (b) $x^2 = -8y$
 (c) $x^2 = -y$

Problema 5.14 (p. 106)

 (a) $V(-1, 2)$
 (b) $(y-2)^2 = 20(x+1)$

Problema 5.15 (p. 106)

 (a) circunferência: centro (1, 3), raio 2, equação $(x-1)^2 + (y-3)^2 = 4$
 (b) circunferência: centro $(-3, 2)$, raio 5, equação $(x+3)^2 + (y-2)^2 = 25$
 (c) ponto $(-1, 2)$
 (d) conjunto vazio: lugar geométrico não existe (circunferência com raio negativo)

Problema 5.16 (p. 106) Elipses:

 (a) centro $(-4, 2)$, vértices $(-4, 4)$ e $(-4, 0)$, focos $(-4, 2 \pm \sqrt{6})$, equação $\frac{(x+4)^2}{2} + \frac{(y-2)^2}{4} = 1$
 (b) centro $(-3, 2)$, vértices $(-3, 2 \pm \sqrt{3})$, focos $(-3, 3)$ e $(-3, 1)$, equação $\frac{(x+3)^2}{2} + \frac{(y-2)^2}{3} = 1$

Problema 5.17 (p. 106) Hipérboles:

 (a) centro $(7, -1)$, vértices $(5, -1)$ e $(9, -1)$, focos $(7 \pm \sqrt{10}, -1)$, assíntotas $y + 1 = \pm\frac{\sqrt{6}}{3}(x - 7)$, equação $\frac{(x-7)^2}{4} - \frac{(y+1)^2}{6} = 1$
 (b) centro $(-3, 1)$, vértices $(-3 \pm \sqrt{3}, 1)$, focos $(-1, 1)$ $(-5, 1)$, assíntotas $y - 1 = \pm\frac{\sqrt{3}}{3}(x + 3)$, equação $\frac{(x+3)^2}{3} - (y-1)^2 = 1$
 (c) centro $(-2, 3)$, vértices $(-2, 7)$ e $(-2, -1)$, focos $(-2, 3 \pm \sqrt{41})$, assíntotas $y + 2 = \pm\frac{4}{5}(x - 3)$, equação $\frac{(y-3)^2}{16} - \frac{(x+2)^2}{25} = 1$

Problema 5.18 (p. 106) Parábolas:

(a) vértice $(0, -1)$, $p = 5/4$, equação $x^2 = -5(y+1)$

(b) vértice $(3, 0)$, $p = 1/2$, equação $y^2 = 2(x-3)$

(c) vértice $(1, -2)$, $p = 3/4$, equação $(x-1)^2 = 3(y+2)$

(d) vértice $(-1, 2)$, $p = 1/2$, equação $(y-2)^2 = 2(x+1)$

(e) vértice $(-4, 3)$, $p = 3/4$, equação $(y-3)^2 = -3(x+4)$

(f) vértice $(1, -3)$, $p = 1/2$, equação $(x-1)^2 = 2(y+3)$

Problema 5.19 (p. 106)

(a) parábola: vértice $(-1, 5)$, foco $(1, 5)$, diretriz $x = -3$ e equação $(y-5)^2 = 8(x+1)$

(b) elipse: centro $(4, 2)$, vértices $(7, 2)$ e $(1, 2)$, focos $(4 \pm \sqrt{5}, 2)$ e equação $\frac{(x-4)^2}{9} + \frac{(y-2)^2}{4} = 1$

(c) hipérbole: centro $(-5, 1)$, vértices $(-9, 1)$ e $(-1, 1)$, focos $(-5 \pm \sqrt{41}, 1)$, assíntotas $y - 1 = \pm \frac{5}{4}(x+5)$ e equação $\frac{(x+5)^2}{16} - \frac{(y-1)^2}{25} = 1$

(d) elipse: centro $(-5, 3)$, vértices $(-5, 2)$ e $(-5, 4)$, focos $(-5, 3 \pm \frac{\sqrt{3}}{2})$ e equação $4(x+5)^2 + (y-3)^2 = 1$

(e) parábola: vértice $(3, -4)$, foco $(7/2, -4)$, diretriz $x = 5/2$ e equação $(y+4)^2 = 2(x-3)$

(f) elipse: centro $(1, 0)$, vértices $(1 \pm \sqrt{5}, 0)$, focos $(1 \pm \sqrt{2}, 0)$ e equação $\frac{(x-1)^2}{5} + \frac{y^2}{3} = 1$

Problema 5.20 (p. 106)

(a) $(2, 2)$ e $(4, 1)$

(b) $(2, 2\sqrt{2})$ e $(-2, -2\sqrt{2})$

Problema 5.21 (p. 107) $\frac{(x-4)^2}{16} + \frac{(y-5)^2}{25} = 1$. Vértices $(4, 10)$ e $(4, 0)$. Focos $(4, 3)$ e $(4, 8)$.

Problema 5.22 (p. 107) $c = \sqrt{20}$, $e = \frac{\sqrt{21}}{5}$ e $C(2, -4)$

Problema 5.23 (p. 107) $(x-2)^2 = 2(y-3)$, vértice $(2, 3)$, diretriz $y = \frac{3}{2}$ e foco $\left(\frac{5}{2}, 3\right)$

Problema 5.24 (p. 107)

(a) $\frac{(x+2)^2}{1} - \frac{(y+1)^2}{4} = 1$

(b) $2x - y + 3 = 0$ e $2x + y + 5 = 0$

Problema 5.25 (p. 107) $15\ m$

Problema 5.26 (p. 107)

(a) $y = x$ (b) $\left(\frac{1}{2}, \frac{1}{2}\right)$ (c) $2\sqrt{2}$

Problema 5.27 (p. 107)
Circunferência: $x^2 + (y-p)^2 = 4p$.
Interseções $(\pm 2p, p)$.

Problema 5.28 (p. 107)
Curva de transformação de produto

$$\frac{(x-6)^2}{9} + \frac{(y-12)^2}{100} = 1.$$

Produção máxima Aurora 9.000 bicicletas/ano, Estrela Negra: 22.000 bicicletas/ano.

Problema 5.29 (p. 107) $\left(\pm \frac{\sqrt{3}}{2}, \frac{1}{4}\right)$.

Problema 5.30 (p. 108) $\frac{190}{3} \approx 63,33\ m.$

Problema 5.31 (p. 108) $\frac{8\sqrt{7}}{3}$ cm.

Problema 5.36 (p. 109) $2500\ m^2$.

Problema 5.37 (p. 109)

(a) $F = (200 + 5x)(60 - x)$
    $= -5x^2 + 100x + 12.000$

(b) R\$ $250,00$

(c) R\$ $12.500,00$

Problema 5.38 (p. 109) $\left(\frac{7}{5}, \frac{6}{5}\right)$.

Problema 5.39 (p. 110)

(a) $\theta = \frac{\pi}{4}$, parábola: $u^2 = 4\sqrt{2}\,v$

(b) $\theta = \frac{\pi}{6}$, elipse: $5u^2 + v^2 = 8$

(c) $\theta = \frac{\pi}{6}$, hipérbole: $u^2 - v^2 = 2$

Problema 5.40 (p. 110)
$7x^2 + 7y^2 - 2xy = 48$, $\theta = \frac{\pi}{4}$, $\frac{u^2}{8} + \frac{v^2}{6} = 1$.

Problema 5.41 (p. 110)
$x^2 + y^2 + 4xy = 6$, $\theta = \frac{\pi}{4}$, $\frac{u^2}{2} - \frac{v^2}{6} = 1$.

Problema 5.42 (p. 110)
$x^2 + y^2 - 8x - 8y - 2xy = -16$, $\theta = \frac{\pi}{4}$,
$v^2 = 4\sqrt{2}\,u - 16$ ou $v^2 = 4\sqrt{2}\,(u - 2\sqrt{2})$.

Problema 5.43 (p. 110)

(a) $\sqrt{2}$ \hspace{2em} (b) $(1,1)$ ou $(1, -\frac{5}{3})$

Problema 5.44 (p. 110)

(a) Parábola: $v^2 = 2u$
(b) Elipse: $6u^2 + v^2 = 2$
(c) Hipérbole: $4u^2 - v^2 = 4$

Capítulo 6

Problema 6.1 (p. 117)

(a) $\left(\frac{1}{2}, \frac{\sqrt{3}}{2}\right)$
(b) $\left(-\frac{3\sqrt{3}}{2}, \frac{3}{2}\right)$
(c) $(\sqrt{2}, -\sqrt{2})$
(d) $\left(-\frac{3\sqrt{2}}{2}, -\frac{3\sqrt{2}}{2}\right)$
(e) $(\sqrt{3}, 1)$
(f) $(3, 0)$
(g) $(0, 5)$
(h) $(-2, 0)$

Problema 6.2 (p. 117)

(a) $\left(-3, \frac{5\pi}{4}\right)$ ou $\left(-3, -\frac{3\pi}{4}\right)$ ou $\left(3, \frac{9\pi}{4}\right)$
(b) $\left(-5, -\frac{\pi}{2}\right)$ ou $\left(5, \frac{5\pi}{2}\right)$ ou $\left(5, -\frac{3\pi}{2}\right)$
(c) $\left(-4, -\frac{\pi}{3}\right)$ ou $\left(-4, \frac{5\pi}{3}\right)$ ou $\left(4, \frac{8\pi}{3}\right)$
(d) $(-2, 0)$ ou $(2, 3\pi)$ ou $(2, -\pi)$

Problema 6.3 (p. 117)

(a) $\left(\sqrt{2}, \frac{\pi}{4}\right)$
(b) $\left(3, \frac{\pi}{2}\right)$
(c) $\left(4, \frac{2\pi}{3}\right)$
(d) $\left(2, \frac{4\pi}{3}\right)$
(e) $\left(4, \frac{-\pi}{2}\right)$
(f) $\left(3, \frac{\pi}{6}\right)$
(g) $\left(2, \frac{7\pi}{6}\right)$
(h) $(3, \pi)$

Problema 6.4 (p. 117) $(1, 0)$, $\left(1, \frac{\pi}{4}\right)$, $\left(1, \frac{\pi}{2}\right)$, $\left(1, \frac{3\pi}{4}\right)$, $(1, \pi)$, $\left(1, \frac{5\pi}{4}\right)$, $\left(1, \frac{3\pi}{2}\right)$ e $\left(1, \frac{7\pi}{4}\right)$

Problema 6.5 (p. 117) $(2, 0)$, $\left(2, \frac{\pi}{3}\right)$, $\left(2, \frac{2\pi}{3}\right)$, $(2, \pi)$, $\left(2, \frac{4\pi}{3}\right)$ e $\left(2, \frac{5\pi}{3}\right)$

Problema 6.6 (p. 117) $(3, 0)$, $\left(3, \frac{2\pi}{5}\right)$, $\left(3, \frac{4\pi}{5}\right)$, $\left(3, \frac{6\pi}{5}\right)$ e $\left(3, \frac{8\pi}{5}\right)$

Problema 6.7 (p. 118)

(a) $x = 4$
(b) $y = 2$
(c) $x = -10$
(d) $y = -1$
(e) $y = x$
(f) $y = -x$

Problema 6.8 (p. 118)

(a) $(x - 2)^2 - y^2 = 4$
(b) $x^2 + (y - 1)^2 = 1$
(c) $x^2 + (y + 5)^2 = 25$
(d) $(x - 3)^2 + (y - 3)^2 = 4$

Problema 6.9 (p. 118)

(a) $r = 2a\cos\left(\theta - \frac{\pi}{4}\right) = \sqrt{2}\,a\left[sen(\theta) + cos(\theta)\right]$
(b) $r = 2a\cos\left(\theta - \frac{3\pi}{4}\right) = \sqrt{2}\,a\left[sen(\theta) - cos(\theta)\right]$

Problema 6.10 (p. 118)
Se $a = b = 0$ então a equação representa o ponto $(0, 0)$.
Se $a \neq 0$ e/ou $b \neq 0$ a equação representa uma circunferência de centro (a, b) e raio $\sqrt{a^2 + b^2}$.

Problema 6.14 (p. 119)

(a) $(4, 0)$; $\left(3, \frac{\pi}{2}\right)$; $(2, \pi)$; $\left(3, \frac{3\pi}{2}\right)$ e $(4, 2\pi)$.
(b) $(5, 0)$; $\left(3, \frac{\pi}{2}\right)$; $(1, \pi)$; $\left(3, \frac{3\pi}{2}\right)$ e $(5, 2\pi)$.
(c) $(6, 0)$; $\left(3, \frac{\pi}{2}\right)$; $(0, \pi)$; $\left(3, \frac{3\pi}{2}\right)$ e $(6, 2\pi)$.
(d) $(7, 0)$; $\left(3, \frac{\pi}{2}\right)$; $(-1, \pi)$; $\left(3, \frac{3\pi}{2}\right)$ e $(7, 2\pi)$.
(e) $(8, 0)$; $\left(3, \frac{\pi}{2}\right)$; $(-2, \pi)$; $\left(3, \frac{3\pi}{2}\right)$ e $(8, 2\pi)$.
(f) $(9, 0)$; $\left(3, \frac{\pi}{2}\right)$; $(-3, \pi)$; $\left(3, \frac{3\pi}{2}\right)$ e $(9, 2\pi)$.

Problema 6.15 (p. 119)

(a) $(3, 0)$; $\left(4, \frac{\pi}{2}\right)$; $(3, \pi)$; $\left(2, \frac{3\pi}{2}\right)$ e $(3, 2\pi)$.
(b) $(3, 0)$; $\left(5, \frac{\pi}{2}\right)$; $(3, \pi)$; $\left(1, \frac{3\pi}{2}\right)$ e $(3, 2\pi)$.
(c) $(3, 0)$; $\left(6, \frac{\pi}{2}\right)$; $(3, \pi)$; $\left(0, \frac{3\pi}{2}\right)$ e $(3, 2\pi)$.
(d) $(3, 0)$; $\left(7, \frac{\pi}{2}\right)$; $(3, \pi)$; $\left(-1, \frac{3\pi}{2}\right)$ e $(3, 2\pi)$.
(e) $(3, 0)$; $\left(8, \frac{\pi}{2}\right)$; $(3, \pi)$; $\left(-2, \frac{3\pi}{2}\right)$ e $(3, 2\pi)$.
(f) $(3, 0)$; $\left(9, \frac{\pi}{2}\right)$; $(3, \pi)$; $\left(-3, \frac{3\pi}{2}\right)$ e $(3, 2\pi)$.

Problema 6.16 (p. 120)

(a) As cardioides são simétricas em relação ao eixo das abscissas e são refletidas em relação ao eixo das ordenadas.

(b) As cardioides são simétricas em relação ao eixo das ordenadas e são refletidas em relação ao eixo das abscissas.

(c) Os caracóis são simétricos em relação ao eixo das abscissas e são refletidos em relação ao eixo das ordenadas.

(d) Os caracóis são simétricos em relação ao eixo das ordenadas e são refletidos em relação ao eixo das abscissas.

Problema 6.17 (p. 120) Se n é par a rosácea possui $2n$ pétalas. Se n é ímpar a rosácea possui n pétalas.

Problema 6.20 (p. 121)

(a) $\left(\sqrt{2}, \frac{\pi}{4}\right)$

(b) $\left(1, \frac{\pi}{3}\right)$ e $\left(1, -\frac{\pi}{3}\right)$

(c) $\left(\frac{\sqrt{2}}{2}, \frac{\pi}{4}\right)$ e $(0, \theta)$

(d) $\left(6, \frac{\pi}{3}\right)$ e $(0, \theta)$

(e) $\left(4, \frac{\pi}{2}\right)$

(f) $\left(\frac{1}{2}, \frac{\pi}{3}\right), \left(\frac{1}{2}, -\frac{\pi}{3}\right)$ e $(0, \theta)$

(g) $\left(3, \frac{\pi}{3}\right)$ e $\left(3, -\frac{\pi}{3}\right)$

(h) $(0,0), \left(1, \frac{\pi}{4}\right), \left(1, \frac{3\pi}{4}\right), \left(1, \frac{5\pi}{4}\right)$ e $\left(1, \frac{7\pi}{4}\right)$

(i) $\left(2, \frac{\pi}{2}\right)$ e $\left(2, \frac{3\pi}{2}\right)$

(j) $\left(1, \frac{\pi}{6}\right), \left(1, \frac{5\pi}{6}\right), \left(1, \frac{7\pi}{6}\right)$ e $\left(1, \frac{11\pi}{6}\right)$

(k) $(0,0), \left(\frac{2+\sqrt{2}}{2}, \frac{\pi}{4}\right), \left(\frac{2-\sqrt{2}}{2}, \frac{5\pi}{4}\right)$

(l) $(0,0), \left(2, \frac{\pi}{3}\right), \left(2, \frac{5\pi}{3}\right)$

Capítulo 7

Problema 7.1 (p. 128)

(a) $y = x - 5$, $-\infty < x < \infty$

(b) $y = 1 - x^2$, $x \geq 0$

(c) $y = x^2 - 2x + 5$, $-2 \leq x \leq 1$

(d) $x^2 + y^2 = 1$, $0 \leq x \leq 1$

(e) $xy = 1$, $x > 0$

(f) $x + y = 1$, $0 \leq x \leq 1$

Problema 7.4 (p. 128)

(a) $x^2 + y^2 = 9$

(b) $x^2 + y^2 = 1$

(c) $\frac{x^2}{16} + \frac{y^2}{9} = 1$

(d) $\frac{x^2}{9} + \frac{y^2}{16} = 1$

(e) $\frac{x^2}{4} - \frac{y^2}{9} = 1$

(f) $\frac{y^2}{25} - \frac{x^2}{16} = 1$

Problema 7.5 (p. 129)

(a) $\begin{cases} x = 3\cos(t) \\ y = 3\,sen(t) \end{cases}$, $0 \leq t \leq \pi$.

(b) $\begin{cases} x = 3\cos(t) \\ y = 3\,sen(t) \end{cases}$, $\frac{\pi}{2} \leq t \leq \frac{5\pi}{2}$.

(c) $\begin{cases} x = 3\cos(t) \\ y = 3\,sen(t) \end{cases}$, $\pi \leq t \leq 2\pi$.

(d) $\begin{cases} x = 3\cos(t) \\ y = 3\,sen(t) \end{cases}$, $0 \leq t \leq 6\pi$.

(e) $\begin{cases} x = 3\cos(t) \\ y = 3\,sen(t) \end{cases}$, $\frac{\pi}{4} \leq t \leq \frac{5\pi}{4}$.

(f) $\begin{cases} x = 3\cos(t) \\ y = 3\,sen(t) \end{cases}$, $\frac{2\pi}{3} \leq t \leq \frac{11\pi}{6}$.

Problema 7.7 (p. 129)

(a) $\begin{cases} x = 1 + 2\cos(t) \\ y = 2 + 2\,sen(t) \end{cases}$, $0 \leq t \leq \pi$.

(b) $\begin{cases} x = 1 + 2\cos(t) \\ y = 2 + 2\,sen(t) \end{cases}$, $\frac{\pi}{2} \leq t \leq \frac{5\pi}{2}$.

(c) $\begin{cases} x = 1 + 2\cos(t) \\ y = 2 + 2\,sen(t) \end{cases}$, $\pi \leq t \leq 3\pi$.

(d) $\begin{cases} x = 1 + 2\cos(t) \\ y = 2 + 2\,sen(t) \end{cases}$, $\frac{3\pi}{2} \leq t \leq \frac{15\pi}{2}$.

Problema 7.10 (p. 129)

(a) $y = tg(\alpha)\, x - \frac{g}{2\, v_0^2 \cos^2(\alpha)}\, x^2$

(b) $t = \frac{2\, v_0\, sen(\alpha)}{g}$

(c) $x = \frac{v_0^2\, sen(2\alpha)}{g}$

(d) $x_{\text{máx}} = \frac{v_0^2}{g}$ quando $\alpha = \frac{\pi}{4}$

(e) $y_{\text{máx}} = \frac{v_0^2\, sen^2(\alpha)}{2\, g}$

Capítulo 8

Problema 8.1 (p. 154)

(a) $\sqrt{5}$ (c) $(2,4)$

(b) $(4,1)$ (d) $(9,4)$

Problema 8.2 (p. 154)

(a) $\left(\frac{2}{\sqrt{13}},\frac{3}{\sqrt{13}}\right)$ (b) $\left(-\frac{1}{\sqrt{10}},-\frac{3}{\sqrt{10}}\right)$

Problema 8.3 (p. 154)

(a) $\mathbf{v} = 5\left(\frac{3}{5},\frac{4}{5}\right)$

(b) $\mathbf{v} = \sqrt{29}\left(\frac{5}{\sqrt{29}},-\frac{2}{\sqrt{29}}\right)$

Problema 8.4 (p. 155)

(a) $\sqrt{10}$ (d) $3\sqrt{2} + 10$

(b) $\sqrt{2}$ (e) $\sqrt{2} + 4 + \sqrt{13}$

(c) $\sqrt{2} + 2$ (f) impossível.

Problema 8.5 (p. 155)

(a) $3\sqrt{2}$ e $\left(-\frac{1}{\sqrt{2}},-\frac{1}{\sqrt{2}}\right)$

(b) $\sqrt{58}$ e $\left(-\frac{7}{\sqrt{58}},\frac{3}{\sqrt{58}}\right)$

(c) $\sqrt{34}$ e $\left(-\frac{3}{\sqrt{34}},\frac{5}{\sqrt{34}}\right)$

Problema 8.6 (p. 155) $k = \pm\sqrt{5}$

Problema 8.7 (p. 155) $c_1 = 2$ e $c_2 = -1$

Problema 8.8 (p. 155)

(a) $(2,3,5)$

(b) $(-1,-6,-5)$

(c) $(2,-2,3)$

Problema 8.9 (p. 155)

(a) $\sqrt{14}$ (c) 3

(b) $\sqrt{14}$ (d) $\sqrt{2}$

Problema 8.10 (p. 155)

(a) $\left(-\frac{2}{3},\frac{1}{3},\frac{2}{3}\right)$ (c) $\left(\frac{2}{3},-\frac{1}{3},\frac{2}{3}\right)$

(b) $\left(0,\frac{3}{5},-\frac{4}{5}\right)$ (d) $\left(0,-\frac{3}{5},-\frac{4}{5}\right)$

Problema 8.11 (p. 155) $\alpha = \pm\frac{1}{5}$

Problema 8.12 (p. 155)

(a) $(-2,0,4)$ (d) $(-39,69,-12)$

(b) $(23,-15,4)$ (e) $(-30,-7,5)$

(c) $(-1,-5,2)$ (f) $(0,-10,0)$

Problema 8.13 (p. 155)

(a) $(4,-3)$ (c) $(-2,5,0)$

(b) $(-6,0)$ (d) $(-2,-3,4)$

Problema 8.14 (p. 156)

(a) $c_1 = 2$ e $c_2 = 3$ (b) $c_1 = 1$ e $c_2 = -2$

Problema 8.15 (p. 156) $\mathbf{v} = 2\mathbf{v}_1 - 3\mathbf{v}_2 + 4\mathbf{v}_3$

Problema 8.16 (p. 156)

(a) $\mathbf{v} = \sqrt{15}\left(\frac{1}{\sqrt{15}},\frac{2}{\sqrt{15}},-\frac{1}{\sqrt{15}},0,\frac{3}{\sqrt{15}}\right)$

(b) $\mathbf{v} = 6\left(\frac{3}{6},\frac{5}{6},\frac{1}{6},\frac{1}{6}\right)$

Problema 8.17 (p. 156) Direção $L30N$ e rapidez $6m/s$

Problema 8.18 (p. 156) Direção L e rapidez $9m/s$

Capítulo 9

Problema 9.1 (p. 174)

(a) 5   (b) -3

Problema 9.2 (p. 174) $\left(\pm\frac{2}{\sqrt{13}},\frac{3}{\sqrt{13}}\right)$

Problema 9.3 (p. 174)

(a) 6   (c) $24\sqrt{5}$

(b) 36   (d) $24\sqrt{5}$

Problema 9.4 (p. 174)

(a) $\left(\frac{12}{13},-\frac{8}{13}\right)$ (b) $(2,6)$

Problema 9.5 (p. 174)
(a) agudo (b) obtuso

Problema 9.6 (p. 174)

Problema 9.12 (p. 174)
(a) $\frac{\sqrt{374}}{2}$ (b) $\frac{15}{2}$ (c) $\frac{15}{2}$

Problema 9.13 (p. 175) $\sqrt{70}$

Problema 9.14 (p. 175) (2, 1, 1)

Problema 9.15 (p. 175) $k = 12$

Problema 9.16 (p. 175) $\mathbf{v} = (2, 4, -2)$
(a) agudo (c) ortogonais
(b) obtuso (d) ortogonais

Problema 9.7 (p. 174)
(a) 03 (b) 30 (c) 14

Problema 9.8 (p. 174) $arccos\left(-\frac{4}{5}\right)$

Problema 9.9 (p. 174)
(a) $(-2, 0, 2)$ (b) $(12, 30, -6)$

Problema 9.10 (p. 174)
(a) 4 (b) $2\sqrt{13}$

Problema 9.11 (p. 174)
(a) $6\sqrt{3}$ (c) 1
(b) $3\sqrt{2}$ (d) $\sqrt{3}$

Problema 9.17 (p. 175) 21

Problema 9.18 (p. 175)
(a) sim (b) não

Problema 9.19 (p. 175) não

Problema 9.20 (p. 175)
(a) $(8, 8, -8)$ (b) $(1, 0, -1)$

Capítulo 10

Problema 10.1 (p. 195)
(a) sim
(b) não
(c) sim
(d) não

Problema 10.2 (p. 195)
(a) $\begin{cases} x = -1 - t \\ y = 5 + 2t \\ z = 3 - 7t \end{cases}$
(b) $\begin{cases} x = 1 - t \\ y = -2 + 5t \\ z = 3 - 4t \end{cases}$
(c) $\begin{cases} x = 1 + 2t \\ y = -2 - t \\ z = 3 + 3t \end{cases}$
(d) $\begin{cases} x = -1 + 4t \\ y = 2 - 3t \\ z = -5 - 3t \end{cases}$
(e) $\begin{cases} x = -1 + 3t \\ y = -3 - t \\ z = 7 + 4t \end{cases}$
(f) $\begin{cases} x = -5 + t \\ y = 3 \\ z = 2 \end{cases}$

Problema 10.3 (p. 195)
(a) $\begin{cases} x = 1 + 2t \\ y = 3 - t \\ z = 4 + t \end{cases}$
(b) $\begin{cases} x = 2 \\ y = 1 + t \\ z = 3 \end{cases}$
(c) $\begin{cases} x = 3 \\ y = 5 \\ z = 7 + t \end{cases}$

Problema 10.4 (p. 196)
(a) $(1, 2, 3)$
(b) $(4, 3, 9)$
(c) $\nexists$
(d) $(2, 4, -1)$
(e) $(1, 2, 1)$

Problema 10.5 (p. 196) $\left(\frac{13}{2}, -\frac{7}{2}, 0\right)$, $\left(\frac{2}{3}, 0, \frac{7}{3}\right)$ e $\left(0, \frac{2}{5}, \frac{13}{5}\right)$

Problema 10.6 (p. 196)

(a) $\begin{cases} x = 2 + 2u \\ y = 3 + u \\ z = 1 \end{cases}$

(b) $\begin{cases} x = u \\ y = 0 \\ z = u \end{cases}$

(c) $\begin{cases} x = -1 \\ y = 4 + 2s \\ z = 5 + s \end{cases}$

Problema 10.7 (p. 196) $(3, -2, 4)$

Problema 10.8 (p. 196) $\left(-\frac{1}{3}, -\frac{7}{3}, -\frac{2}{3}\right)$

Problema 10.9 (p. 196) $\begin{cases} x = 1 + 2t \\ y = -2t \\ z = -2 \end{cases}$

Problema 10.10 (p. 197) $\begin{cases} x = 1 + 2t \\ y = 3t \\ z = 4 - t \end{cases}$

Problema 10.11 (p. 197)

(a) paralelas   (c) concorrentes
(b) reversas

Problema 10.12 (p. 197) $\frac{3\sqrt{35}}{7}$

Problema 10.13 (p. 197) $\frac{4}{3}$

Problema 10.14 (p. 197)

(a) $12x + 2y - 9z + 22 = 0$
(b) $z = 3$
(c) $2x - 3y - z - 9 = 0$
(d) $3x - 2y + z + 1 = 0$
(e) $5x + 2y - 3z - 2 = 0$
(f) $y = 7$
(g) $5x - 2y + 4z - 21 = 0$
(h) $x + y - 2 = 0$
(i) $2x + 3y + z + 1 = 0$
(j) $6x - 2y + z - 3 = 0$
(k) $3x + 2y + 1 = 0$

Problema 10.15 (p. 198) $\pm\frac{\sqrt{6}}{3}(1, -1, -1)$

Problema 10.16 (p. 198) $\frac{\sqrt{14}}{14}$

Problema 10.17 (p. 198)

(a) $\begin{cases} x = 1 + t \\ y = 2 - t \\ z = t \end{cases}$ (b) $\begin{cases} x = 4 - 6t \\ y = -1 + 23t \\ z = 3 - 35t \end{cases}$

Problema 10.18 (p. 198) $(-2, 11, -2)$

Problema 10.19 (p. 198)
$(1, 2, 3)$ e $20x - 12y - z - 7 = 0$

Problema 10.20 (p. 198)

(a) plano π_1

(i) $(4, 0, 0)$
(ii) $(0, 5, 0)$
(iii) $(0, 0, 2)$
(iv) $\begin{cases} 5x + 4y = 20 \\ z = 0 \end{cases}$
(v) $\begin{cases} x + 2z = 4 \\ y = 0 \end{cases}$
(vi) $\begin{cases} 2y + 5z = 10 \\ x = 0 \end{cases}$

(b) plano π_2

(i) $(4, 0, 0)$
(ii) $\nexists$
(iii) $(0, 0, 6)$
(iv) $\begin{cases} x = 4 \\ y = 0 \\ z = 0 \end{cases}$
(v) $\begin{cases} 3x + 2z = 12 \\ y = 0 \end{cases}$
(vi) $\begin{cases} x = 0 \\ y = 0 \\ z = 6 \end{cases}$

Problema 10.21 (p. 199) $\begin{cases} x = 1 + \alpha \\ y = -2 - \alpha \\ z = -1 - 2\alpha \end{cases}$

Problema 10.22 (p. 199) $\begin{cases} x = 5 + 8\gamma \\ y = -4 - 3\gamma \\ z = -2 - 4\gamma \end{cases}$

Problema 10.23 (p. 199) $2x + 4y - 3z + 18 = 0$

Referências

ANTON, H.; RORRES, C. *Álgebra linear com aplicações.* 8.ed. Porto Alegre: Bookman, 2001.

DESCARTES, R. René Descartes: *Discurso do método; Meditações; Objeções e respostas; As paixões da alma; Cartas.* São Paulo: Abril, 1983. (Coleção Os Pensadores)

SIMMONS, G. F. *Cálculo com geometria analítica.* São Paulo: McGraw-Hill, 1987. 2 v.

HAWKING, S. W. *Uma breve história do tempo*: do Big Bang aos buracos negros. 3. ed. Rio de Janeiro: Rocco, 2000.

BRITTON, J. *Occurrence of the conics.* [Victoria, BC: s.n., 2008]. Disponível em: <http:\\britton.disted.camosun.bc.ca\jbconics.htm>.

JÚDICE, E. D. *Exercícios de geometria analítica do espaço.* Belo Horizonte: UFMG, 1960. 335p.

KINDLE, J. H. *Geometria analítica*: plana e no espaço. Rio de Janeiro: McGraw-Hill do Brasil, 1959. (Coleção Schaum)

KLÉTÉNIC, D. *Problemas de geometria analítica.* 2. ed. Belo Horizonte: Cultura Brasileira, 1977.

LEHMANN, C. H. *Geometria analítica.* 8. ed. Porto Alegre: Globo, 1995.

LEON, S. J. *Álgebra linear com aplicações.* Rio de Janeiro: LTC, 1999.

REALE, G.; ANTISERI, D. *História da filosofia.* 2. ed. São Paulo: Paulus, 2005. v. 3: Do humanismo a Descartes.

RESNICK, R.; HALLIDAY, D. *Física.* 4. ed. 1991. Rio de Janeiro: LTC. v. 1.

RUSSELL, B. *História do pensamento ocidental*: a aventura dos présocráticos a Wittgenstein. Rio de Janeiro: Ediouro, 2001.

SCHRÖDINGER, E. *A natureza e os gregos e ciência e humanismo.* Lisboa: Ed. 70, 1996.

STEWART, J. *Cálculo.* 5. ed. São Paulo: Pioneira Thomson Learning, 2006. 2 v.

Índice

Circunferências, 115-117
Coordenadas cartesianas, 29-40
   distância, 31-34
   distância algébrica, 31-32
   distância entre dois pontos, 33-34
   divisão de um segmento orientado, 34-37
   e coordenadas polares, 113-114
   na reta, 30-31
   no plano, 32-33
   ponto médio de um segmento, 37
   problemas propostos, 37-40
   problemas suplementares, 40
   produto cartesiano, 29-30
Coordenadas polares, 111-121
   e coordenadas cartesianas, 113-114
   lugares geométricos, 114-117
   problemas propostos, 117-118
   problemas suplementares, 118-121
   sistema de coordenadas polares, 111-112
Curvas paramétricas, 122-135
   problemas propostos, 128-129
   problemas suplementares, 129-135
Distância entre dois pontos do R^3, 148-149
Elipse, 69-74
   centro na origem e eixo maior horizontal, 70-72
   centro na origem e eixo maior vertical, 72-74
   excentricidade de elipses e hipérboles, 82-83
Estudo da reta, 41-55
   ângulo entre duas retas, 46-47
   coeficiente angular, 43-44
   coeficiente linear, 43-44
   distância entre um ponto e uma reta, 47-49
   equação da reta, 41-43
   equação geral da reta, 44-45
   funções polinomiais do 1º grau, 49-51
   problemas propostos, 51-54
   problemas suplementares, 54-55
   retas horizontais, 44
   retas paralelas, 45-46
   retas perpendiculares, 45-46
   retas verticais, 44
Hipérbole, 74-83
   assíntotas de hipérbole, 78-79
   centro na origem e eixo principal horizontal, 75-77
   centro na origem e eixo principal vertical, 77-78
   excentricidade de elipses e hipérboles, 82-83
História da geometria, IX-XII
   Grécia antiga, IX-XIV
      período Arcaico, IX-XI
      período Clássico, XII
      período Helenístico, XII-XIV
   Mundo moderno, XIV-XVII
Lugares geométricos, 56-60
   em coordenadas polares, 114-117
   problemas propostos, 59-60
Modelos lineares, 49-51
Módulo
   vetores no R^2, 139-140
   vetores no R^3, 149-150
   vetores no R^n, 153
Multiplicação de um vetor por um escalar, 137-138
Plano(s), 184-195
   determinado por duas retas concorrentes, 188-189
   determinado por duas retas paralelas, 187-188
   determinado por três pontos não colineares, 186
   determinado por uma reta e um ponto, 186-187
   distância de um ponto a um plano, 194-195
   esboço de planos, 189-192
   posição relativa de dois planos, 192-193
   reta de interseção de planos, 193-194

Problemas propostos
  coordenadas cartesianas, 37-40
  coordenadas polares, 117-118
  curvas paramétricas, 128-129
  estudos da reta, 51-54
  lugares geométricos, 56-60
  produtos de vetores, 174-175
  retas e planos, 195-198
  seções cônicas, 84-86
  translação e rotação, 105-107
  vetores, 154-156
Produto cartesiano, 29-30
Produto escalar, 157-166
  ângulo entre vetores, 160-163
  ortogonalidade, 163-164
  projeção ortogonal, 164-165
  propriedades, 159-160
  trabalho, 165-167
Produto misto, 171-173
  volume do paralelepípedo, 173
Produto vetorial, 167-171
  área de um paralelogramo, 170-171
  propriedades, 167-170
Produtos de vetores, 157-199
  problemas propostos, 174-175
  problemas suplementares, 175-176
  produto escalar, 157-166
  produto misto, 171-173
  produto vetorial, 167-171
Respostas dos problemas, 201-211
Reta(s), 114-115, 177-184
  determinada por dois pontos dados, 180
  distância de um ponto a uma reta, 183-184
  interseção de retas, 180-182
  posição relativa de duas retas, 182-183
  retas no R^3, 177-180
Rotação *Ver* Translação e rotação
Seções cônicas, 61-87
  circunferência, 63-64
  elipse, 69-74
  equação da parábola, 65-67
  excentricidade de elipses e hipérboles, 82-83
  hipérbole, 74-79
  introdução, 61-62
  parábola, 64-65
  parábola com vértice na origem, 67-69
  problemas propostos, 84-86
  problemas suplementares, 87
  propriedades de reflexão, 80-81

Translação e rotação, 88-110
  circunferência de raio r e centro (X_0, Y_0), 89-90
  elipses com centro em (X_0, Y_0), 90-92
  equação geral do 2° grau, 95-96
  esboço de seções cônicas, 96-102
  hipérboles com centro em (X_0, Y_0), 92-94
  parábolas com vértice em (X_0, Y_0), 94-95
  problemas propostos, 105-107
  problemas suplementares, 107-110
  rotação de eixos, 102-104
  translação de eixos, 88-89
Vetores, 136-156
  coordenadas cartesianas no espaço, 147-149
  geométricos, 136-137
  operações com vetores geométricos, 137-139
  operações com vetores no R^2, 140-147
    adição e multiplicação escalar, 140
    combinação linear de vetores, 142-143
    decomposição de um vetor em suas componentes, 143-147
    igualdade de vetores, 140
    propriedades da adição e multiplicação por escalar, 140-141
    versor de um vetor, 141-142
    vetor definido por dois pontos, 142
    vetores unitários i e j, 143
  operações com vetores no R^3, 149-150
    adição e multiplicação escalar, 150
    combinação linear de vetores, 151-152
    igualdade de vetores, 150
    versor de um vetor, 150-151
    vetor definido por dois pontos, 151
    vetores unitários i, j, e k, 152
  operações com vetores no R^n, 153-154
    adição e multiplicação por escalar, 153
    combinação linear de vetores, 154
    igualdade de vetores, 153
    versor de um vetor, 154
    vetor definido por dois pontos, 153-154
    vetores unitários $e_1, e_2, ... e_n$, do R^n, 154
  problemas propostos, 154-156
  problemas suplementares, 156
  vetores no R^2, 139-140
    módulo, 139-140
  vetores no R^3, 149-150
    módulo, 150
  vetores no R^n, 153
    módulo, 153